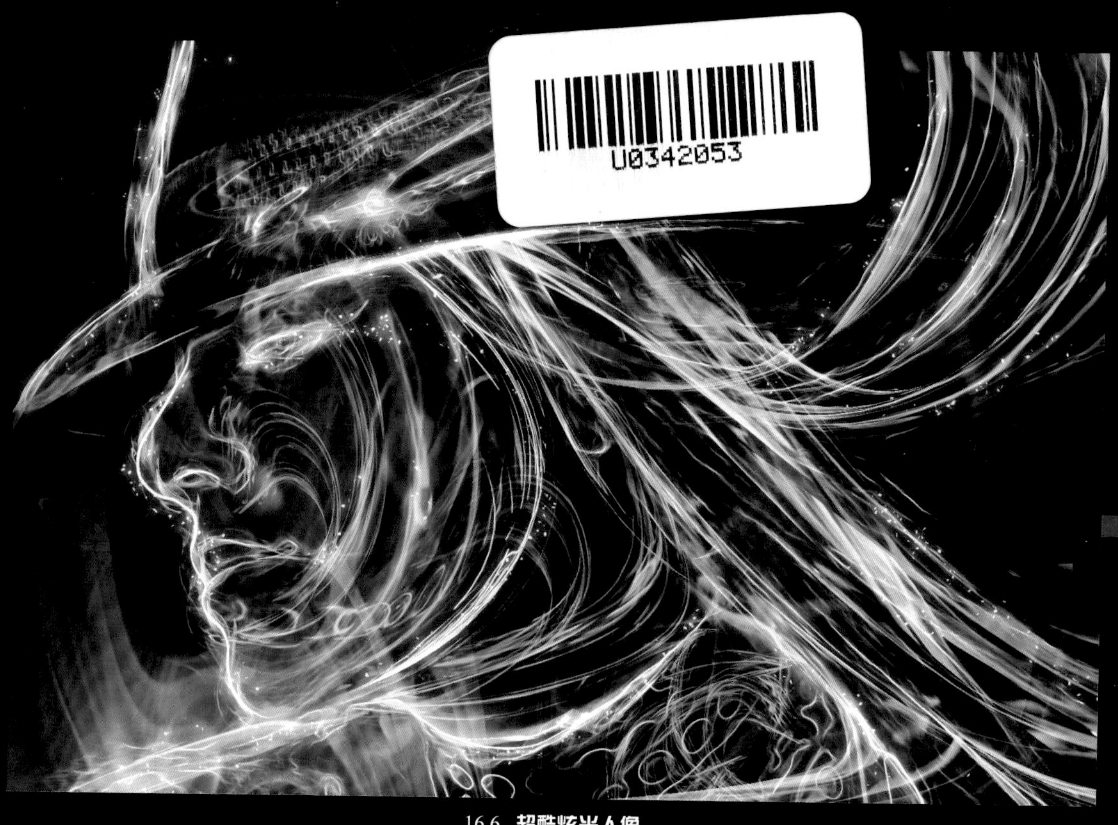

16.6 超酷炫光人像

13.1.2 Alpha 通道

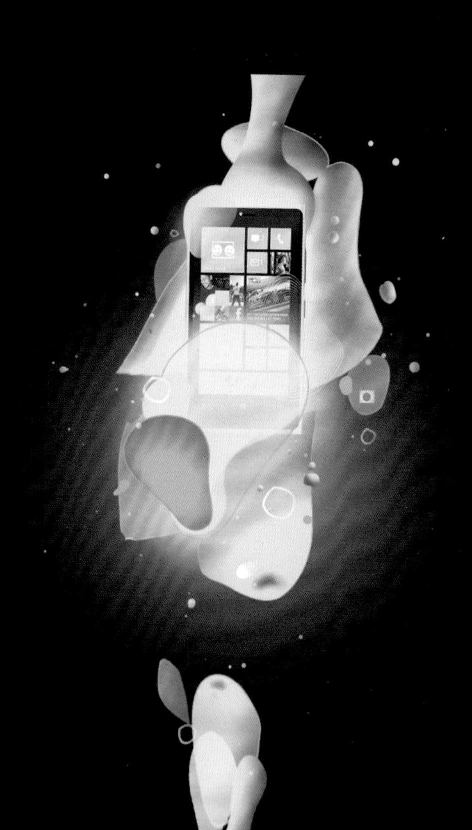

6.7.9 操控变形

13.5.1 利用通道抠选云雾

6.2.2 “画笔笔尖形状”参数

6.7.7 再次变换

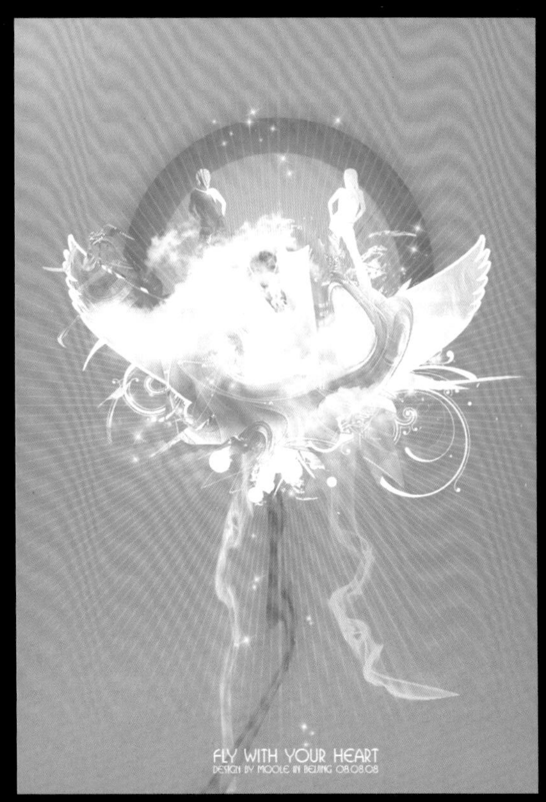

16.5 “飞翔”主题视觉艺术设计

16.4 多彩手机视觉表现

16.1 演唱会海报设计

16.2 《权力宦官闹明朝》封面设计

6.7.1 缩放图像

8.3.2 创建剪贴蒙版

16.3 中秋月饼礼品盒设计

16.7 风景照片包围曝光合成润饰处理

4.1 仿制图章工具

15.7 结合调整画笔与渐变滤镜工具润饰照片

15.9.2 上机操作题

12.7.2 场景模糊

14.5.4 堆栈合成

12.7.3 光圈模糊

张松波 / 编著

神奇的中文版 Photoshop CC 2017入门书

清华大学出版社
北京

内 容 简 介

本书是一本严格遵守“深入浅出、循序渐进”教学原则的Photoshop图书，在讲解过程中尽量将其结构安排得合理、有序，即“先学什么，然后才能学什么”，从而更好地掌握Photoshop的知识体系。本书覆盖了大量常见的Photoshop应用领域，如商业摄影、视觉表现、创意影像以及摄影后期等，让读者在学习技术的同时，还能掌握常见领域中的应用与技巧，提升自身的实战及审美能力。

本书赠送了案例讲解过程中运用到的相关素材及效果文件，另外还精心整理了一些常用的画笔、样式等资源，更有专业人员录制的学习视频，帮助各位读者快速掌握最新的Photoshop CC 2017。

本书特别适合于Photoshop自学者使用，也可以作为开设电脑艺术类课程的各大中专院校用作相关教材。

图书在版编目（CIP）数据

神奇的中文版 Photoshop CC 2017 入门书 / 张松波编著 .—北京：清华大学出版社，2017（2022.10重印）
ISBN 978-7-302-47004-5

Ⅰ. ①神… Ⅱ. ①张… Ⅲ. ①图像处理软件 Ⅳ. ① TP391.413
中国版本图书馆 CIP 数据核字（2017）第 098697 号

责任编辑：陈绿春
封面设计：潘国文
责任校对：胡伟民
责任印制：杨 艳

出版发行：清华大学出版社
网 址：http://www.tup.com.cn，http://www.wqbook.com
地 址：北京清华大学学研大厦 A 座 **邮 编：**100084
社总机：010-83470000 **邮 购：**010-62786544
投稿与读者服务：010-62776969, c-service@tup.tsinghua.edu.cn
质量反馈：010-62772015, zhiliang@tup.tsinghua.edu.cn
印 刷 者：涿州汇美亿浓印刷有限公司
开 本：185mm×260mm **印 张：**17.75 **插 页：**2 **字 数：**512 千字
版 次：2017 年 8 月第 1 版 **印 次：**2022 年 10月第 5 次印刷
定 价：79.00 元

产品编号：073887-01

前 言

Photoshop是图形图像领域最领先的处理软件，在平面设计、网页设计、三维设计、摄影后期处理等诸多领域广泛应用。Photoshop同时是一个实践操作性很强的软件，无论是谁在学习此软件时都必须在练中学、学中练，才能够掌握具体的软件操作知识。

本书是一本以“深入浅出、循序渐进”为讲解方式，以“讲解Photoshop最常用的技术”为原则的理论与案例相结合的图书。在书中笔者摒弃了不易学、不常用的技术，配合大量实例讲解，力求让读者在掌握软件最核心的技术的同时，具有实际动手操作的能力。

总体而言，本书具有以下特色。

1. 内容切中软件核心

在经历了20多年及10余次的升级，Photoshop软件的功能越来越多，但并非所有内容都是工作中常用的，因此，笔者结合多年的教学和使用经验，从中摘选出了其中最实用、最有用的知识与功能，掌握这些知识与功能基本能够保证读者应对工作与生活中遇到的与Photoshop相关的80%的问题。

2. 知识结构严谨合理

本书在编写过程中，严格遵守“循序渐进”的教学原则，尽量将其结构安排得合理、有序，即“先学什么，然后才能学什么”。

比如本书在第5章中讲解了图层的原理与基础操作，原因就在于，通过前面学习选区、调色及修复等技术，读者已经对Photoshop的基本操作有了一个大致的了解，形成较为稳固的基础，此时再学习“图层”这种较为抽象、深奥的概念，就更为容易一些，同时，图层可以很大程度上提高我们再编辑、再处理图像的可能性，因此在后面学习位图绘画、矢量图绘画及图像混合等知识前，应该掌握图层的基础操作，尽量让图像位于一个独立的图层中，以便于后面的单独处理。同时，读者在学习后面的内容时，也可以带着“图层”功能的基本概念再去学习本书后面章节中的内容，一边学习其他知识，一边也要将图层功能应用起来，直至我们在第8~10章讲解新的图层知识时，都是一个逐渐熟悉图层功能的过程。

3. 覆盖广泛应用领域

如前所述，随着Photoshop功能的不断丰富和完善，其应用领域也越来越广泛，本书在内容和示例上尽可能兼顾更多的应用领域，例如在第3、4、15章讲解调色、修复及RAW照片处理等功能时，以摄影后期润饰为主进行讲解；第8章讲解图层混合模式、蒙版等合成功能时，则以创意影像、视觉表现，以及商业设计为主；在第13章讲解通道功能时，以常用的抠图技术为主，兼顾摄影后期与创意合成领域；在第14章讲解自动化功能时，则侧重于摄影后期中的拼合全景图、堆栈合成星轨，以及批量照片处理等；此外，本书第16章还从商业设计、创意视觉表示及照片处理等领域，详细讲解了多个综合性的案例，从而让读者在学习技术的同时，还能掌握常见领域中的应用与技巧，提升自身的实战及审美能力。

4. 配套素材丰富实用

本书配套素材主要包含案例素材及设计素材两部分。其中案例素材包含了完整的案例及素材源文件，读者除了使用它们配合图书中的讲解进行学习外，也可以直接将之应用于商业作品中，以提高作品的质量；另外，还附送了大量的纹理、画笔等素材，可以帮助读者在设计过程中，更好更快地完成设计工作。

此外还委托专业的讲师，针对本书中的内容，录制了多媒体视频教学课件，如果在学习中遇到问题，可以通过观看这些多媒体视频解疑释惑，提高学习效率。

本书配套素材下载地址 https://pan.baidu.com/s/1jJz9QGA 密码：kp8x
扫描右侧二维码，同样可以下载本书的素材文件。

特别感谢金晟教育为本书额外录制了Photoshop学习视频，扫描右侧二维码即可观看。

另外，本书赠送了7G的相关资源文件，下载地址：http://pan.baidu.com/s/1nu8i1dR
扫描下面的二维码，同样可以下载这些相关资源文件。

5. 其他声明

在编写本书的过程中，我们以科学、严谨的态度，力求精益求精，但错误和疏漏之处在所难免，敬请广大读者批评指正。作者的邮箱是Lbuser@126.com，另外欢迎加入Photoshop QQ学习群91335958或105841561。如果下载地址出现问题，请联系陈老师chenlch@tup.tsinghua.edu.cn。

本书是集体劳动的结晶，参与本书编著的包括以下人员：雷波、范玉婵、刘志伟、雷广田、苏鑫、徐涛、雷剑、王芬、苑丽丽、邓冰峰、赵程程、王磊、范德松、周会琼、范玉祥、庞小莲、庞元庭、范德芳、任洪伍、王德玲、王越鸣、范德润、王继荣、庞玮、张婷、王秀兰、范珊珊、李长松、杜青山、杜季等。本书附赠的所有素材图像仅允许本书的购买者使用，不得销售、网络共享或做其他商业用途。

作者

2017年6月

第1章 走进Photoshop圣堂

第2章 创建与编辑选区

第3章 调整图像色彩

第4章 修复与修饰图像

第5章 图层的基础功能

第6章 画笔、渐变与变换功能

第7章 路径与形状功能详解

第8章 图层的合成处理功能

第9章 图层的特效处理功能

第10章 特殊图层详解

第11章 输入与编辑文字

第12章 特殊滤镜应用详解

第13章 通道的运用

第14章 动作及自动化图像处理技术

第15章 调修RAW照片

第16章 综合案例

第1章　走进Photoshop圣堂

1.1　Photoshop应用领域

1.1.1　广告设计

在信息大爆炸的今天，广告成为我们在生活中最常见的设计类型之一，而Photoshop作为一款优秀的图像处理软件，在此领域中的应用极为广泛，例如图1.1所示就是一些优秀的广告作品。

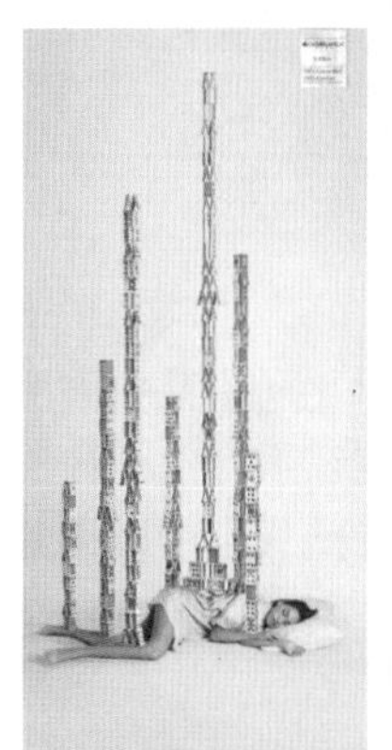

图1.1

1.1.2　封面设计

在所有我们看到的各类型图书中，封面都是其不可或缺的一部分，一个好的封面设计作品，除了可以表现出图书本身的内容、特色外，甚至可以在一定程度上左右消费者的购买意愿。图1.2所示是一些优秀的封面设计作品。

图 1.2

1.1.3 包装设计

仅从我们生活的周围来看，小到一瓶可乐、一袋小食品，大到一台液晶电视、一台冰箱等，都离不开其外包装的设计。对于不同类型的产品来说，其设计风格也存在很大的差别，其中比较有代表性的可以包括图1.3所示的酒包装、月饼包装等，图1.4所示是其他一些优秀的包装作品。

图 1.3

图 1.4

> 提示：从功能上来说，上一小节中讲解的封面设计也可以称之为包装设计的一种形式，只不过由于其领域非常庞大，所以经常作为一个单独的领域划分出来。

1.1.4 其他平面设计

从当前平面设计领域来看，前面所列举的3个应用领域，也都可以划分至平面设计领域中，同时也是平面设计中占有极为重要位置的几大应用领域。除此以外，Photoshop在其他平面设计领域也有非常广泛的应用，限于篇幅，笔者不再一一罗列，图1.5~图1.7所示是一些优秀的平面设计作品。

logo
美食
狂欢节
2018东新街首届
陕西特色风味美食节开幕
67
1949–2016
热烈庆祝中华人民共和国成立六67周年
全场商品
SALE
全场商品5折起/购物满500元反现100元
VIP会员购物满1000元送代金券500元，以此类推

图 1.5

Synchronicity
BUSINESS NETWORK

ASTDESIGN
INTERNET AGENCY

图 1.6

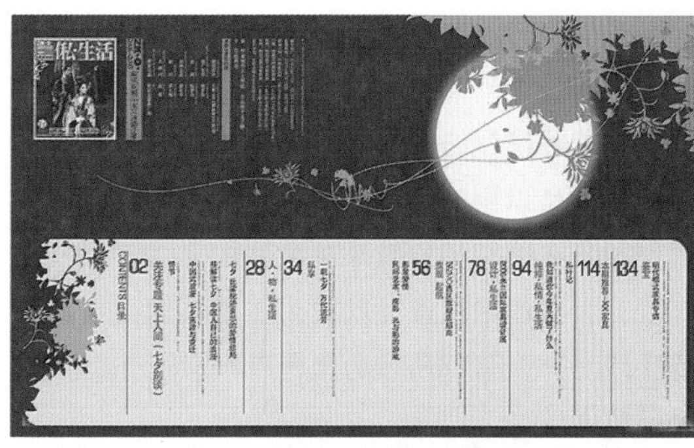

INVITATION

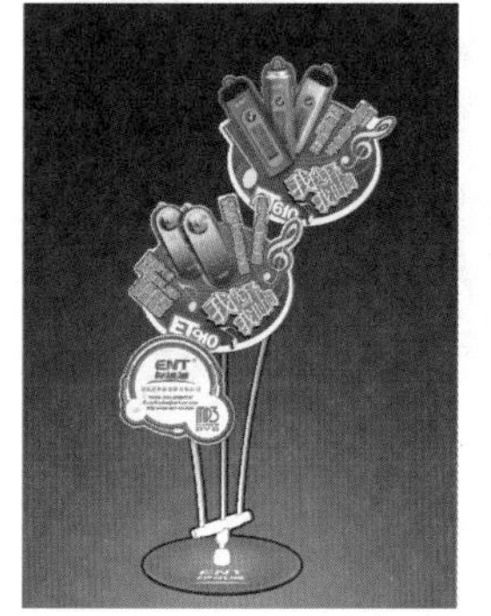

有一種生活
叫享受
87352266
87352266

图 1.7

1.1.5 网页创作

随着我国网络用户的不断攀升，越来越多的人和企业意识到应该选择网络作为宣传自己的方式之一，在这种竞争越来越激烈的形式下，一个美观、大方的网页设计就成为了留住浏览者的必要手段之一。图1.8所示为使用Photoshop设计的几个网页作品。

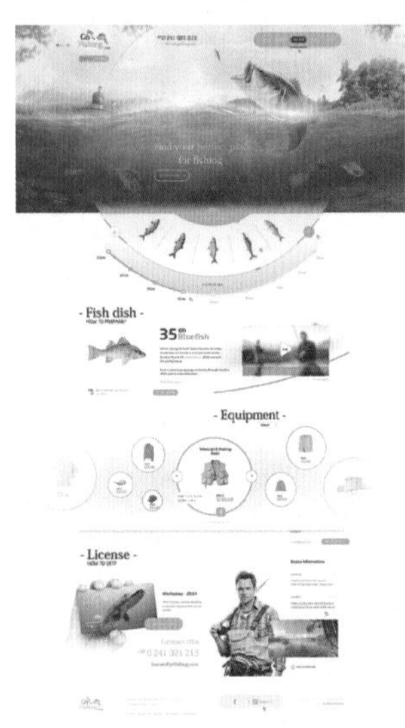

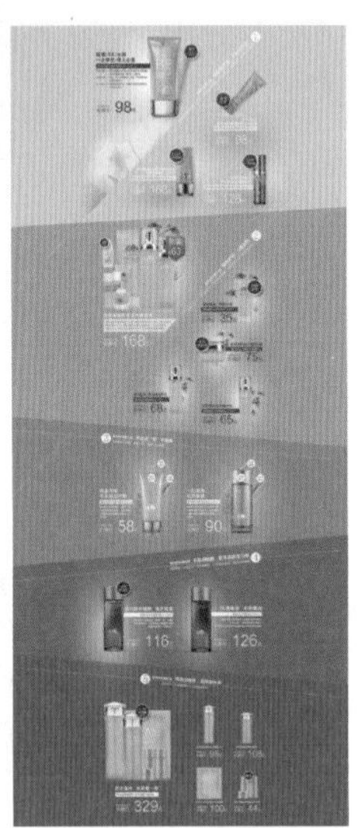

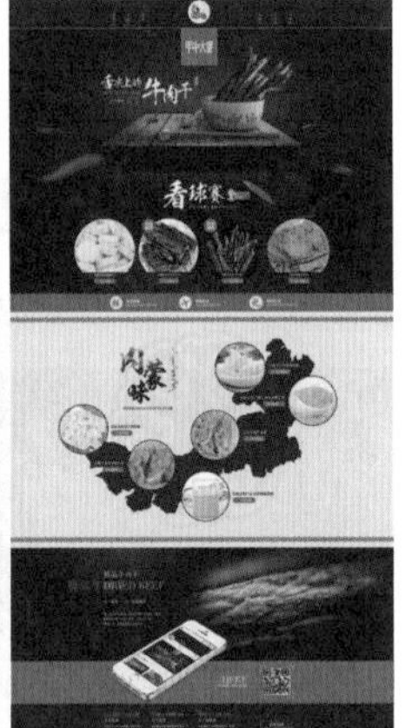

图 1.8

1.1.6 影像创意

影像创意是Photoshop的特长，通过其强大的图像处理与合成功能，可以将一些风马牛不相干的东西组合在一起，从而得到或妙趣横生、或炫丽精美的图像效果，如图1.9所示。

图 1.9

1.1.7 视觉表现

简单来说，视觉表现就是结合各种图像元素、不同的色彩及版面编排，给人以强烈的视觉冲击力，如图1.10所示。

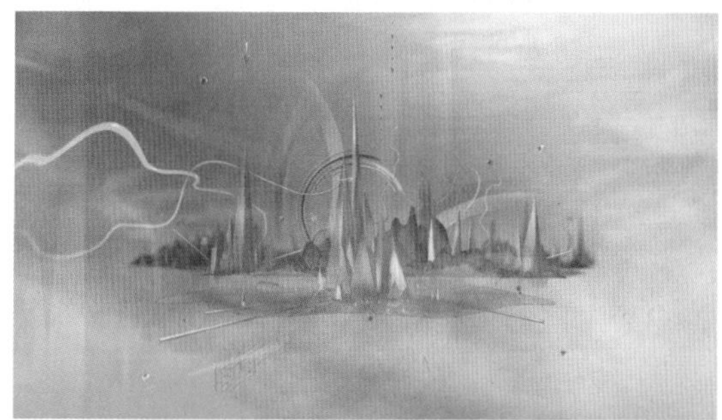

图 1.10

视觉表现在国外已经是一个比较成熟的行业，它虽然并不会像上述应用领域那样直接创造价值，但却间接地影响了其他大部分领域，原因就在于对这些设计作品来说，无非就是希望能够在视觉上更加突出，给人以或美观、或震撼等不同的视觉效果，以吸引浏览者的目光。

1.1.8 概念设计

所谓的概念设计，简单地说就是对某一事物重新进行造型、质感等方面的定义，形成一个针对该事物的新标准，在产品设计的前期通常要进行概念设计，除此之外，在许多电影及游戏中都需要进行角色或道具的概念设计。

图1.11所示为概念汽车的设计稿。图1.12所示为公司大巴的概念设计稿。

图 1.11

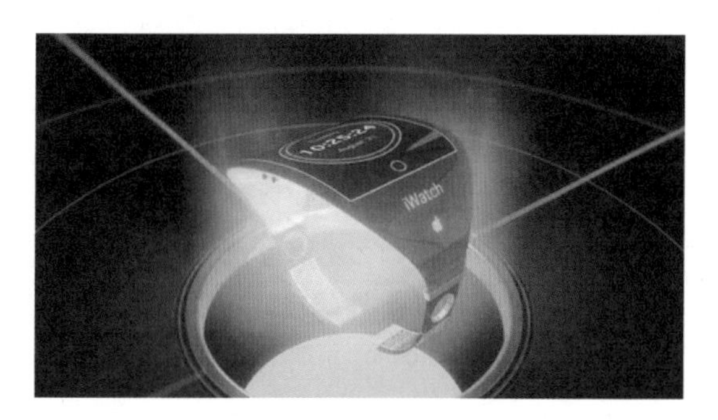

图 1.12

1.1.9 游戏设计

游戏设计是近年来迅速成长起来的一个新兴行业，在游戏策划及开发阶段都要大量使用Photoshop技术来设计游戏的人物、场景、道具、装备、操作界面。图1.13所示为使用Photoshop设计的游戏角色造型。

图 1.13

1.1.10 插画绘制

插画绘制是近年来才慢慢走向成熟的行业，随着出版及商业设计领域工作的逐步细分，商业插画的需求不断扩大，从而使以前许多将插画绘制作为个人爱好的插画艺术家开始为出版社、杂志社、图片社、商业设计公司绘制插画，图1.14所示为两幅使用Photoshop完成的成品插画。

图 1.14

1.1.11 摄影后期处理

随着数码相机不断的普及，人们的摄影技术也有了很大的提高，但拍摄出的照片仍然千差万别、良莠不齐，这其中除了摄影技术方面的原因外，还有非常重要的部分就是照片的后期处理，并且已经公认的成为摄影的一个重要组成，小到摄影爱好者拍摄，大到商业领域，经过后期处理的照片都随处可见。例如图1.15和图1.16所示分别是两组后期处理前后的照片效果对比。

图 1.15

图 1.16

1.1.12 UI设计

UI即User Interface(用户界面)的简称。UI设计是指对软件的人机交互、操作逻辑、界面美观的整体设计。从日常工作必不可少的计算机到随身携带的手机，我们在其中运行各类软件、游戏时，就可以看到形式多样的界面，我们常常会希望看到更加精致小巧的图标，更加符合我们需求的功能按钮的分布，更赏心悦目的布局等，因为这样的界面不仅仅可以满足我们的视觉享受，更加重要的是其简洁合理的设计，可以让我们在使用的时候更加得心应手，甚至是大幅度地提高工作效率。而为了使用户在与机器接触的过程中更加轻松亲切，如何使产品的使用界面更加人性化与个性化，就成为厂商致力解决的问题，并由此衍生出一门全新的设计学科，即UI设计。

图1.17所示为一些优秀的界面设计作品。

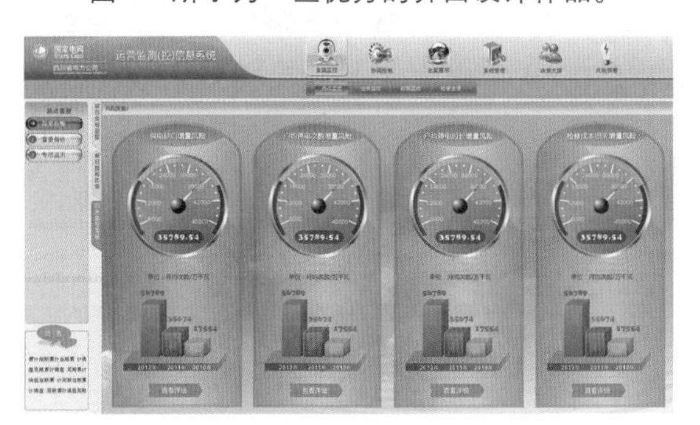

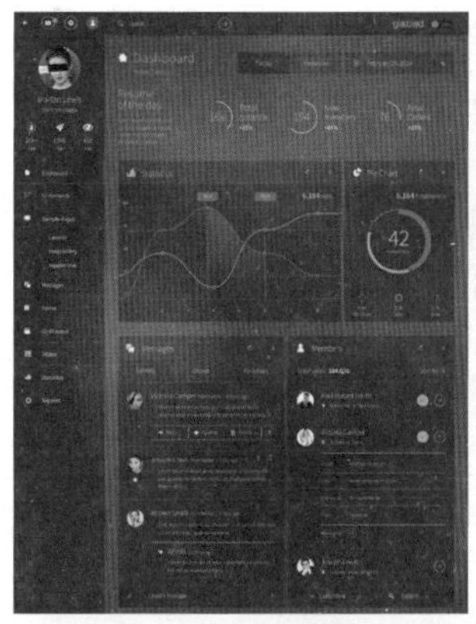

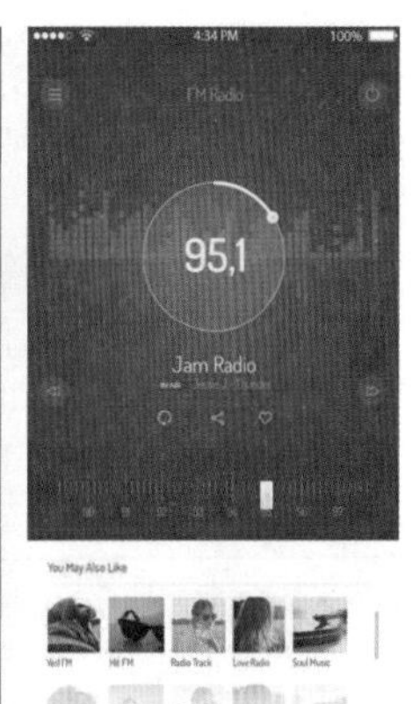

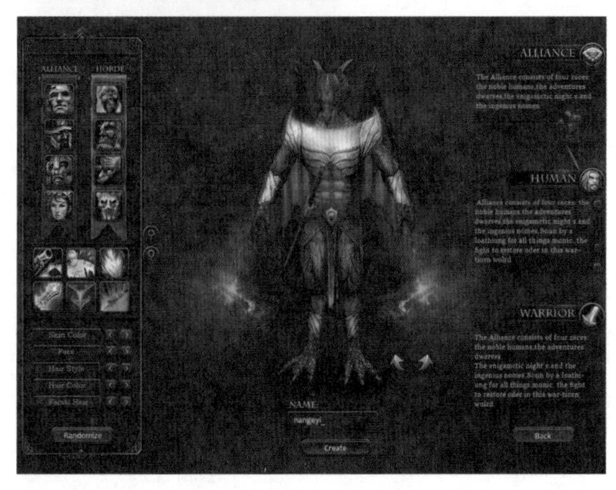

图 1.17

1.1.13 艺术文字

利用Photoshop可以使原本普通、平常的文字发生各种各样的变化，并利用这些艺术化处理后的文字为图像增加效果，如图1.18所示。

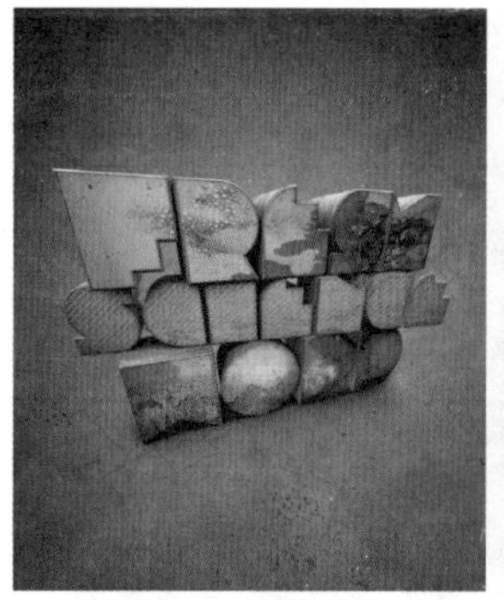

图 1.18

1.1.14 效果图后期调整

虽然大部分建筑效果都需要在3ds Max中制作，但其后期修饰则多数是在Photoshop中完成的。图1.19所示为原室内效果图。图1.20所示为对原室内效果图进行后期调整后的效果。

图 1.19

图 1.20

1.1.15 绘制或处理三维材质贴图

在三维软件中即使能够制作出精良的模型，但是如果不能为模型设置逼真的材质贴图，那么也无从得到好的渲染效果。实际上，在制作材质贴图时，除了要依靠三维软件本身所具有的功能外，掌握在Photoshop中制作材质贴图的方法也非常重要。

图1.21所示为一个室内效果图的线框模型效果。图1.22所示为使用在Photoshop中处理过的纹理图像为模型赋予材质贴图后进行渲染的效果（其中，磨砂玻璃及墙面的纹理效果均经过Photoshop处理）。

图 1.21

图 1.22

1.2 了解Photoshop工作界面

1.2.1 “开始”工作区

启动Photoshop CC 2017后，默认情况下会显示“开始”工作区，其中包含了基本的菜单栏、工具选项栏，以及“新建”命令、“打开”命令、最近打开的文件列表等，如图1.23所示。默认情况下，当前没有打开任何图像文件时，均会显示该工作区。

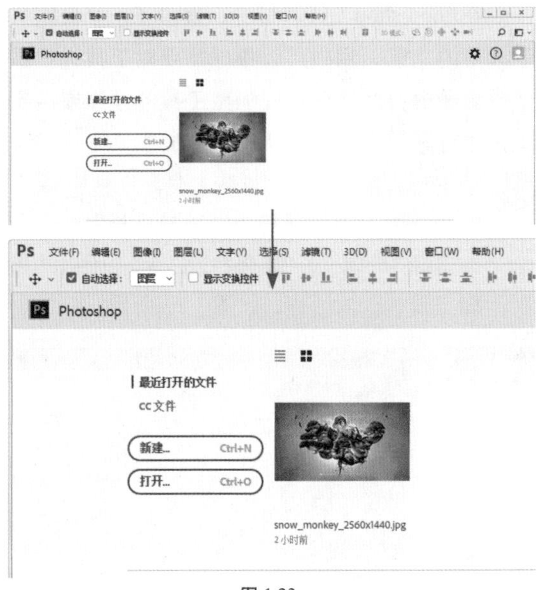

图 1.23

> 提示：由于“开始”工作区需要加载界面元素及最近的文件列表等资源，因此可能会导致加载速度较慢的问题，如果不喜欢或不习惯，可以按Ctrl+K键，在弹出的“首选项”对话框的左侧列表中选择“常规”，然后在右侧取消选中，没有打开的文档时，显示“开始”工作区选项即可。

1.2.2 工作界面基本组成

在正式打开一个图像文件后，才会显示出完整的工作界面，如图1.24所示。

图 1.24

根据功能的划分，大致可以分为以下几部分。

❶ 菜单栏。

❷ 工具箱。

❸ 工具选项栏。

❹ 搜索工具、教程和Stock内容。

❺ 工作区控制器。

❻ 当前操作的文档。

❼ 面板。

❽ 状态栏。

下面分别介绍Photoshop软件界面中各个部分的功能及使用方法。

1.2.3 菜单

Photoshop包括上百个命令，听起来虽然有些复杂，但只要了解每个菜单命令的特点，通过这些特点，就能够很容易地掌握这些菜单中的命令了。

许多菜单命令能够通过快捷键调用，部分菜单命令与面板菜单中的命令重合，因此在操作过程中真正使用菜单命令的情况并不太多，读者无需因为这上百个数量之多的命令产生学习的心理负担。

1.2.4 工具箱

1. 工具箱简介

执行“窗口”|“工具”命令，可以显示或者隐藏工具箱。

Photoshop工具箱中的工具极为丰富，其中许多工具都非常有特点，使用这些工具可以完成绘制图像、编辑图像、修饰图像、制作选区等操作。

2. 选择隐藏的工具

在工具箱中可以看到，部分工具的右下角有一个小三角图标，这表示该工具组中尚有隐藏工具未显示。下面以多边形套索工具为例，讲解如何选择及隐藏工具。

01 将鼠标放置在套索工具的图标上，该工具图标呈高亮显示。

02 在此工具上单击鼠标右键。此时Photoshop会显示出该工具组中所有工具的图标，如图1.25所示。

03 拖动鼠标指针至多边形套索工具的图标上，如图1.26所示，即可将其激活为当前使用的工具。

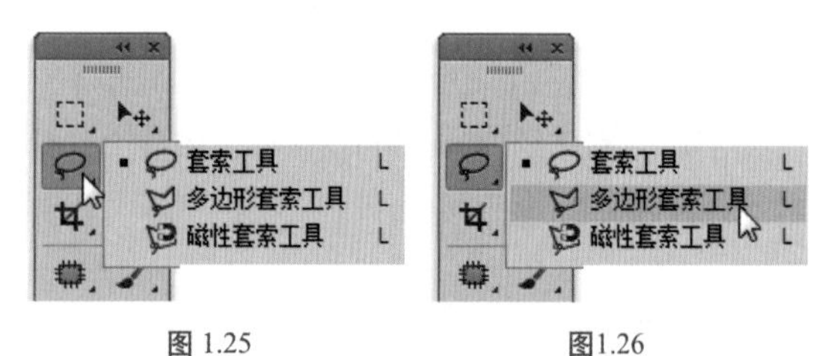

图 1.25　　图1.26

上面所讲述的操作适用于选择工具箱中的任何隐藏工具。

3. 自定义工具箱

自1990年以来，Photoshop经过近30年、十余个版本的更新，积累了近70个各具功能和特色的工具，这固然是一件好事，但同时带来的问题就是，对不同领域的用户来说，有一部分工具是极为不常用的。例如对摄影师来说，切片工具、钢笔工具、历史记录艺术画笔工具及相关的矢量绘图工具就很少使用。而对平面设计师而言，也很少会用到红眼工具、修复画笔工具等。另外，对PHotoshop使用较为熟练以后，一些常用的工具如移动工具、裁剪工具、抓手工具、缩放工具等，其选择和使用的过程，往往都是通过快捷键进行操作的，因此显示在工具箱中也是多余，占用了大量的工作区空间不说，甚至还会影响选择其他工具的效率。

在Photoshop CC 2017中，提供了一个自定义工具箱的功能，用户可以根据需要对工具进行显示或隐藏的控制，还可以调整工具的顺序或自定义快捷键等。下面来讲解其操作方法。

01 右击工具箱底部的“编辑工具栏”按钮，在弹出的列表中选择“编辑工具栏”命令，或选择“编辑”|“工具栏”命令，以调出“编辑工具栏”对话框，如图1.27所示。

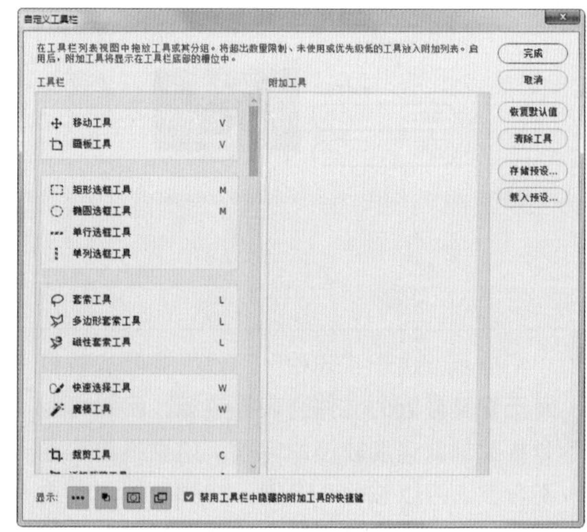

图 1.27

02 在左侧的“工具栏”列表中单击某个工具的名称，即可在后面的文本框中键入新的快捷键，如图1.28所示。

03 在左侧的“工具栏”列表中按住鼠标左键拖动某个工具，即可改变其在工具箱中的排列顺序，如图1.29所示。

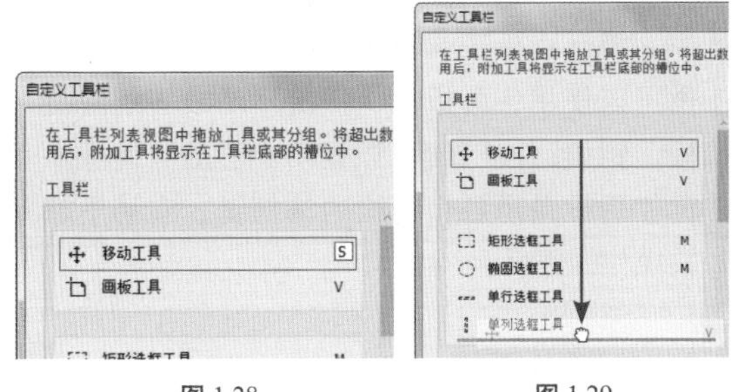

图 1.28　　　　图 1.29

04 在左侧的“工具栏”列表中，拖动某个工具至右侧的“附加工具”列表中，即可在工具箱中隐藏该工具，如图 1.30 所示。

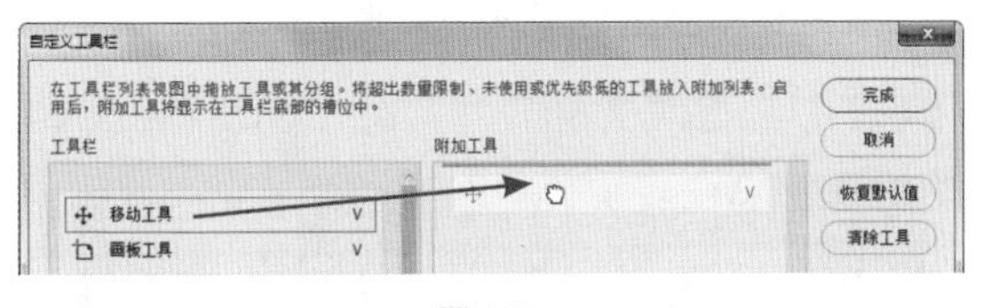

图 1.30

05 被隐藏的工具可以再次右击工具箱底部的“编辑工具栏”按钮 （此时显示的可能是最近使用的某个工具图标），此时将显示全部被隐藏的工具，如图 1.31 所示。

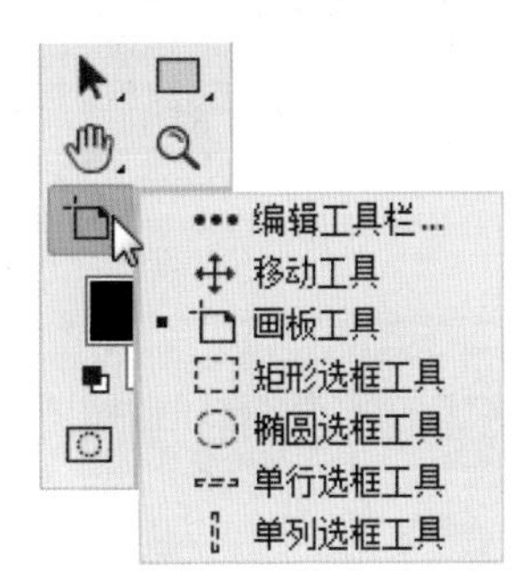

图 1.31

06 单击底部“显示”后面的各个按钮，以取消其选中状态，即可在工具箱中隐藏对应的图标。

1.2.5 工具选项栏

选择工具后，在大多数情况下还需要设置其工具选项栏中的参数，这样才能够更好地使用工具。在工具选项栏中列出的通常是单选按钮、下拉菜单、参数数值框等。

1.2.6 搜索工具、教程和Stock内容

搜索是Photoshop2017新增的一项功能，用户可以按Ctrl+F键或单击工具选项栏右侧的“搜索”按钮，以显示“搜索”面板，在文本框中输入要查找的内容，即可在下方显示搜索结果，如图1.32所示。

图1.32

默认情况下，显示的是“全部”搜索结果，用户也可以指定分类结果。当选择“Photoshop”时，可显示Photoshop软件内部的工具、命令、面板、预设、打开文档、图层等搜索结果；选择“学习”时，将显示帮助及学习内容等搜索结果；选择“Stock”选项时，可以显示Adobe Stock图像（包括位图及矢量图）。

1.2.7 工作区控制器

工作区控制器，顾名思义，它可用于控制Photoshop的工作界面。具体来说，用户可以按照自己的喜好布置工作界面、设置好快捷键以及工具栏等，然后单击工具选项栏最右侧的“工作区控制器”按钮，在弹出的菜单中选择“新建工作区”命令，以将其保存起来。

如果在工作一段时间后，工作界面变得很零乱，可以选择调用自己保存的工作区，将工作界面恢复至自定义的状态。

用户也可以根据自己的工作需要，调用软件自带的工具区布局，例如，如果经常从事数码后期修饰类工作，可以直接调用“摄影”工作区，以隐藏平时用不到的工具。

1.2.8 当前操作的文档

当前操作的文档是指将要或正在用Photoshop进行处理的文档。本节将讲解如何显示和管理当前操作的文档。

只打开一个文档时，它总是被默认为当前操作的文档；打开多幅图像时，如果要激活其他文档为当前操作的文档，可以执行下面的操作之一。

- 在图像文件的标题栏或图像上单击鼠标即可切换至该文档，并将其设置为当前操作的文档。
- 按Ctrl+Tab键可以在各个图像文件之间进行切换，并将其激活为当前操作的文档，但该操作的缺点就是在图像文件较多时，操作起来较为烦琐。
- 选择“窗口”命令，在菜单的底部将出现当前打开的所有图像的名称，此时选择需要激活的图像文件名称，即可将其设置为当前操作的文档。

1.2.9 面板

Photoshop具有多个面板，每个面板都有其各自不同的功能。例如，与图层相关的操作大部分都被集成在“图层”面板中，而如果要对路径进行操作，则需要显示“路径”面板。

虽然面板的数量不少，但在实际工作中使用最频繁的只有其中的几个，即“图层”面板、“通道”面板、“路径”面板、“历史记录”面板、“画笔”面板和“动作”面板等。掌握这些面板的使用，基本上就能够完成工作中大多数复杂的操作。

要显示这些面板，可以在“窗口”菜单中寻找相对应的命令。

> 提示：除了选择相应的命令显示面板，也可以使用各面板的快捷键显示或者隐藏面板。例如，按F7键可以显示“图层”面板。记住用于显示各个面板的快捷键，有助于加快操作的速度。

1. 拆分面板

当要单独拆分出一个面板时，可以选中对应的图标或标签，并按住鼠标左键，然后将其拖动至工作区中的空白位置，如图1.33所示。图1.34所示就是被单独拆分出来的面板。

图 1.33

图 1.34

2. 组合面板

组合面板可以将两个或多个面板合并到一个面板中，当需要调用其中某个面板时，只需单击其标签名称即可，否则，如果每个面板都单独占用一个窗口，用于进行图像操作的空间就会大大减少，甚至会影响到正常的工作。

要组合面板，可以拖动位于外部的面板标签至想要的位置，直至该位置出现蓝色反光时，如图1.35所示，释放鼠标左键后，即可完成面板的拼合操作。通过组合面板的操作，可以将软件的操作界面布置成自己习惯或喜爱的状态，从而提高工作效率。

图 1.35

3. 隐藏/显示面板

在Photoshop中，按Tab键可以隐藏工具箱及所有已显示的面板，再次按Tab键可以全部显示。如果仅隐藏所有面板，则可按Shift+Tab键；同样，再次按Shift+Tab键可以全部显示。

1.2.10 状态栏

状态栏位于窗口最底部。它能够提供当前文件的显示比例、文件大小、内存使用率、操作运行时间、当前工具等提示信息。在显示比例区的文本框中输入数值，可以改变图像窗口的显示比例。

1.3 文档基础操作

在使用Photoshop软件编辑处理图像之前，应该首先掌握文档的基本操作，包括新建、保存、关闭、打开等操作。

1.3.1 新建文档

要在Photoshop中打开文档，可以按照下面的方法操作。

- 选择“文件”|“新建”命令。
- 按Ctrl+N键。
- 在“开始”工作区中单击“新建”按钮。

最常用的获得图像文件的方法是建立新文件。执行“文件”|“新建”命令后，弹出图1.36所示的“新建”对话框。

图 1.36

在Photoshop CC 2017中，“新建文档”对话框集成了更多的功能，且更为便捷，以满足不同用户的设计需求。下面分别讲解其各部分的功能。

> 提示：若是不喜欢或不习惯新的“新建文档”对话框，也可以恢复至旧版界面，具体方法为：按Ctrl+K键，在弹出的“首选项”对话框的左侧列表中选择“常规”选项，然后在右侧选中“使用旧版”|“新建文档”|“界面”选项即可。

1. 根据最近使用项新建文档

在“新建文档”对话框中选择“最近使用项”，此时会在下方显示最近新建的文档，及其尺寸、分辨率等信息，选择一个项目，并单击“创建”按钮即可创建新文档。

另外，用户也可以在底部的搜索栏中输入关键字，并单击“前往”按钮，从而在Adobe Stock网站上查找符合要求的文档模板。

2. 根据已保存的预设新建文档

在“新建文档”对话框中选择“已保存”选项，此时会在下方显示最近保存过的文档预设，选择一个项目，并单击“创建”按钮即可。

3. 根据预设新建文档

在“新建文档”对话框中选择“照片”|“打印”|“Web”命令等，可以在下方分别显示相应的预设尺寸与设置，选择一个项目，并单击“创建”按钮即可。

4. 自定义新建文档

除了使用上述方法快速新建文档外，用户也可以在右侧通过自定义参数创建新文档，下面来分别讲解其中常用的参数功能。

- 宽度、高度、分辨率：在对应的数值框中键入数值，即可分别设置新文件的宽度、高度和分辨率；在这些数值框右侧的下拉菜单中可以选择相应的单位。
- 方向：在此可以设置文档为竖向或横向。在默认情况下，当用户新建文件时，页面方向为直式的，但用户可以通过选取页面摆放的选项来制作横式页面。选择▣选项，将创建竖向文档；而选择▣选项，可创建横向文档。
- 颜色模式：在其下拉列表中可以选择新文件的颜色模式；在其右侧选择框的下拉列表中可以选择新文件的位深度，用以确定使用颜色的最大数量。
- 背景内容：在此下拉列表中可以设置新文件的背景颜色。
- 画板：选中此选项后，将在新文档中自动生成一个新的画板。

5. 保存预设

设置好参数后，若希望以后继续使用，可以单击“存储预设”按钮，从而将当前设置的参数保存成为预置选项，并出现在“已保存”之中。关于画板功能的讲解，请参见本书第5章的内容。

1.3.2 打开文档

要在Photoshop中打开文档，可以按照下面的方法操作。

- 选择“文件”|“打开”命令。
- 按Ctrl+O键。
- 在“开始”工作区中单击“打开”按钮。

使用以上3种方法，都可以在弹出的对话框中选择要打开的图像文件，然后单击“打开”按钮即可。

另外，直接将要打开的图像拖至Photoshop工作界面中也可以打开，但需要注意的是，从Photoshop CS5开始，必须置于当前图像窗口以外，如菜单区域、面板区域或软件的空白位置等，如果置于当前图像的窗口内，会将其创建为嵌入式智能对象。

1.3.3 保存文档

1. 直接保存

若想保存当前操作的文件，选择“文件”|“储存”命令，弹出“另存为”对话框，设置好文件名、文件类型及文件位置后，单击“保存”按钮即可。

要注意的是，只有当前操作的文件具有通道、图层、路径、专色、注解，在“格式”下拉列表中选择支持保存这些信息的文件格式时，对话框中的“Alpha通道”、“图层”、“注解”、“专色”选项才会被激活，可以根据需要选择是否需要保存这些信息。

2. 另存为

若要将当前操作文件以不同的格式、或不同名称、或不同存储路径再保存一份，可以选择“文件”|“存储为”命令，在弹出的“另存为”对话框中根据需要更改选项并保存。

例如，要将Photoshop中制作的产品宣传册通过电子邮件给客户看小样，因其结构复杂、有多个图层和通道，文件所占空间很大，通过E-mail很可能传送不过去，此时，就可以将PSD格式的原稿另存为JPEG格式的拷贝，让客户能及时又准确地看到宣传册效果。

1.3.4 关闭文档

按理说关闭文件应该是最简单的操作，直接单击图像窗口右上角的“关闭”图标，或选择“文件”|“关闭”命令，或直接按Ctrl+W键即可。

对于操作完成后没有保存的图像，执行关闭文件操作后，会弹出提示框，询问用户是否需要保存，可以根据需要选择其中一个选项。

除了关闭文件外，还有“文件”|“退出”这样一个命令，此命令不仅会关闭图像文件，同时将退出Photoshop软件系统。也可以直接使用快捷键Ctrl+Q退出。

1.4 图像尺寸与分辨率

如果需要改变图像尺寸，可以使用“图像”|“图像大小”命令，弹出的对话框如图1.37所示。

图 1.37

使用此命令时，首先要考虑的因素是是否需使图像的像素发生变化，这一点将从根本上影响图像被修改后的状态。

如果图像的像素总量不变，提高分辨率将降低其打印尺寸，提高其打印尺寸将降低其分辨率。但图像像素总量发生变化时，可以在提高其打印尺寸的同时保持图像的分辨率不变，反之亦然。

在此分别以在像素总量不变的情况下改变图像尺寸，及在像素总量变化的情况下改变图像尺寸为例，讲解如何使用此命令。

1. 保持像素总量不变

在像素总量不变的情况下改变图像尺寸的操作方法如下。

01 在“图像大小”对话框中取消选中“重新取样”复选框。在左侧提供了图像的预览功能，用户在改变尺寸或进行缩放后，可以在此看到调整后的效果。

02 在对话框的“宽度”、“高度”文本框右侧选择合适的单位。

03 分别在对话框的“宽度”、“高度”两个文本框中输入小于原值的数值，即可降低图像的尺寸，此时输入的数值无论大小，对话框中“像素大小”中的数值都不会有变化。

04 如果在改变其尺寸时，需要保持图像的长宽比，则选中“约束比例”复选框，否则取消其选中状态。

2. 像素总量发生变化

在像素总量变化的情况下改变图像尺寸的操作方法如下。

01 确认“图像大小”对话框中的“重新取样”复选框处于选中状态，然后继续下一步的操作。

02 在“宽度”、“高度”文本框右侧选择合适的单位，然后在两个文本框中输入不同的数值即可。

如果在像素总量发生变化的情况下，将图像的尺寸变小，然后以同样的方法将图像的尺寸放大，则不会得到原图像的细节，因为Photoshop无法恢复已损失的图像细节，这是最容易被初学者忽视的问题之一。

1.5 设置画布尺寸

简单来说，画布是用于界定当前图像的范围，用户可以改变画布的尺寸。若增大画布，将在原文档的四周增加空白部分；若缩小画布，导致画布比图像内容小，就会裁去超出画布的部分。

1.5.1 使用“画布大小”命令编辑画布尺寸

画布尺寸与图像的视觉质量没有太大的关系，但会影响图像的打印效果，例如画布越大，则整个文档尺寸也就越大，可打印的尺寸也就相应的越大。

执行“图像”|“画布大小”命令，调出图1.38所示的对话框。

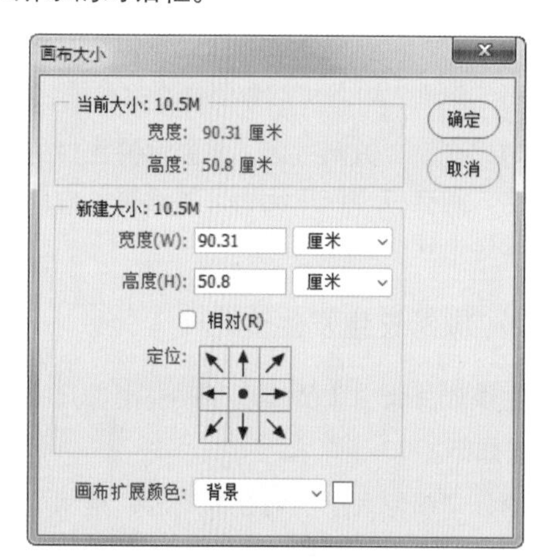

图 1.38

“画布大小”对话框中各参数释义如下。

- 当前大小：显示图像当前的大小、宽度及高度。
- 新建大小：在此数值框中可以键入图像文件的新尺寸数值。刚打开“画布大小”对话框时，此选项区数值与“当前大小”选项区数值一样。
- 相对：选择此选项，在“宽度”及“高度”数值框中显示图像新尺寸与原尺寸的差值，此时在“宽度”、“高度”数值框中如果键入正值，则放大图像画布，键入负值，则裁剪图像画布。
- 定位：单击“定位”框中的箭头，用以设置新画布尺寸相对于原尺寸的位置，其中空白框格中的黑色圆点为缩放的中心点。
- 画布扩展颜色：在此下拉列表中可以选择扩展画布后新画布的颜色，也可以单击其右侧的色块，在弹出的“拾色器（画布扩展颜色）”对话框中选择一种颜色，为扩展后的画布设置扩展区域的颜色。图1.39所示为原图像，图1.40所示为在画布扩展颜色为灰色的情况下，扩展图像画布的效果。

图 1.39

图 1.40

> 提示：如果在“宽度”及“高度”数值框中键入小于原画布大小的数值，将弹出信息提示对话框，单击“继续”按钮，Photoshop将对图像进行剪切。

1.5.2 改变文档方向

要改变文档执行“图像”|“图像旋转”命令

进行角度调整，各命令的功能释义如下。

- 180度：画布旋转180°。
- 90度（顺时针）：画布顺时针旋转90°。
- 90度（逆时针）：画布逆时针旋转90°。
- 任意角度：可以选择画布的任意方向和角度进行旋转。
- 水平翻转画布：将画布进行水平方向上的镜像处理。
- 垂直翻转画布：将画布进行垂直方向上的镜像处理。

图1.41所示是垂直翻转的示例。

(a) 原图像

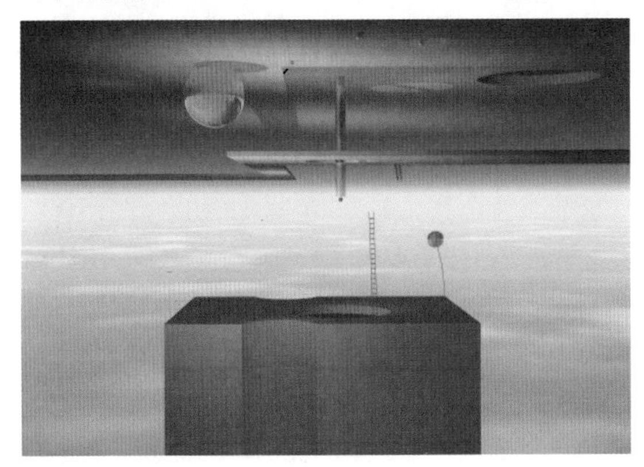

(b) 垂直翻转

图 1.41

> 提示：上述命令可以对整幅图像进行操作，包括图层、通道、路径等。

1.5.3 使用裁剪工具编辑画布

使用裁剪工具，用户除了可以根据需要裁掉不需要的像素外，还可以使用多种网络线进行辅助裁剪、在裁剪过程中进行拉直处理，以及决定是否删除被裁剪掉的像素等。

要裁剪图像，可以直接在文档中拖动，并调整裁剪控制框，以确定要保留的范围，如图1.42所示，然后按Enter键确认即可，如图1.43所示。

图1.42

图1.43

在过程中，若要取消裁剪操作，则可以按Esc键。

裁剪工具的工具选项如图1.44所示。

图 1.44

下面来讲解其中各选项的使用方法。

- 裁剪比例：在此下拉菜单中，可以选择裁剪工具在裁剪时的比例，还可以新建和管理裁剪预设。
- 设置自定长宽比：在此处的数值输入框中，可以输入裁剪后的宽度及高度像素数值，以精确控制图像的裁剪。
- 高度和宽度互换按钮：单击此按钮，可以互换当前所设置的高度与宽度的数值。
- 拉直按钮：单击此按钮后，可以在裁剪框内进行拉直校正处理，特别适合裁剪并校正倾斜的画面。在使用时，可以将光标置于裁剪框内，然后沿着要校正的图像拉出一条直线，如图1.45所示，释放鼠标后，即可自动进行图像旋转，以校正画面中的倾斜，图1.46所示是按Enter键确认裁剪后的效果。

图 1.45

图 1.46

- 设置“叠加”选项按钮：单击此按钮，在弹出的菜单中，可以选择裁剪图像时的辅助网格及其显示设置。
- “裁剪”选项按钮：单击此按钮，在弹出的菜单中可以设置裁剪的相关参数。
- 内容识别：这是Photoshop CC 2017版本中新增的一个选项。当裁剪的范围超出当前文档时，就会在超出的范围填充单色或保持透明，如1.47所示，此时若选中“内容识别”选项，即可自动对超出范围的区域进行分析并填充内容，如1.48所示，四角的白色被自动填补。

图 1.47

图 1.48

1.5.4 使用透视裁剪工具编辑画布

从Photoshop CS6开始，过往版本中裁剪工具上的“透视”选项被独立出来，形成一个新的透视裁剪工具，并提供了更为便捷的操控方式及相关选项设置，其工具选项栏如图1.49所示。

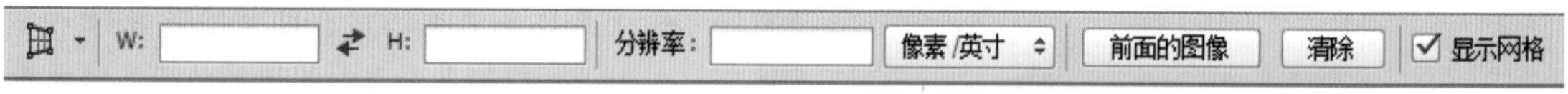

W:　H:　分辨率:　像素/英寸　前面的图像　清除　显示网格

图1.49

- 删除裁剪的像素：选择此选项时，在确认裁剪后，会将裁剪框以外的像素删除；反之，若是未选中此选项，则可以保留所有被裁剪掉的像素。当再次选择“裁剪工具”时，只需要单击裁剪控制框上任意一个控制句柄，或执行任意的编辑裁剪框操作，即可显示被裁剪掉的像素，以便于重新编辑。

下面通过一个简单的实例，来讲解一下此工具的使用方法。

01 打开随书所附光盘中的文件“第 1 章\1.5.4-素材 .jpg”，如图 1.50 所示。在本例中，将针对其中变形的图像进行校正处理。

图 1.50

02 选择透视裁剪工具，将光标置于建筑的左下角位置，如图 1.51 所示。

03 单击鼠标左键添加一个透视控制柄，然后向上移动鼠标至下一个点，并配合两点之间的辅助线，使之与左侧的建筑透视相符，如图 1.52 所示。

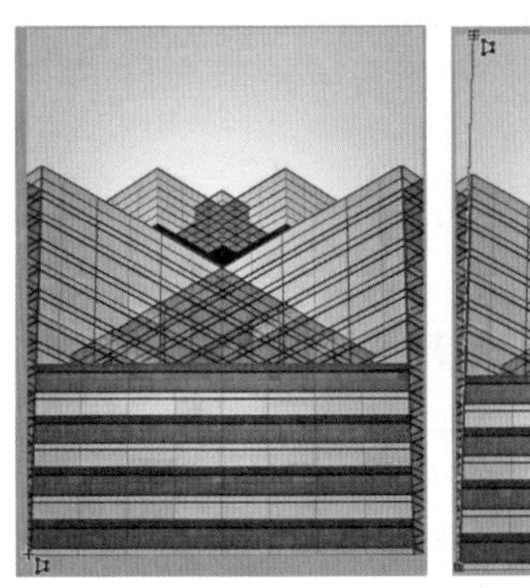

图 1.51

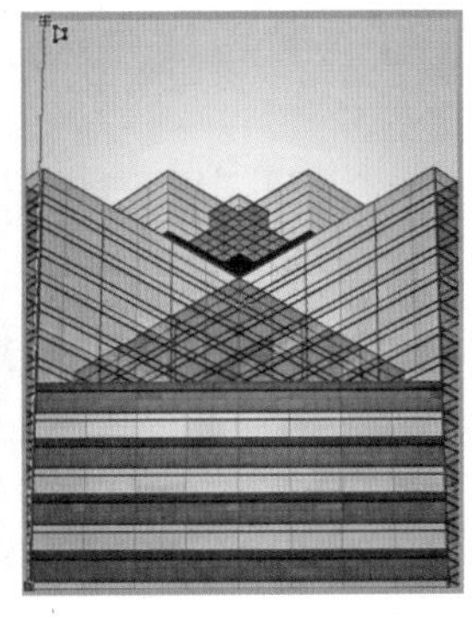

图1.52

04 按照上一步的方法，在水平方向上添加第 3 个变形控制柄，如图 1.53 所示。由于此处没有辅助线可供参考，因此只能目测其倾斜的位置添加变形控制柄，在后面的操作中再对其进行更正。

05 将光标置于图像右下角的位置，以完成一个透视裁剪框，如图 1.54 所示。

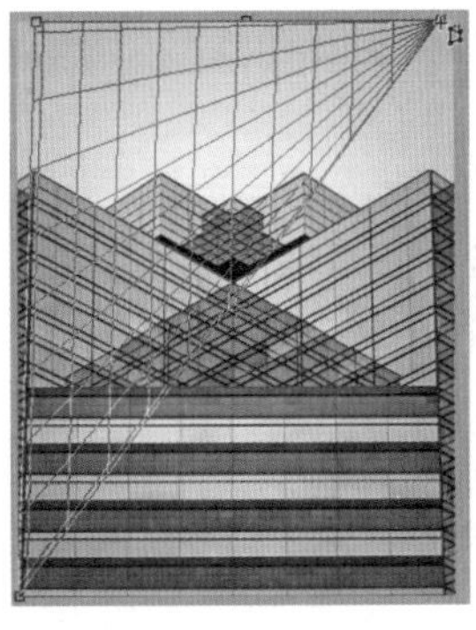

图 1.53

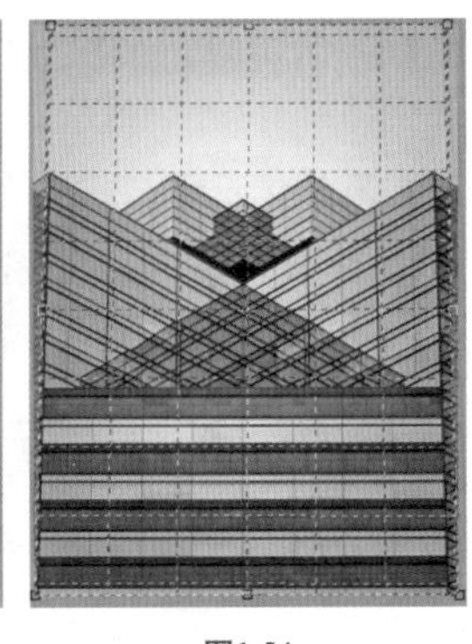

图1.54

06 对右侧的透视裁剪框进行编辑，使之更符合右侧的透视校正需要，如图 1.55 所示。

07 确认裁剪完毕后，按 Enter 键确认变换，得到图 1.56 所示的最终效果。

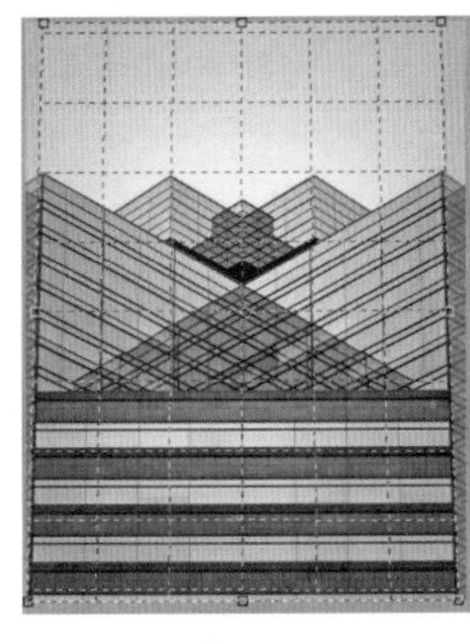

图 1.55

图 1.56

1.6 使用“库”管理文档资源

库是从Photoshop CC 2014开始增加的功能，其作用就是可以将常用的图形、图像、字体、字符样式、段落样式、颜色、渐变、图案及图层样式等资源保存起来，从而可以在本地、移动端及Adobe公司其他软件中使用（需CC 2014或更高版本），甚至可以通过同步至云端，使其他团队成员也能够使用库中的资源。

选择“窗口”|“库”命令即可显示“库”面板，如图1.57所示。

1.6.1 创建新库

默认情况下，“库”面板是空白的，用户可以单击“创建新库”按钮，然后输入名称并单击“创建”按钮即可，如图1.58所示。

图 1.57　　图 1.58

在已经创建一个或多个库后，要再创建库，可以在顶部的下拉列表中选择“创建新库”命令，如图1.59所示，然后输入名称，并单击“创建”按钮即可创建新的库。

图 1.59

1.6.2 从文档新建库并导入资源

在Photoshop CC 2017中，默认情况下每次打开文档时，若文档中包含可保存于库的资源，就会弹出类似图1.60所示的提示框。选中要导入库的资源类型，并单击“创建新库”按钮，即可根据当前文档的名称创建一个新库，如图1.61所示。

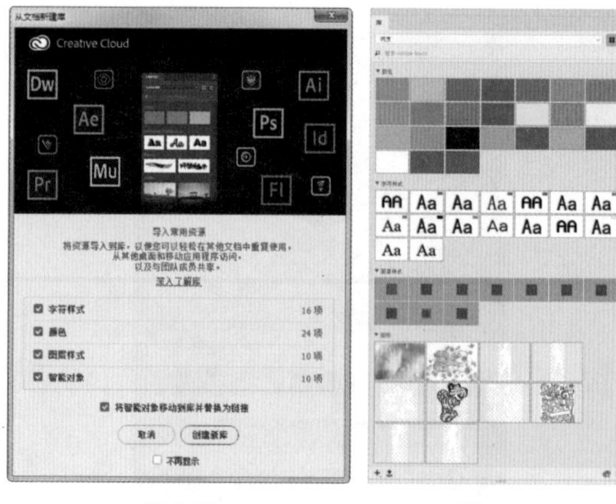

图 1.60　　图 1.61

若选中其中的“将智能对象移动到库并替换为链接”选项，则将文档中的智能对象添加到库，并使用库中的智能对象替换文档中的智能对象，此时，若修改“库”面板中的智能对象，文档中的智能对象也会发生相应的变化。

另外，用户也可以单击“从文档新建库”按钮，弹出类似前面图所示的对话框，在其中选择要添加的资源类型，并创建新库即可。

1.6.3 手动添加资源

在前面讲解的方法中，可以创建库，同时导入文档中的资源，除此之外，用户也可以手动向库中添加资源。例如，单击“添加内容”按钮+，在弹出的菜单中可以根据需要选中“图形”或“前景色”选项，从而将当前选中的图层或前景色保存至库中。

另外，用户也可以直接从“图层”面板中拖动选中的图层至“库”面板中，如图1.62所示，即可添加至库中。

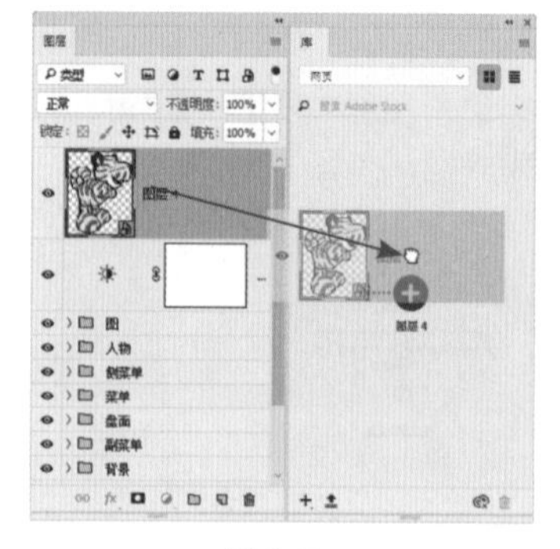

图 1.62

> 提示：在登录了Adobe ID且软件能够正常联网的情况下，库中的资源将自动同步至Adobe Cloud中，以便于在其他软件或计算机上调用该资源。

1.6.4 置入资源

要将库中的资源添加至当前文档中，可以按照以下方法操作。

1. 直接拖动

这种方法最为简单、直接。用户从“库”面板中拖动一个项目至文档中即可，对于图形类资源，将以智能对象的方式置入，且默认情况下会弹出图1.63所示的提示框，单击“确定”按钮，可以以链接的方式置入资源，对应的图层会显示图标，如图1.64所示。

> 提示：关于智能对象图层及其链接、嵌入等功能的详细讲解，请参见本书第10章的相关内容。

图 1.63

图 1.64

2. 使用命令置入

在“库”面板中要置入的资源上单击鼠标右键，在弹出的菜单中选择“置入链接对象”命令，则可以以链接的方式将其置入为智能对象；若选择“置入图层”选项，则以其原始图层置入到文档中。

置入为链接对象的好处在于，若修改了“库”面板中的对象，则文档中的对象也会发生相应的变化。例如图1.65所示是编辑“库”面板中的老虎为蓝色后，文档中的老虎也发生了颜色的变化，同样，若是在文档中编辑了老虎，“库”面板中对应的资源也会发生变化。

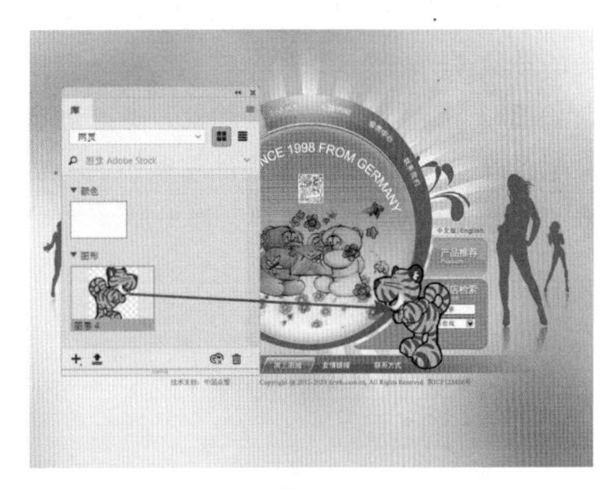

图 1.65

若希望嵌入链接的资源，可以在图层名称上单击鼠标右键，在弹出的菜单中选择“嵌入链接的智能对象”命令。

> 提示：关于编辑资源的方法，请参见下一小节的讲解。

1.6.5 编辑资源

要编辑资源，可以在“库”面板中双击某个资源，或在资源上右击鼠标，在弹出的菜单中选择“编辑”命令即可对其进行编辑，根据资源的不同，其编辑方式也各异。例如对于纯色资源，编辑时会弹出“拾色器”对话框；对于图形类资源，编辑时会在新文档中打开，完成编辑后关闭并保存即可。

1.6.6 重命名库

要对库进行重命名，可以切换至该库，然后

在“库”面板菜单中选择“重命名‘**’”（**表示库的名称）命令，在弹出的对话框中输入新名称并确认即可。

1.6.7 删除库

当确认不再需要某个库时，可以在“库”面板菜单中选择“删除‘**’”（**表示库的名称）命令，在弹出的对话框中单击“删除”按钮即可删除库。

要注意的是，若文档中的图层包含链接至库里的资源，则删除库以后，文档会显示链接丢失，如图1.66所示。因此在删除前，务必确认没有文档以链接方式使用了库中的资源，或将链接的资源转为嵌入的方式，以避免损失。

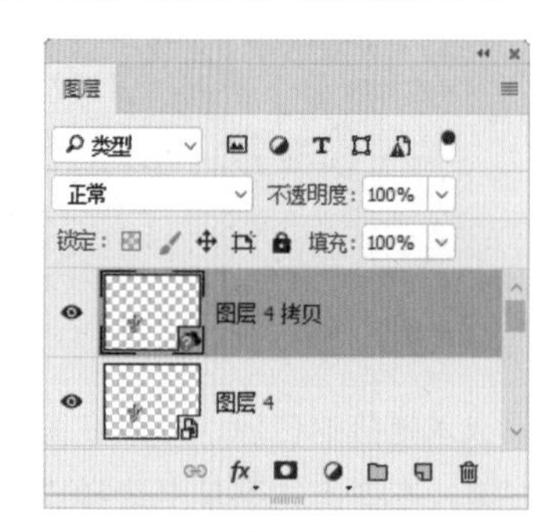

图 1.66

若要修复链接，可以在丢失链接的图层名称上单击鼠标右键，在弹出的菜单中选择“重新链接到库图形”命令，可以在“库”面板中选择用于替换的资源；若选择“重新链接到文件”命令，则可以在本地计算机中找到并打开用于替换的文档。若“库”和本地计算机中均没有相应的资源，则表示该链接彻底丢失，因此再次强调，务必在删除“库”中的资源时，确认没有任何链接形式资源在文档中使用。

1.7 选择颜色并填充

在使用Photoshop的绘图工具进行绘图时，选择正确的颜色至关重要，本节就来讲解一下在Photoshop中选择颜色的各种方法。在实际工作过程中，可以根据需要选择不同的方法。

1.7.1 前景色和背景色

在工具箱底部存在两个颜色设置控件，如图1.67所示，上面的色块用于定义前景色，下面的色块用于定义背景色。

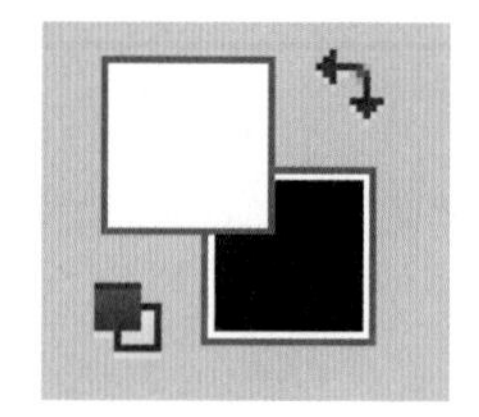

图 1.67

前景色是用于绘图的颜色，可以将其理解为传统绘画时所使用的颜料。要设置前景色，单击工具箱中的前景色图标，在弹出的“拾色器（前景色）”对话框中进行设置，如图1.68所示。

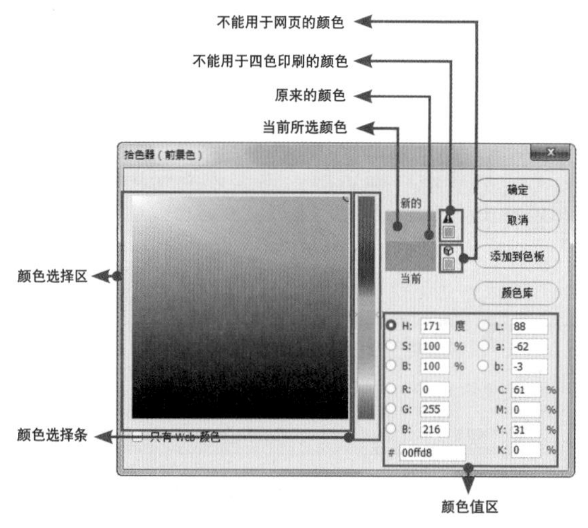

图 1.68

设置前景色的操作步骤如下。

01 拖动颜色选择条中的滑块以设定一种基色。

02 在颜色选择区中单击选择所需要的颜色。

03 如果知道所需颜色的颜色值，可以在颜色值区的相应数值框中直接键入颜色值或者颜色代码。

04 在“新的”颜色图标的右侧，如果出现▲标记，表示当前选择的颜色不能用于四色印刷。单击该标记，Photoshop 自动选择可以用于印刷并与当前选择最接近的颜色。

05 在“当前”颜色图标的右侧，如果出现◈标记，表示当前选择的颜色不能用于网络显示。单击该标记，Photoshop 自动选择可用于网络显示并与当前选择最接近的颜色。

06 选择“只有 Web 颜色”选项，其中的颜色均可用于网络显示。

07 根据需要设置颜色后，单击“确定”按钮，工具箱中的前景色图标即显示相应的颜色。

背景色是画布的颜色，根据绘图的要求，可以设置不同的颜色。单击背景色图标，即可显示“拾色器（背景色）”对话框，其设置方法与前景色相同。

1.7.2 最基本的颜色填充操作

按Alt+Delete组合键或Alt+Backspace组合键可以使用前景色填充当前图像；按Ctrl+Delete组合键或Ctrl+Backspace组合键可以使用背景色填充当前图像。

1.8 纠正操作

1.8.1 使用命令纠错

在执行某一错误操作后，如果要返回这一错误操作步骤之前的状态，可以选择“编辑”|“还原”命令。如果在后退之后，又需要重新执行这一命令，则可以选择“编辑”|“重做”命令。

用户不仅能够回退或重做一个操作，如果连续选择“后退一步”命令，还可以连续向前回退，如果在连续执行“编辑”|“后退一步”命令后，再连续选择“编辑”|“前进一步”命令，则可以连续重新执行已经回退的操作。

1.8.2 使用“历史记录”面板纠错

“历史记录”面板具有依据历史记录进行纠错的强大功能。如果使用上一节所讲解的简单命令无法得到需要的纠错效果，则需要使用此面板进行操作。

此面板几乎记录了进行的每一步操作。通过观察此面板，可以清楚地了解到以前所进行的操作步骤，并决定具体回退到哪一个位置，如图1.69所示。

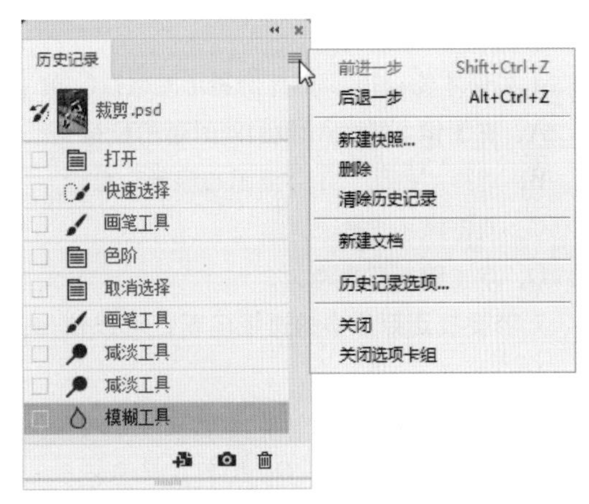

图1.69

在进行一系列操作后，如果需要后退至某一个历史状态，可直接在历史记录列表区中单击该历史记录的名称，即可使图像的操作状态返回至此，此时在所选历史记录后面的操作都将灰度显示。例如，要回退至“新建锚点”的状态，可以直接在此面板中单击“新建锚点”历史记录，如图1.70所示。

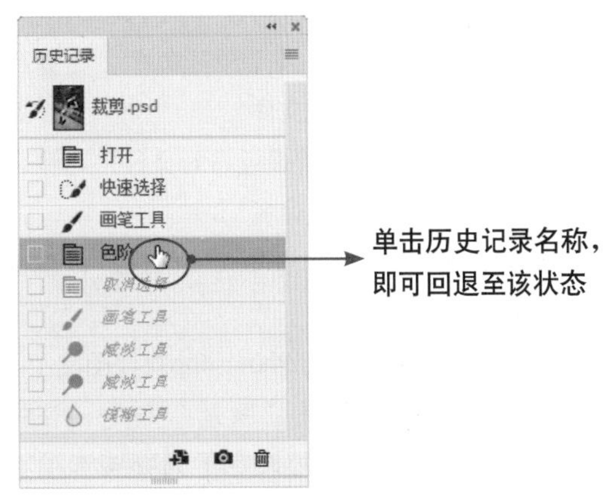

图 1.70

默认状态下，“历史记录”面板只记录最近20步的操作，要改变记录步骤，可选择“编辑”|“首选项”|“性能”命令，或按Ctrl+K键，在弹出的“首选项”对话框中改变“历史记录状态”数值。

1.9 本章习题

1.9.1 选择题

1. 如何才能以100%的比例显示图像?（ ）

A、在图像上按住Alt键的同时单击鼠标

B、选择“视图”|“满画布显示”命令

C、双击抓手工具

D、双击缩放工具

2. 若要校正照片中的透视问题，可以使用：（ ）

A、裁剪工具　　C、透视裁剪工具

B、拉直工具　　D、缩放工具

3. 要连续撤销多步操作，可以按（ ）键。

A、Ctrl+Alt+Z　　B、Ctrl+Shift+Z

C、Ctrl+Z　　D、Shift+Z

4. 在Photoshop中，下列哪些不是表示分辨率的单位：（ ）

A、像素／英寸　　B、像素／派卡

C、像素／厘米　　D、像素／毫米

5. 下列关于Photoshop打开文件的操作，哪些是正确的？（ ）

A、选择“文件”|“打开”命令，在弹出的对话框中选择要打开的文件

B、选择“文件”|“最近打开文件”命令，在子菜单中选择相应的文件名

C、如果图像是Photoshop软件创建的，直接双击图像文档

D、将图像图标拖放到Photoshop软件图标上

6. 当选择“文件”|“新建”命令，在弹出的“新建”对话框中可设定下列哪些选项？（ ）

A、文档的高度和宽度

B、文档的分辨率

C、文档的色彩模式

D、文档的标尺单位

7. 下列关闭图像文件的方法，正确的是：（ ）

A、选择“文件”|“关闭”命令

B、单击文档窗口右上方的关闭按钮。

C、按Ctrl+W组合键。

D、双击图像的标题栏

8. 下列关于“库”面板的说法中，正确的是：（ ）

A、按Ctrl+L键可以显示“库”面板

B、“库”面板中可以包含图形资源

C、“库”面板中可以包含字体资源

D、若文档中使用了“库”面板中的资源，则该资源无法删除

1.9.2 上机操作题

1. 以210mm×297mm尺寸为例，创建一个带有3mm出血的广告文件，并将其保存在“我的文档”中。

2. 打开随书所附光盘中的文件“第1章\习题2-素材.jpg”，如图1.71所示，使用“裁剪工具”校正照片中的倾斜问题，得到如图1.72所示的效果。

图 1.71

图 1.72

图 1.73

3. 打开随书所附光盘中的文件“第1章\习题3-素材.jpg”，如图1.73所示，使用“透视裁剪工具” 校正照片中的透视变形问题，得到图1.74所示的效果。

图 1.74

第2章 创建与编辑选区

2.1 了解选区的功能

所谓“选择”，就是将图像内容选中，以便对被选中的图像进行编辑。简单地说，选择的目的就是为了限制，限制所操作的图像范围。

当图像中存在选区时，后面所执行的操作都会被限制在选区中，直至取消选区为止。

选区是由黑白浮动的线条所围绕的区域，由于这些浮动的线形像一队蚂蚁在走动，如图2.1所示，因此围绕选区的线条也被称为“蚂蚁线”，图2.2也是一个选区，只是这个选区选中了图像。

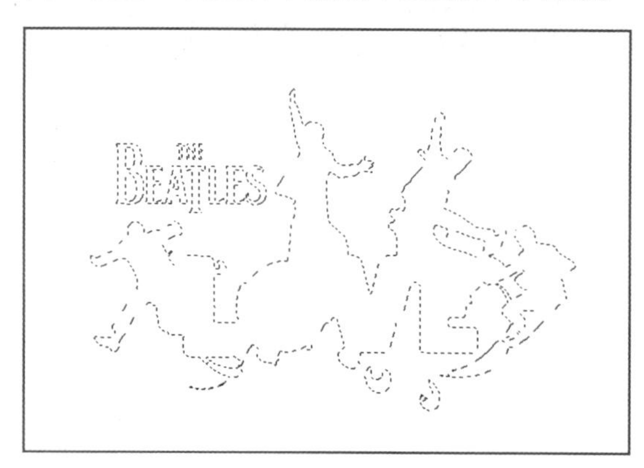

图 2.1

图 2.2

2.2 创建选区

2.2.1 矩形选框工具

利用矩形选框工具可以制作规则的矩形选区。要制作矩形选区，在工具箱中单击矩形选框工具，然后在图像文件中需要制作选区的位置，按住鼠标左键向另一个方向进行拖动，如图2.3所示。

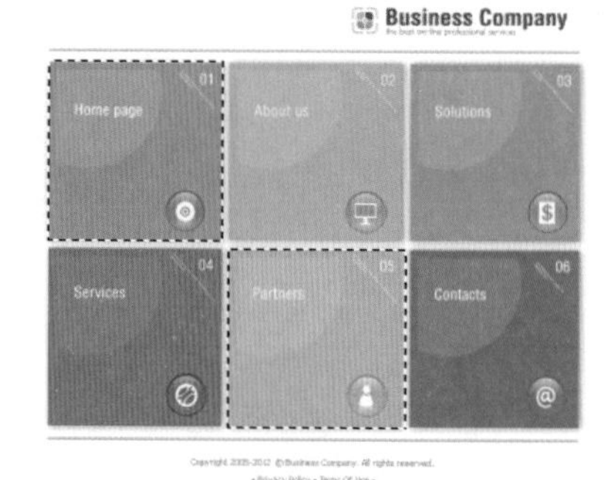

图 2.3

以图2.3为例，要选择图像中的矩形区域，可以利用矩形选框工具沿着要被选择的区域进行拖动，即可得到需要的选区。

- 选区模式：矩形选框工具在使用时有4种工作模式，表现在图2.4所示的工具选项栏中为4个按钮。要设置选区模式，可以在工具选项栏中通过单击相应的按钮进行选择。

图 2.4

选区模式为更灵活地制作选区提供了可能性，可以在已存在的选区基础上执行添加、减去、交叉选区等操作，从而得到不同的选区。

选择任意一种选择类工具，在工具选项栏中都会显示4个选区模式按钮，因此在此所讲解的4个不同按钮的功能具有普遍适用性。

- 羽化：在此数值框中键入数值可以柔化选区。这样在对选区中的图像进行操作时，可以使操作后的图像更好地与选区外的图像相融合。图2.5所示为椭圆形选区，在未经过羽化的情况下，对其中的图像进行调整后其调整区域与非调整区域显示出非常明显的边缘，效果如图2.6所示。如果将选区羽化一定的数值，其他参数设置相同，再进行调整后的图像将不会显示出明显的边缘，效果如图2.7所示。

图 2.5

图 2.6

图 2.7

在选区存在的情况下调整人像照片，尤其需要为选区设置一定的羽化数值。

- 样式：在该下拉菜单中选择不同的选项，可以设置矩形选框工具⬚的工作属性。下拉菜单中的“正常”、“固定比例”和“固定大小”等3个选项，可以得到3种创建矩形选区的方式。
- 正常：选择此选项，可以自由创建任何宽高比例、任何大小的矩形选区。
- 固定比例：选择此选项，其后的“宽度”和“高度”数值框将被激活，在其中键入数值以设置选区高度与宽度的比例，可以得到精确的不同宽高比的选区。例如，在“宽度”数值框中键入1，在“高度”数值框中键入3，可以创建宽高比例为1∶3的矩形选区。
- 固定大小：选择此选项，“宽度”和“高度”数值框将被激活，在此数值框中键入数值，可以确定新选区高度与宽度的精确数值，然后只需在图像中单击，即可创建大小确定、尺寸精确的选区。例如，如果需要为网页创建一个固定大小的按钮，可以在矩形选框工具⬚被选中的情况下，设置其工具选项栏参数如图2.8所示。

羽化：0像素　消除锯齿　样式：正常　宽度：　高度：

图 2.8

- 选择并遮住：在当前已经存在选区的情况下，此按钮将被激活，单击即可弹出“选择并遮住”对话框，以调整选区的状态。

> 提示：如果需要制作正方形选区，可以在使用矩形选框工具⬚拖动的同时按住Shift键；如果希望从某一点出发制作以此点为中心的矩形选区，可以在拖动矩形选框工具⬚的同时按住Alt键；同时按住Alt+Shift键制作选区，可以得到从某一点出发制作的矩形选区。

2.2.2 椭圆选框工具

椭圆选框工具可以制作正圆形或者椭圆形的选区，其用法与矩形选框工具基本相同，在此不再赘述。选择椭圆选框工具，其工具选项栏如图2.9所示。

羽化：0像素 消除锯齿 样式：正常 宽度：

图 2.9

椭圆选框工具选项栏中的参数基本和矩形选框工具相似，只是“消除锯齿”选项被激活。选择该选项，可以使椭圆形选区的边缘变得比较平滑。

图2.10所示为在未选择此选项的情况下制作圆形选区并填充颜色后的效果。图2.11所示为在选择此选项的情况下制作圆形选区并填充颜色后的效果。

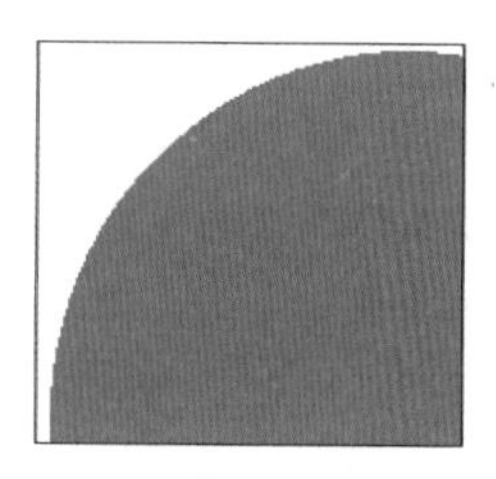

图 2.10

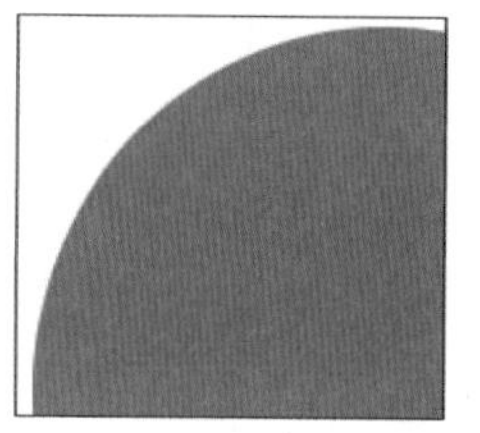

图 2.11

> 提示：在使用椭圆选框工具制作选区时，尝试分别按住Shift键、Alt+Shift键、Alt键，观察效果有什么不同。

2.2.3 套索工具

利用套索工具，可以制作自由手画线式的选区。此工具的特点是灵活、随意，缺点是不够精确，但其应用范围还是比较广泛的。

使用套索工具的步骤如下。

01 选择套索工具，在其工具选项栏中设置适当的参数。

02 按住鼠标左键拖动鼠标指针，环绕需要选择的图像。

03 要闭合选区，释放鼠标左键即可。

如果鼠标指针未到达起始点便释放鼠标左键，则释放点与起始点自动连接，形成一条具有直边的选区，如图2.12所示，图像上方的黑色点为开始制作选区的点，图像下方的白色点为释放鼠标左键时的点，可以看出两点间自动连接成为一条直线。

图 2.12

与前面所述的选择类工具相似，套索工具也具有可以设置的选项及参数，由于参数较为简单，在此不再赘述。

2.2.4 多边形套索工具

多边形套索工具用于制作具有直边的选区，如图2.13所示。如果需要选择图中的扇子，可以使用多边形套索工具，在各个边角的位置单击，要闭合选区，将鼠标指针放置在起始点上，鼠标指针一侧会出现闭合的圆圈，此时单击鼠标左键即可。如果鼠标指针在非起始点的其他位置，双击鼠标左键也可以闭合选区。

图 2.13

> 提示：通常在使用此工具制作选区时，当终点与起始点重合即可得到封闭的选区；但如果需要在制作过程中封闭选区，则可以在任意位置双击鼠标左键，以形成封闭的选区。在使用套索工具与多边形套索工具进行操作时，按住Alt键，看看操作模式会发生怎样的变化。

2.2.5 磁性套索工具

磁性套索工具是一种比较智能的选择类工具，用于选择边缘清晰、对比度明显的图像。此工具可以根据图像的对比度自动跟踪图像的边缘，并沿图像的边缘生成选区。

选择磁性套索工具后，其工具选项栏如图2.14所示。

羽化：0像素　消除锯齿　宽度：10像素

图 2.14

- 宽度：在该数值框中键入数值，可以设置磁性套索工具搜索图像边缘的范围。此工具以当前鼠标指针所处的点为中心，以在此键入的数值为宽度范围，在此范围内寻找对比度强烈的图像边缘以生成定位锚点。

> 提示：如果需要选择的图像其边缘不十分清晰，应该将此数值设置得小一些，这样得到的选区较精确，但拖动鼠标指针时，需要沿被选图像的边缘进行，否则极易出现失误。当需要选择的图像具有较好的边缘对比度时，此数值的大小不十分重要。

- 对比度：该数值框中的百分比数值控制磁性套索工具选择图像时确定定位点所依据的图像边缘反差度。数值越大，图像边缘的反差也越大，得到的选区则越精确。
- 频率：该数值框中的数值对磁性套索工具在定义选区边界时插入定位点的数量起着决定性的作用。键入的数值越大，则插入的定位点越多；反之，越少。

图2.15所示为分别设置“频率”数值为10和80时，Photoshop插入的定位点。

（a）设置“频率”数值为10（b）设置“频率”数值为80

图 2.15

使用此工具的步骤如下。

01 在图像中单击鼠标左键，定义开始选择的位置，然后释放鼠标左键，并围绕需要选择的图像的边缘拖动鼠标指针。

02 将鼠标指针沿需要跟踪的图像边缘进行拖动，与此同时选择线会自动贴紧图像中对比度最强烈的边缘。

03 操作时如果感觉图像某处边缘不太清晰会导致得到的选区不精确，可以在该处人为地单击一次以添加一个定位点，如果得到的定位点位置不准确，可以按 Delete 键删除前一个定位点，再重新移动鼠标指针以选择该区域。

04 双击鼠标左键，可以闭合选区。

2.2.6 魔棒工具

魔棒工具可以依据图像颜色制作选区。使

用此工具单击图像中的某一种颜色，即可将在此颜色容差值范围内的颜色选中。选择该工具后，其工具选项栏如图2.16所示。

取样大小： 取样点 容差： 32

图 2.16

- 容差：该数值框中的数值将定义魔棒工具进行选择时的颜色区域，其数值范围在0～255之间，默认值为32。此数值越低，所选择的像素颜色和单击点的像素颜色越相近，得到的选区越小；反之，被选中的颜色区域越大，得到的选区也越大。图2.17所示是分别设置“容差”数值为32和82时选择湖面区域的图像效果。很明显，数值越小，得到的选区也越小。

(a) 设置“容差”数值为32

(b) 设置“容差”数值为82

图 2.17

> 提示：各位读者可以尝试设置“容差”数值为50、100、250，然后分别选择图像，看看当此数值发生变化时得到的选区有何异同。

- 连续：选择该选项，只能选择颜色相近的连续区域；反之，可以选择整幅图像中所有处于“容差”数值范围内的颜色。例如在设置“容差”数值为60时，图2.18所示是在人物手臂内部的蓝色图像上单击的结果，由于被手臂的深色包围，与其他相近颜色的图像并不连续，因此仅选中了小部分图像。图2.19所示是取消选中“连续”选项时创建得到的选区，可以看出图像中所有与之相似的颜色都被选中了。

图2.18

图2.19

- 对所有图层取样：选择该选项，无论当前是在哪一个图层中进行操作，所使用的魔棒工具将对所有可见颜色都有效。

2.2.7 快速选择工具

使用快速选择工具可以通过调整圆形画笔

笔尖来快速制作选区，拖动鼠标时，选区会向外扩展并自动查找和跟踪图像中定义的边缘，非常适合主体突出但背景混乱的情况。

图2.20所示是使用快速选择工具在图像中拖动时的状态，图2.21所示是将人物以外全部选中后的效果。

图2.20

图2.21

2.2.8 “全部”命令

执行“选择”|“全部”命令或者按Ctrl+A键执行全选操作，可以将图像中的所有像素（包括透明像素）选中，在此情况下图像四周显示浮动的黑白线。

2.2.9 “色彩范围”命令

相对于魔棒工具而言，“选择”|“色彩范围”命令虽然与其操作原理相同，但功能更为强大，可操作性也更强。使用此命令可以从图像中一次得到一种颜色或几种颜色的选区。

“色彩范围”命令的使用方法较为简单，选择“选择”|“色彩范围”命令调出其对话框，如图2.22所示，在要抠选的颜色上单击一下（此时光标变为吸管状态），再设置适当的参数即可。

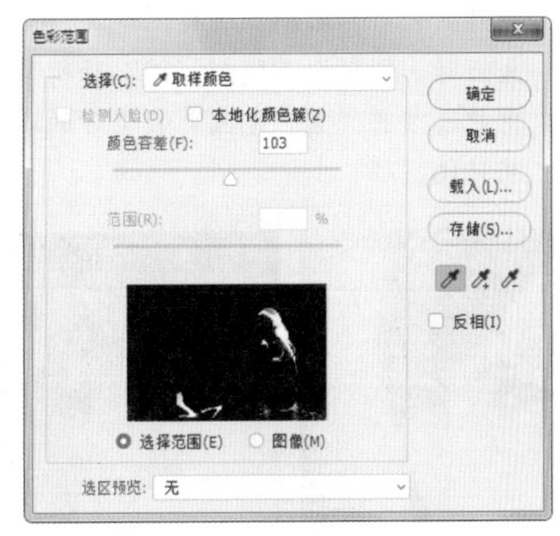

图2.22

值得一提的是，为了尽可能准确地选择目标区域，用户可以在抠选前，先将目标范围大致选择出来，如图2.23所示。

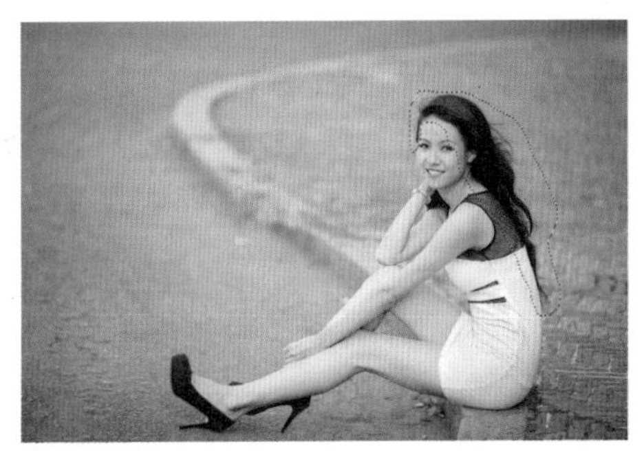

图2.23

然后再使用“色彩范围”命令进行进一步的选择，如图2.24所示。

图2.24

“色彩范围”对话框中的重要参数解释如下。

- 颜色容差：拖动此滑块可以改变选取颜色的范围，数值越大，则选取的范围也越大。
- 本地化颜色簇：选中此选项后，其下方的

“范围”滑块将被激活，通过改变此参数，将以吸取颜色的位置为中心，用一个带有羽化的圆形限制选择的范围，当为最大值时，则完全不限制。图2.25所示是选中此选项并设置“范围”数值时的前后效果对比。

图2.25

- 检测人像：从Photoshop CS6开始，“色彩范围”命令中新增了检测人脸功能，在使用此命令创建选区时，可以自动根据检测到的人脸进行选择，对人像摄影师或日常修饰人物的皮肤非常有用。要启用“人脸检测”功能，首先要选中“本地化颜色簇”选项，然后再选中“检测人脸”选项，此时会自动选中人物的面部，以及与其色彩相近的区域，如图2.26所示。利用此功能，可以快速选中人物的皮肤，并进行适当的美白或磨皮处理等，如图2.27所示。

图2.26

图2.27

- 颜色吸管：在“色彩范围”对话框中，提供了3个工具，可用于吸取、增加或减少选择的色彩。默认情况下，选择的是吸管工具，用户可使用它单击照片中要选择的颜色区域，则该区域内所有相同的颜色将被选中。如果需要选择不同的几个颜色区域，可以在选择一种颜色后，选择“添加到取样”工具单击其他需要选择的颜色区域。如果需要在已有的选区中去除某部分选区，可以选择“从取样中减去”工具单击其他需要去除的颜色区域。

2.2.10 “焦点区域”命令

“焦点区域”命令可以分析图像中的焦点，从而自动将其选中。用户也可以根据需要，调整和编辑其选择范围。

以图2.28所示的图像为例，选择“选择”|“焦点区域”命令，将弹出图2.29所示的对话框，默认情况下，其选择结果如图2.30所示。

图 2.28

图 2.29

图 2.30

拖动其中的“焦点对准范围”滑块，或在后面的文本框中输入数值，可调整焦点范围，此数值越大，则选择范围越大，反之则选择范围越小，图2.31所示是将此数值设置为5.12时的选择结果。

另外，用户也可以使用其中的焦点区域添加工具和焦点区域减去工具，增加或减少选择的范围，其使用方法与快速选择工具基本相同，图2.32所示是使用焦点区域减去工具，减选下方人物以外图像后的效果。

图 2.31

图 2.32

在得到满意的结果后，可在“输出到”下拉列表中选择结果的输出方式，其选项及功能与“选择并遮住”命令相同，故不再详细讲解。

通过上面的演示就可以看出，此命令的优点在于能够快速选择主体图像，大大提高选择工作的效率。其缺点就是，对毛发等细节较多的图像，很难进行精确的抠选，此时可以在调整结果的基础上，单击对话框中的“选择并遮住”按钮，以使用“选择并遮住”命令继续对其进行深入的抠选处理。

2.3 编辑选区

2.3.1 调整选区的位置

移动选区的操作十分简单。使用任何一种选择类工具，将鼠标指针放置在选区内，此时鼠标指针会变为形，表示可以移动，直接拖动选区，即可将其移动至图像的另一处。图2.33所示为移动前后的效果对比。

(a) 原选区

(b) 移动后的选区

图 2.33

提示：如果要限制选区移动的方向为45°的增量，可以先开始拖动，然后按住Shift键继续拖动；如果需要按1个像素的增量移动选区，可以使用键盘上的箭头键；如果需要按10个像素的较大增量移动选区，可以按住Shift键，再按箭头键。

2.3.2 反向选择

执行“选择”|“反向”命令或按Ctrl+Shift+I键，可以在图像中颠倒选区与非选区，使选区成为非选区，而非选区则成为选区。

2.3.3 取消当前选区

执行“选择”|“取消选择”命令，可以取消当前存在的选区。

在选区存在的情况下，按Ctrl+D键也可以取消选区。

2.3.4 羽化选区

选择“选择”|“修改”|“羽化”命令，可以将生硬边缘的选区处理得更加柔和，选择该命令后弹出的对话框如图2.34所示，设置的参数越大，选区的效果越柔和。另外，在选中“应用画布边界的效果”选项后，靠近画布边界的选区也会被羽化，反之则不会对靠近画布边界的选区进行羽化。

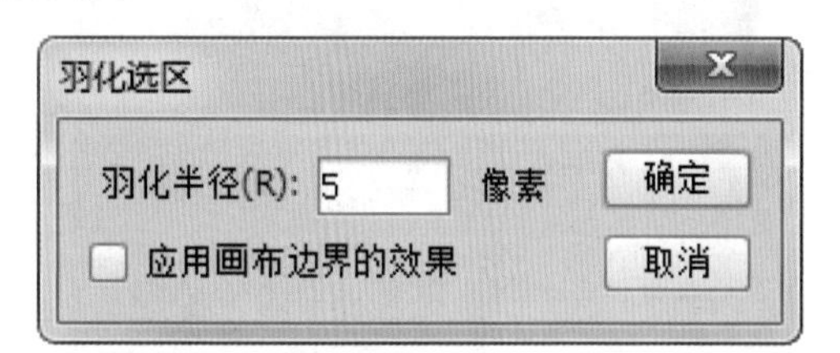

图 2.34

以图2.35所示的选区为例，图2.36所示是为选区设置10像素的羽化参数后，再按Ctrl+Shift+I组合键执行“反向”命令，然后填充白色后的效果。

图 2.35

图 2.36

实际上，除了使用“羽化”命令来柔化选区外，各个选区创建工具中也同样具备了羽化功能，例如矩形选框工具⬚和椭圆选框工具◯，在这两个工具的工具选项栏中都有一个非常重要的参数，即“羽化”。

提示：如果要使选择工具的“羽化”值有效，必须在绘制选区前，在工具选项栏中输入数值。即如果在创建选区后，在“羽化”文本框中输入数值，该选区不会受到影响。

2.3.5 综合性选区调整——“选择并遮住”命令

在Photoshop CC2017中，原“调整边缘”命令更名为“选择并遮住”，以更突出其功能，并将原来的对话框形式改为了在新的工作区中操作，从而更利于预览和处理。

在使用时，首先沿着图像边缘绘制一个大致的选区，然后选择“选择”|“选择并遮住”命

令，或在各个选区绘制工具的工具选项栏上单击“选择并遮住”按钮，即可显示一个专用的工作箱及“属性”面板，如图2.37所示。

图 2.37

下面来讲解一下“选择并遮住”命令的工具及“属性”面板中各参数的功能。

1. 视图模式

此区域中的各参数解释如下。

- 视图：在此列表中，Photoshop依据当前处理的图像，生成了实时的预览效果，以满足不同的观看需求。根据此列表底部的提示，按F键可以在各个视图之间进行切换，按X键即只显示原图。
- 显示边缘：选中此复选框后，将根据在“边缘检测”区域中设置的“半径”数值，仅显示半径范围以内的图像。
- 显示原稿：选中此复选框后，将依据原选区的状态及所设置的视图模式进行显示。
- 高品质预览：这是Photoshop CC 2017中新增的选项，选中后，可以以更高的品质进行预览，但同时会占用更多的系统资源。

2. 边缘检测

此区域中的各参数解释如下。

- 半径：此处可以设置检测边缘时的范围。
- 智能半径：选中此复选框后，将依据当前图像的边缘自动进行取舍，以获得更精确的选择结果。

对图2.38所示的参数进行设置后，图2.39所示是预览得到的效果。

图 2.38

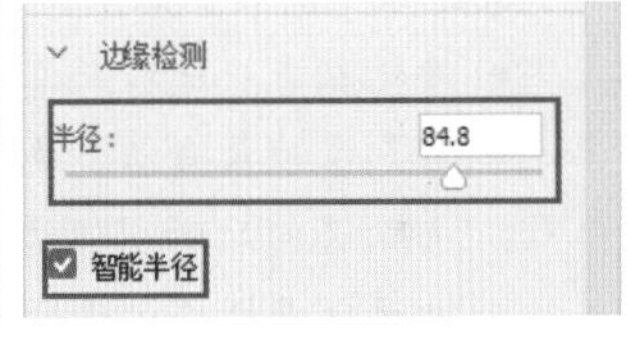

图 2.39

3. 全局调整

此区域中的各参数解释如下。

- 平滑：当创建的选区边缘非常生硬，甚至有明显的锯齿时，可使用此选项来进行柔化处理，如图2.40所示。
- 羽化：此参数与“羽化”命令的功能基本相同，是用来柔化选区边缘的。
- 对比度：设置此参数可以选择并遮住的虚化程度，数值越大则边缘越锐化。通常可以帮助用户创建比较精确的选区，如图2.41所示。

图 2.40

图 2.41

■ 移动边缘：该参数与“收缩”和“扩展”命令的功能基本相同，向左侧拖动滑块可以收缩选区，而向右侧拖动则可以扩展选区。

4. 输出设置

此区域中的各参数解释如下。

■ 净化颜色：选择此复选框后，下面的“数量”滑块被激活，拖动调整其数值，可以去除选择后的图像边缘的杂色。如图2.42所示就是选择此选项并设置适当参数后的效果对比，可以看出，处理后的结果被过滤掉了原有的诸多绿色杂边。

■ 输出到：在此下拉列表中，可以选择输出的结果。

图 2.42

5. 工具箱

在“选择并遮住”工作区中，可以利用工具箱里的工具对抠图结果进行调整，其中的快速选择工具、缩放工具、抓手工具及套索工具在前面章节中已经有过介绍，下面来主要说明此命令特有的工具。

■ 画笔工具：该工具与Photoshop中的画笔工具同名，但此处的画笔工具是用于增加抠选的范围。

■ 调整边缘画笔工具：使用此工具可以擦除部分多余的选择结果。当然，在擦除过程中，Photoshop仍然会自动对擦除后的图像进行智能优化，以得到更好的选择结果。图2.43所示为擦除前后的效果对比。

图 2.43

图2.44所示是继续执行了细节修饰后的抠图结果及将其应用于写真模板后的效果。

图 2.44

需要注意的是，“选择并遮住”命令相对于通道或其他专门用于抠图的软件及方法，其功能还是比较简单的，因此无法苛求它能够抠出高品质的图像，通常可以作为在要求不太高的情况下，或图像对比非常强烈时使用，以快速达到抠图的目的。

2.4 本章习题

2.4.1 选择题

1. 下列哪个选区工具可以“用于所有图层”？（ ）

A、魔棒工具　　B、矩形选框工具

C、椭圆选框工具　　D、套索工具

2. 快速选择工具在创建选区时，其涂抹方式类似于：（ ）

A、魔棒工具　　B、画笔工具

C、渐变工具　　D、矩形选框工具

3.取消选区操作的快捷键是（ ）

A、Ctrl+A　　B、Ctrl+B

C、Ctrl+D　　D、Ctrl+Shift+D

4.在使用“色彩范围”命令的“人脸检测”选项前，应先（ ）

A、选中“本地化颜色簇”选项

B、选择“选择范围”选项

C、设置“颜色容差”为100

D、设置“范围”为100%

5.Adobe Photoshop中，下列哪些途径可以创建选区？（ ）

A、利用磁性套索工具

B、利用Alpha通道

C、魔棒工具

D、利用选择菜单中的“色彩范围”命令

6.下面是使用椭圆选框工具创建选区时常用到的功能，请问哪些是正确的?（ ）

A、按住Alt键的同时拖拉鼠标，可得到正圆形的选区

B、按住Shift键的同时拖拉鼠标，可得到正圆形的选区

C、按住Alt键可形成以鼠标的落点为中心的圆形选区

D、按住Shift键使选择区域以鼠标的落点为中心向四周扩散

7.下列哪个工具可以方便地选择连续的、颜色相似的区域？（ ）

A、矩形选框工具

B、快速选择工具

C、魔棒工具

D、磁性套索工具

8.下列哪些操作可以实现选区的羽化？（ ）

A、如果使用矩形选框工具，可以先在其工具选项栏中设定“羽化”数值，然后在图像中拖拉创建选区

B、如果使用魔棒工具，可以先在其工具选项栏中设定“羽化”数值，然后在图像中单击创建选区

C、在创建选区后，在矩形选框工具或椭圆选框工具的选项栏上设置“羽化”数值

D、对于已经创建好的选区，可通过“选择”|“修改”|“羽化”命令来实现羽化

9.下列哪些工具可以在工具选项栏中设置选区模式？（ ）

A、魔棒工具　　B、矩形选框工具

C、椭圆选框工具　　D、多边形套索工具

10.以下可以制作不规则选区的是：（ ）

A、套索工具　　B、矩形选框工具

C、多边形套索工具　　D、磁性套索工具

2.4.2 上机操作题

1.打开随书所附光盘中的素材“第2章\习题1-素材1.psd”，如图2.45所示，在其中绘制一个圆形选区并羽化。再打开随书所附光盘中的素材“第2章\习题1-素材2.psd”，如图所示，全选、复制该图像，返回至素材1中，然后选择“编辑”|“选择性粘贴”|“贴入”命令，得到类似图2.46所示的效果。

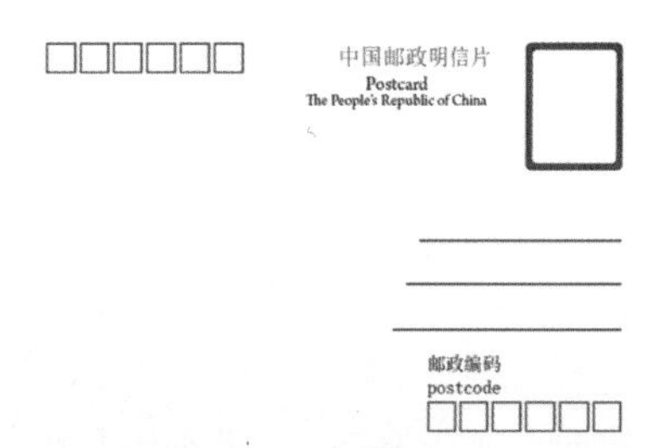

图2.45

图2.46

2.打开随书所附光盘中的素材“第2章\习题2-素材.jpg”，如图2.47所示，执行“色彩范围”命令，将其中的火焰图像抠选出来，如图2.48所示。

图2.47

图2.48

3.打开随书所附光盘中的素材“第2章\习题3-素材.jpg”，如图2.49所示，试使用2种以上的方法将其抠选出来，然后为玩具以外的图像填充白色，得到图2.50所示的效果。

图2.49

图2.50

4.打开随书所附光盘中的素材“第2章\习题4-素材.jpg”，如图2.51所示，结合“磁性套索工具”和“选择并遮住”命令，将其中的人物抠选出来，如图2.52所示。

图2.51

图2.52

第3章 调整图像色彩

3.1 “反相”命令——反相图像色彩

执行“图像”|“调整”|“反相”命令，可以反相图像。对于黑白图像而言，使用此命令可以将其转换为底片效果；而对于彩色图像而言，使用此命令可以将图像中的各部分颜色转换为其补色。

图3.1所示为原图像。图3.2所示为使用“反相”命令后的效果。

图 3.1

图 3.2

使用此命令对图像的局部进行操作，也可以得到令人惊艳的效果。

3.2 “亮度/对比度”命令——快速调整图像亮度

执行“图像”|“调整”|“亮度/对比度”命令，可以对图像进行全局调整。此命令属于粗略式调整命令，其操作方法不够精细，因此不能作为调整颜色的第一手段。

执行“图像”|“调整”|“亮度/对比度”命令，弹出图3.3所示的对话框。

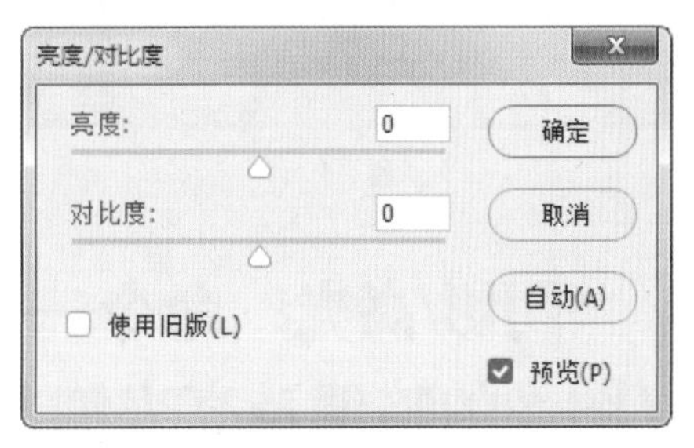

图 3.3

- 亮度：用于调整图像的亮度。数值为正时，增加图像亮度；数值为负时，降低图像的亮度。
- 对比度：用于调整图像的对比度。数值为正时，增加图像的对比度；数值为负时，降低图像的对比度。
- 使用旧版：选中此复选框，可以使用早期版本的“亮度/对比度”命令来调整图像，而默认情况下，则使用新版的功能进行调整。在调整图像时，新版命令仅对图像的亮度进行调整，色彩的对比度保持不变。
- 自动：单击此按钮，即可自动针对当前的图像进行亮度及对比度的调整。

以图3.4所示的图像为例，图3.5所示就是使用此命令调整后的效果。

图 3.4

图 3.5

3.3 “阴影/高光”命令——恢复图像的暗调及高光细节

“阴影/高光”命令专门用于处理在拍摄中由于用光不当，而导致局部过亮或过暗的照片。选择“图像”|“调整”|“阴影/高光”命令，弹出图3.6所示的“阴影/高光”对话框。

图 3.6

- 阴影：拖动“数量”滑块或者在文本框中输入相应的数值，可以改变暗部区域的明亮程度。其中，数值越大（即滑块的位置越偏向右侧），则调整后的图像暗部区域也会越亮。
- 高光：拖动“数量”滑块或者在文本框中输入相应的数值，可以改变高亮区域的明亮程度。其中，数值越大（即滑块的位置越偏向右侧），则调整后的图像高亮区域也会越暗。

图3.7所示为原图像，图3.8所示为选择该命令后显示阴影区域图像的效果。

图 3.7

图 3.8

3.4 “自然饱和度”命令——风景色彩专调功能

使用“图像”|“调整”|“自然饱和度”命令调整图像时，可以使颜色的饱和度不会溢出，即只针对照片中不饱和的色彩进行调整。对摄影后期处理领域而言，此命令非常适合调整风光照片，以提高其中蓝色、绿色及黄色的饱和度。需要注意的是，对于人像类照片，或带有人像的风景照片，并不太适合直接使用此命令进行编辑，否则可能会导致人物的皮肤色彩失真，其

对话框如图3.9所示。

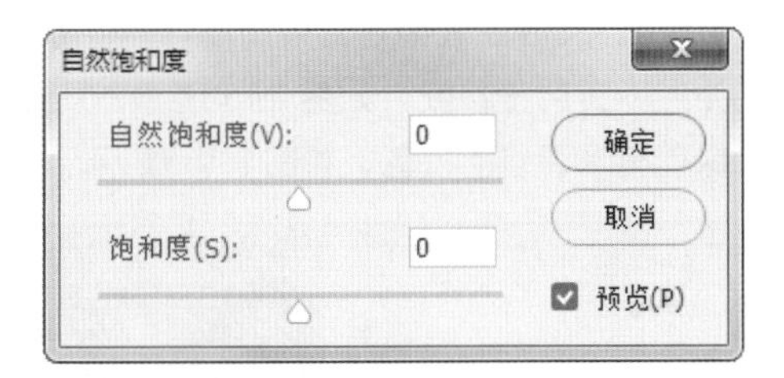

图 3.9

对话框中各参数释义如下。

- 自然饱和度：拖动此滑块，可以使Photoshop调整那些与已饱和的颜色相比不饱和的颜色的饱和度，用以获得更加柔和、自然的照片效果。
- 饱和度：拖动此滑块，可以使Photoshop调整照片中所有颜色的饱和度，使所有颜色获得等量的饱和度调整，因此使用此滑块可能导致照片的局部颜色过饱和的现象，但与“色相/饱和度”对话框中的“饱和度”参数比，此处的参数仍然对风景照片进行了优化，不会有特别明显的过饱和问题，读者在使用时稍加注意即可。

以图3.10所示的图像为例，图3.11所示就是使用此命令调整后的效果。

图 3.10

图 3.11

3.5 “色相/饱和度”命令——调整图像颜色

“色相/饱和度”命令可以依据不同的颜色分类进行调色处理，常用于改变照片中某一部分图像颜色（如将绿叶调整为红叶、替换衣服颜色等）及其饱和度、明度等属性。另外，此命令还可以直接为照片进行统一的着色操作，从而制作得到单色照片效果。

按Ctrl+U键或选择“图像”|“调整”|“色相/饱和度”命令即可调出其对话框，如图3.12所示。

图 3.12

在对话框顶部的下拉菜单中选择“全图”选项，可以同时调整图像中的所有颜色，或者选择某一颜色成分（如“红色”等）单独进行调整。

另外，也可以使用位于“色相/饱和度”对话框底部的吸管工具，在图像中吸取颜色并修改颜色范围。使用添加到取样工具可以扩大颜色范围；使用从取样中减去工具可以缩小颜色范围。

> 提示：可以在使用吸管工具时按住Shift键扩大颜色范围，按住Alt键缩小颜色范围。

“色相/饱和度”对话框中各参数释义如下。

- 色相：可以调整图像的色调，无论是向左还是向右拖动滑块，都可以得到新的色相。
- 饱和度：可以调整图像的饱和度。向右拖动滑块可以增加饱和度，向左拖动滑块可以降低饱和度。
- 明度：可以调整图像的亮度。向右拖动滑块可以增加亮度，向左拖动滑块可以降低亮度。
- 颜色条：在对话框的底部显示有两个颜色条，代表颜色在色轮中的次序及选择范围。上面的颜色条显示调整前的颜色，下面的颜色条显示调整后的颜色。

- 着色：选中此选项时，可将当前图像转换为某一种色调的单色调图像。图3.13所示是将照片处理为单色前的效果对比。

图 3.13

下面通过一个简单的实例，讲解使用“色相/饱和度”命令将照片中的绿叶调整为红叶的方法，其操作步骤如下。

01 打开随书所附光盘中的素材“第 3 章\3.5-2-素材.jpg”，如图 3.14 所示。

图 3.14

02 按 Ctrl+U 键应用“色相 / 饱和度”命令，在弹出对话框的“全图”下拉列表中选择要调整的颜色。首先，我们来调整一下照片中的草地照片，因此需要在其中选择“绿色”选项，并在下面调整参数，如图 3.15 所示，从而将绿色树木调整为橙色，如图 3.16 所示。

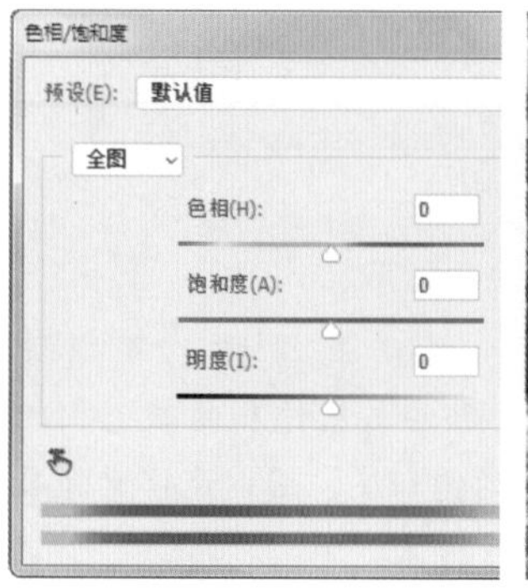

图 3.15

图 3.16

03 保持在“色相 / 饱和度 1”的调整图层中，在“全图”下拉菜单中选择“黄色”选项，并拖动“色相”及“饱和度”滑块，如图 3.17 所示，使其颜色变得更鲜艳，如图 3.18 所示。

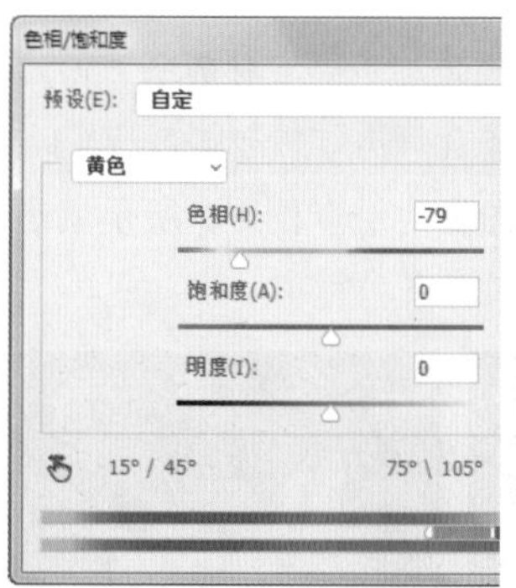

图 3.17

图 3.18

04 调整完毕后，单击“确定”按钮退出对话框即可。

3.6 “色彩平衡”命令——校正或为图像着色

用“色彩平衡”命令可以通过增加某一颜色的补色，从而达到去除某种颜色的目的，例如增加红色时，可以消除照片中的青色，当青色完全消除时，即可为照片叠加更多的红色。此命令常用于校正照片的偏色，或为照片叠加特殊的色调。

执行“图像”|“调整”|“色彩平衡”命令，弹出图3.19所示的“色彩平衡”对话框。

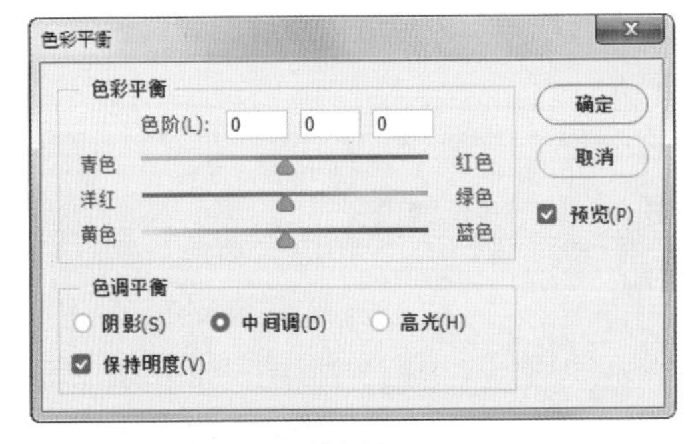

图 3.19

“色彩平衡”对话框中各参数释义如下。

- 颜色调整滑块：颜色调整滑块区显示互补的CMYK和RGB颜色。在调整时可以通过拖动滑块增加该颜色在图像中的比例，同时减少该颜色的补色在图像中的比例。例如，要减少图像中的蓝色，可以将“蓝色”滑块向“黄色”方向进行拖动。
- 阴影、中间调、高光：单击对应的单选按钮，然后拖动滑块即可调整图像中这些区域的颜色值。
- 保持明度：选择此选项，可以保持图像的亮调，即在操作时只有颜色值可以被改变，像素的亮度值不可以被改变。

使用“色彩平衡”命令调整图像的操作步骤如下。

01 打开随书所附光盘中的素材“第 3 章\3.6- 素材.jpg”，如图 3.20 所示。可以看出图像中存在偏色。

图 3.20

02 执行“图像”|“调整”|“色彩平衡”命令，分别单击“阴影”、“中间调”、“高光”等 3 个单选按钮，设置对话框中的参数如图 3.21～图 3.23 所示。

03 单击“确定”按钮退出对话框，效果如图 3.24 所示。

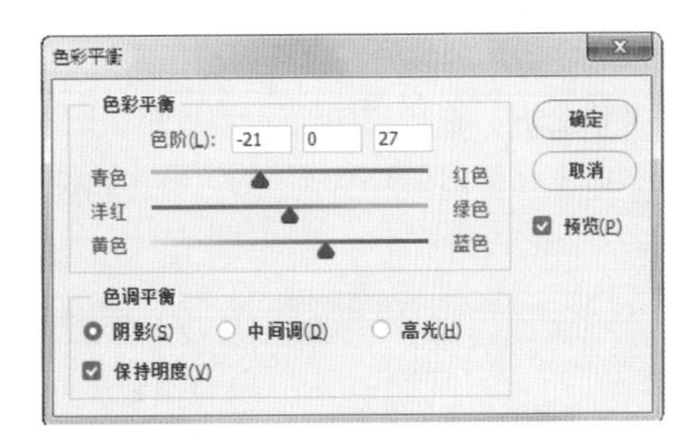

图 3.21

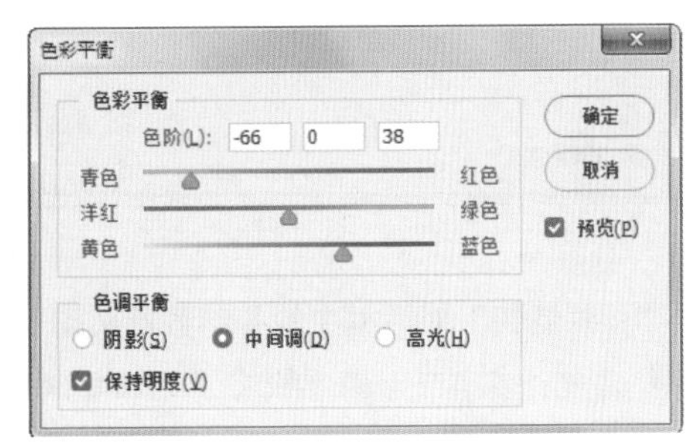

图 3.22

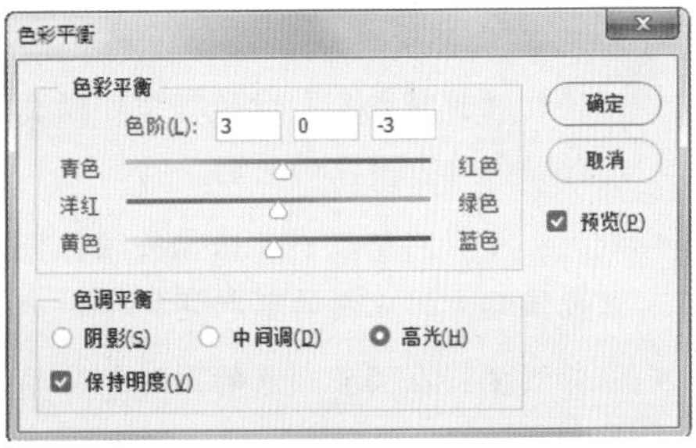

图 3.23

图 3.24

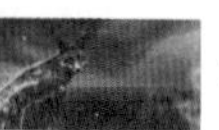

3.7 “照片滤镜”命令——改变图像的色调

使用“照片滤镜”命令，可以通过模拟传统光学的滤镜特效以调整图像的色调，使其具有暖色调或者冷色调的倾向，也可以根据实际情况自定义其他色调。执行“图像”|“调整”|“照片滤镜”命令，弹出图3.25所示的“照片滤镜”对话框。

图 3.25

“照片滤镜”对话框中的各参数释义如下。

- 滤镜：在其下拉菜单中有多达20种预设选项，可以根据需要进行选择，以对图像进行调整。
- 颜色：单击该色块，在弹出的“拾色器（照片滤镜颜色）”对话框中可以自定义一种颜色作为图像的色调。
- 浓度：可以调整应用于图像的颜色数量。该数值越大，应用的颜色调整越多。
- 保留明度：在调整颜色的同时保持原图像的亮度。

下面讲解如何利用“照片滤镜”命令改变图像的色调，其操作步骤如下。

01 打开随书所附光盘中的素材“第 3 章 \3.7- 素材 .jpg”，如图 3.26 所示。

02 执行“图像”|“调整”|“照片滤镜”命令，在弹出的“照片滤镜”对话框中设置以下参数。

- 加温滤镜：可以将图像调整为暖色调。
- 冷却滤镜：可以将图像调整为冷色调。

03 参数设置完毕后，单击“确定”按钮退出对话框。

图3.27所示为经过调整后图像色调偏冷的效果。

图 3.26

图 3.27

3.8 “渐变映射”命令——快速为照片叠加色彩

“渐变映射”命令的主要功能是将渐变效果作用于图像，它可以将图像中的灰度范围映射到指定的渐变填充色。例如，如果指定了一个双色渐变，则图像中的阴影区域映射到渐变填充的一个端点颜色，高光区域映射到渐变填充的另一个端点颜色，中间调区域映射到两个端点间的层次部分。

> 提示：关于渐变的设置与编辑，请参见本书第6章的讲解。

执行“图像”|“调整”|“渐变映射”命令，弹出图3.28所示的对话框。

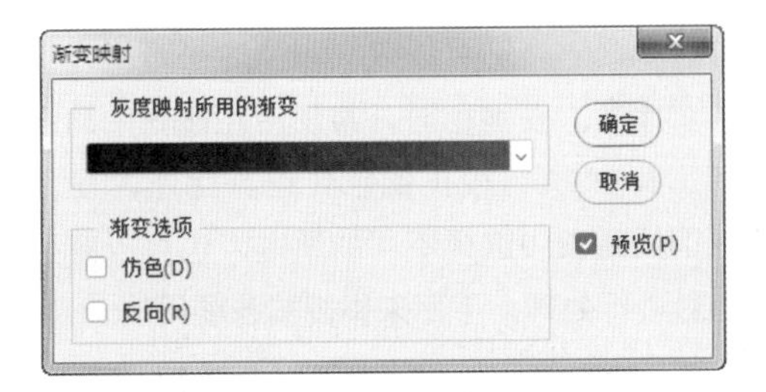

图 3.28

“渐变映射”对话框中的各参数释义如下。

- 渐变显示条：单击该显示条，可在弹出的“渐变编辑器”对话框中选择预设渐变或自定义渐变。
- 灰度映射所用的渐变：在该区域中单击渐变色条，弹出“渐变编辑器”对话框，在其中自定义所要应用的渐变；也可以单击渐变色条右侧的按钮，在弹出的“渐变拾色器”面板中选择预设的渐变。
- 仿色：选择此选项，添加随机杂色以平滑渐变填充的外观，并减少宽带效果。
- 反向：选择此选项，会按反方向映射渐变。

以图3.29所示的照片为例，图3.33所示是此命令调整得到的金色夕阳效果，其渐变设置如图3.31所示。

图 3.29

图 3.30

图 3.31

3.9 “黑白”命令——制作单色图像效果

“黑白”命令可以将照片处理为灰度或者单色调的效果，在人文类或需要表现特殊意境的照片中经常会用到此命令。

选择“图像”|“调整”|“黑白”命令，即可调出其对话框，如图3.32所示。

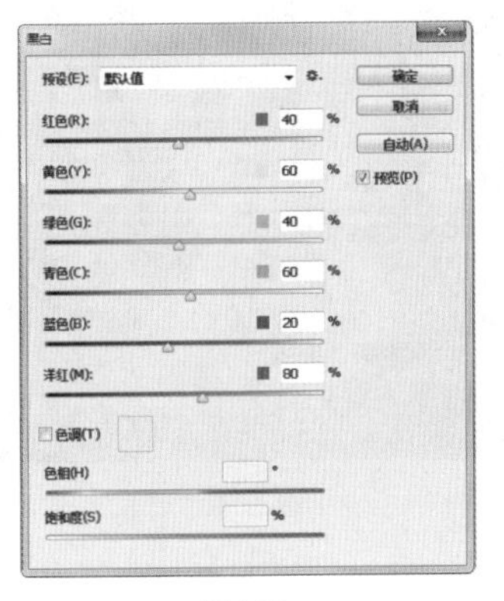

图 3.32

“黑白”对话框中的各参数释义如下。

- 预设：在此下拉菜单中，可以选择Photoshop自带的多种图像处理选项，从而将图像处理为不同程度的灰度效果。
- 红色、黄色、绿色、青色、蓝色、洋红：分别拖动各颜色滑块，即可对原图像中对应颜色的区域进行灰度处理。
- 色调：选择此选项后，对话框底部的两个色条及右侧的色块将被激活。其中，两个色条分别代表了“色相”和“饱和度”参数，可以拖动其滑块或，者在其数值框中键入数值以调整出要叠加到图像中的颜色；也可以直接单击右侧的色块，在弹出的“拾色器（色调颜色）”对话框中选择需要的颜色。

以图3.33所示的照片素材为例，图3.34所示是使用此命令进行调整后的效果。

图 3.33

图 3.34

3.10 “色阶”命令——中级明暗及色彩调整

“色阶”命令是图像调整过程中使用最为频繁的命令之一，它可以改变图像的明暗度、中间色和对比度。在调色时，常使用此命令中的设置灰场工具执行校正偏色处理。此外，在“通道”下拉列表中选择不同的通道，也可以对照片的色彩进行处理。下面来讲解其各项用法。

1. 调整图像亮度

此命令的用法如下所述。

01 打开随书所附光盘中的素材“第 3 章\3.10-1-素材 .jpg”，如图 3.35 所示。

图 3.35

02 按 Ctrl+L 键或选择“图像” | “调整” | “色阶”命令，弹出图 3.36 所示的对话框。

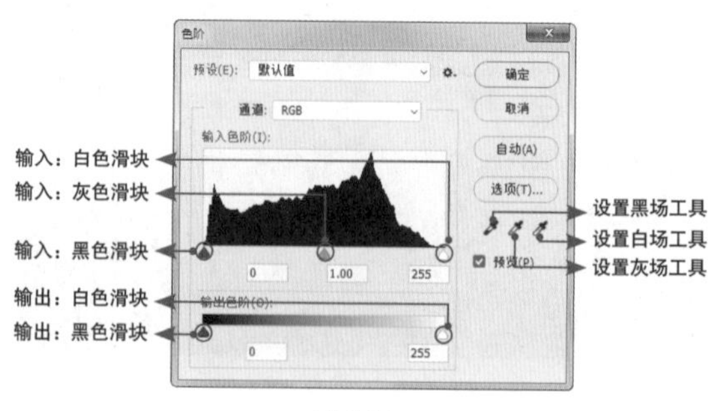

图 3.36

在“色阶”对话框中，拖动“输入色阶”直方图下面的滑块，或在对应文本框中输入值，以改变图像的高光、中间调或暗调，从而增加图像的对比度。

- 向左拖动“输入色阶”中的白色滑块或灰色滑块，可以使图像变亮。
- 向右拖动“输入色阶”中的黑色滑块或灰色滑块，可以使图像变暗。
- 向左拖动“输出色阶”中的白色滑块，可降低图像亮部对比度，从而使图像变暗。
- 向右拖动“输出色阶”中的黑色滑块，可降低图像暗部对比度，从而使图像变亮。

03 使用对话框中的各个吸管工具在图像中单击取样，可以通过重新设置图像的黑场、白场或灰点调整图像的明暗。

- 使用设置黑场工具在图像中单击，可以使图像基于单击处的色值变暗。
- 使用设置白场工具在图像中单击，可以使图像基于单击处的色值变亮。
- 使用设置灰场工具在图像中单击，可以在图像中减去单击处的色调，以减弱图像的偏色。

04 在此下拉列表中选择要调整的通道名称。如果当前图像是RGB颜色模式，“通道”下拉列表中包括RGB、红、绿和蓝4个选项；如果当前图像是CMYK颜色模式，“通道”下拉列表中包括CMYK、青色、洋红、黄色和黑色5个选项。在本实例中将对通道RGB进行调整。

为保证图像在印刷时的准确性，需要定义一下黑、白场的详细数值。

05 首先来定义白场。双击“色阶”对话框中的设置白场工具，在弹出的“拾色器（目标高光颜色）”对话框中设置数值为（R：244，G：244，B：244）。单击“确定”按钮关闭对话框，此时我们再定义白场时，则以该颜色作为图像中的最亮色。

06 下面来定义黑场。双击“色阶”对话框中的设置黑场工具，在弹出的“拾色器（目标阴影颜色）”对话框中设置数值为（R：10，G：10，B：10）。单击“确定”按钮关闭对话框，此时我们再定义黑场时，则以该颜色作为图像中的最暗色。

07 使用设置白场工具在白色裙子类似图3.37所示的位置单击，使裙子图像恢复为原来的白色，单击“确定”按钮关闭对话框。

08 使用设置黑场工具在右侧阴影类似图3.38所示的位置单击，加强图像的对比度，单击“确定”按钮关闭对话框。

图3.37

图3.38

09 至此，我们已经将图像的颜色恢复为正常，但为了保证印刷的品质，还需要使用吸管工具配合“信息”面板，查看图像中是否存在纯黑或纯白的图像，然后按照上面的方法继续使用“色阶”命令对其进行调整。

2. 调整照片的灰场以校正偏色

在使用素材照片的过程中，不可避免地会遇到一些偏色的照片，而使用“色阶”对话框中的设置灰场工具可以轻松地解决这个问题了。设置灰场工具纠正偏色操作的方法很简单，只需要使用吸管单击照片中某种颜色，即可在照片中消除或减弱此种颜色，从而纠正照片中的偏色状态。

图3.39所示为原照片。图3.40所示为使用设置灰场工具在照片中单击后的效果，可以看出由于去除了部分蓝像素，照片中的人像面部呈现出红润的颜色。

图 3.39

图 3.40

> 提示：使用设置灰场工具单击的位置不同，得到的效果也不会相同，因此需要特别注意。

3.11 “曲线”命令——高级明暗及色彩调整

“曲线”命令是Photoshop中调整照片最为精确的一个命令，在调整照片时可以通过在对话框中的调节线上添加控制点并调整其位置，对照片进行精确的调整。使用此命令除了可以精确地调整照片亮度与对比度外，还常常会通过在“通道”下拉列表中选择不同的通道选项，以进行色彩调整。

1. 使用调节线调整图像

使用命令调整图像的操作步骤如下所述。

01 打开随书所附光盘中的素材“第 3 章 \3.11-1-素材 .jpg”。如图 3.41 所示。

图 3.41

02 按 Ctrl+M 键或选择“图像”|“调整”|“曲线”命令，弹出图 3.42 所示的“曲线”对话框。

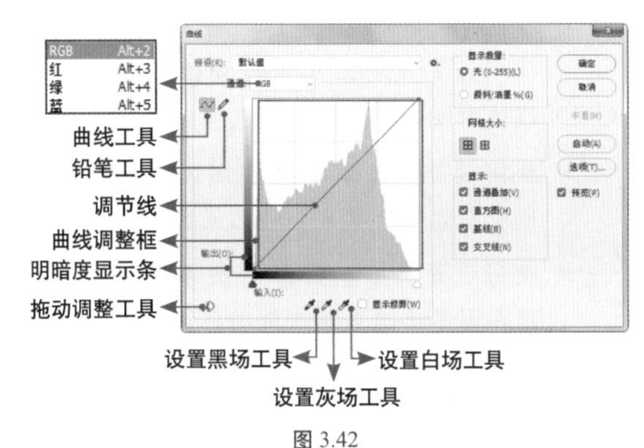

图 3.42

“曲线”对话框中的参数解释如下。

- 预设：除了可以手动编辑曲线来调整图像外，还可以直接在“预设”下拉列表中选择一个Photoshop自带的调整选项。
- 通道：与“色阶”命令相同，在不同的颜色模式下，该下拉列表将显示不同的选项。
- 曲线调整框：该区域用于显示当前对曲线所进行的修改，按住Alt键在该区域中单击，可以增加网格的显示数量，从而便于对图像进行精确的调整。
- 明暗度显示条：即曲线调整框左侧和底部的渐变条。横向的显示条为图像在调整前的明暗度状态，纵向的显示条为图像在调整后的明暗度状态。图3.43所示为分别向上和向下拖动节点时，该点图像在调整前后的对应关系。

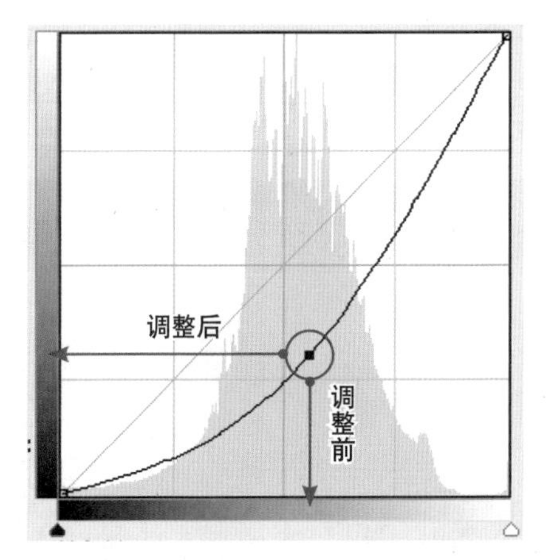

图 3.43

- 调节线：在该直线上可以添加最多不超过14个节点，当鼠标置于节点上并变为✣状态时，就可以拖动该节点对图像进行调整。要删除节点，可以选中并将节点拖至对话框外部，或在选中节点的情况下，按“Delete”键即可。
- 曲线工具：使用该工具可以在调节线上添加控制点，将以曲线方式调整调节线。
- 铅笔工具：使用“曲线”对话框中的铅笔工具可以使用手绘方式在曲线调整框中绘制曲线。
- 平滑：当使用“曲线”对话框中的铅笔工具绘制曲线时，该按钮才会被激活，单击该按钮可以让所绘制的曲线变得更加平滑。

03 在“通道”下拉列表中选择要调整的通道名称。默认情况下，未调整前图像“输入”与“输出”值相同，因此在“曲线”对话框中表现为一条直线。

04 在直线上单击增加一个变换控制点，向上拖动此节点，如图 3.44 所示，即可调整图像对应色调的明暗度，如图 3.45 所示。

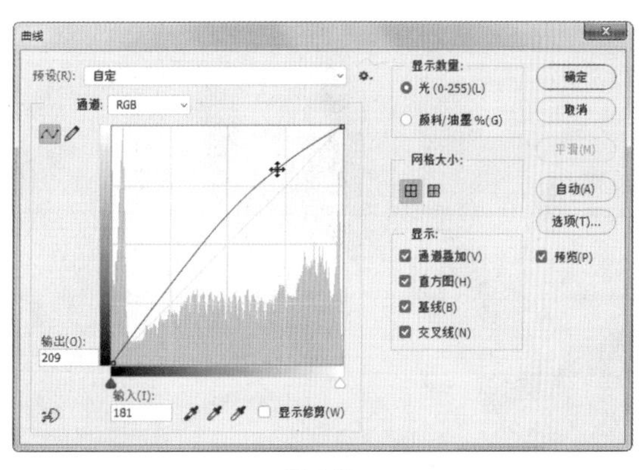

图 3.44

图 3.45

05 如果需要调整多个区域，可以在直线上单击多次，以添加多个变换控制点。对于不需要的变换控制点，可以按住 Ctrl 键单击此点将其删除。图 3.46 所示为添加另一个控制点并拖动时的状态，图 3.47 所示是调整后得到的图像效果。

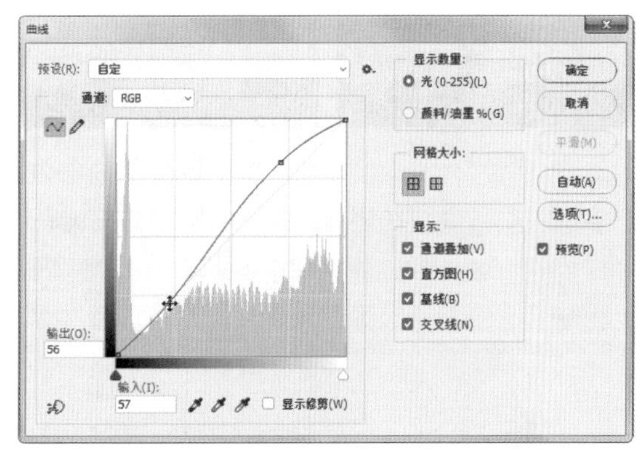

图 3.46

图 3.47

06 设置好对话框中的参数后，单击“确定”按钮，即可完成图像的调整操作。

在“曲线”对话框中使用拖动调整工具，可以在图像中通过拖动的方式快速调整图像的色彩及亮度。图3.48所示是选择拖动调整工具后，在要调整的图像位置摆放鼠标时的状态。如图3.49所示，由于当前摆放鼠标的位置显得曝光不足，所以将向上拖动鼠标以提亮图像，此时的“曲线”对话框如图3.50所示。

图 3.48

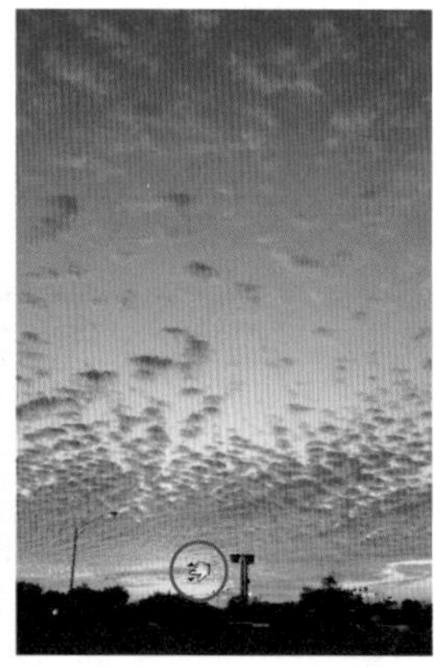

图 3.49

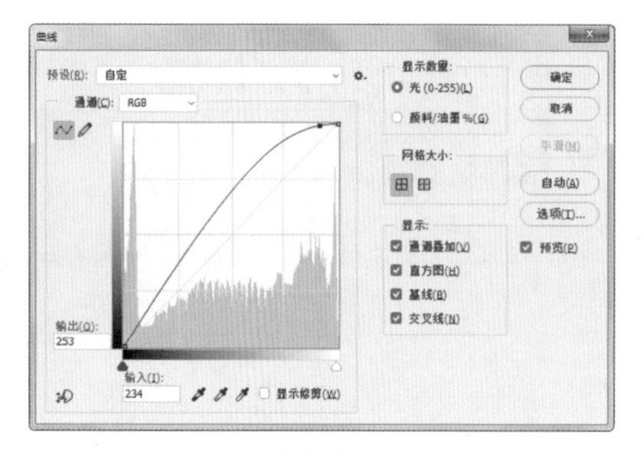

图 3.50

在上面处理的图像的基础上，再将光标置于阴影区域要调整的位置，如图3.51所示。按照前面所述的方法，此时将向下拖动鼠标以调整阴影区域，如图3.52所示。此时的“曲线”对话框如图3.53所示。

图 3.51

图 3.52

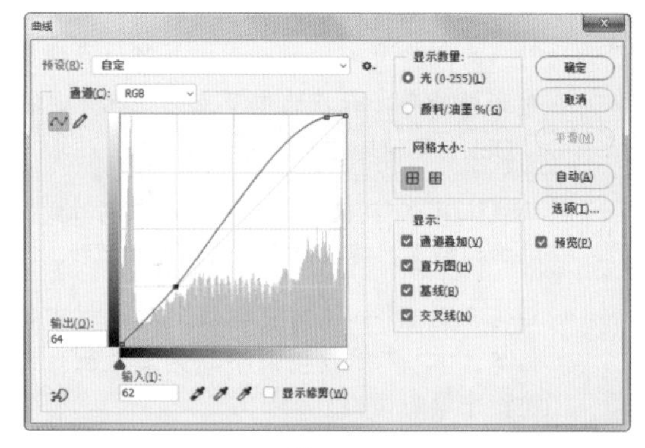

图 3.53

通过上面的实例可以看出，拖动调整工具只不过是在操作的方法上有所不同，而在调整的原理上是没有任何变化的。如同刚才的实例中，利用了S形曲线增加图像的对比度，而这种形态的曲线也完全可以在“曲线”对话框中通过编辑曲线的方式创建得到，所以读者在实际运用过程中，可以根据自己的需要，选择使用某种方式来调整图像。

3.12 “可选颜色”命令——通过颜色增减的调整

相对于其他调整命令，“可选颜色”命令的

原理较为难以理解。具体来说，它是通过为一种选定的颜色，增减青色、洋红、黄色及黑色，从而实现改变该色彩的目的，在掌握了此命令的用法后，可以实现极为丰富的调整，因此常用于制作各种特殊色调的照片效果。

选择“图像”|“调整”|“可选颜色”命令即可调出其对话框。

下面将图3.54所示的RGB三原图示意图为例，讲解此命令的工作原理。

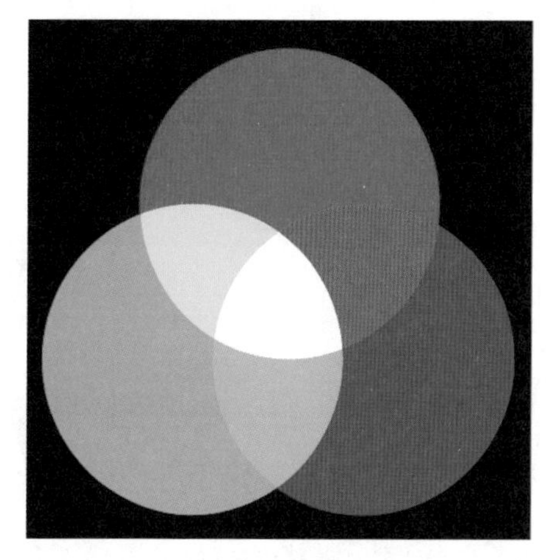

图 3.54

图3.55所示是在“颜色”下拉列表中选择“红色”选项，表示对该颜色进行调整，并在选中“绝对”选项时，向右侧拖动“青色”滑块至100%。

图 3.55

由于红色与青色是互补色，当增加了青色时，红色就相应地变少，当增加青色至100%时，红色完全消失变为黑色，如图3.56所示。

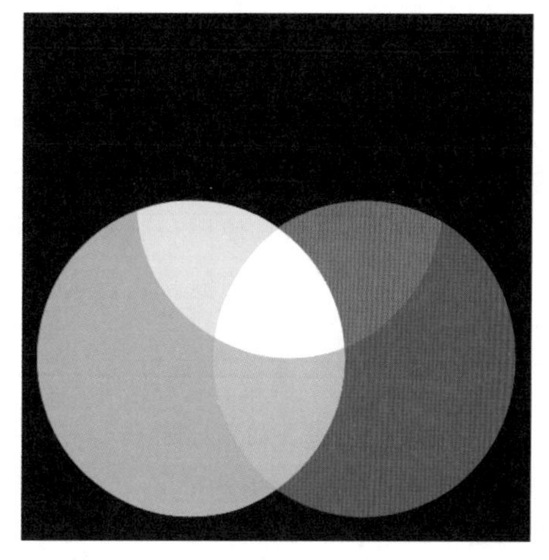

图 3.56

虽然在使用时没有其他调整命令那么直观，但熟练掌握之后，就可以实现非常多样化的调整。图3.57所示是使用此命令进行色彩调整前后的效果对比。

图 3.57

3.13 “HDR色调”命令——单张照片合成漂亮HDR效果

HDR是近年来一种极为流行的摄影表现手法，或者更准确地说，是一种后期图像处理技术。而所谓的HDR，英文全称为High-Dynamic Range，指“高动态范围”。简单来说，就是让照片无论高光还是阴影部分细节都很清晰。

Photoshop提供的这个“HDR色调”命令，其实并非具有真正意义上的HDR合成功能，而是在同一张照片中，通过对高光、中间调及暗调的分别处理，模拟得到类似的效果，在细节上自然不可能与真正的HDR照片作品相提并论，但其最大的优点就是在只使用一张照片的情况下，就可以合成得到不错的效果，因而具有比较高的实用价值。

执行“图像”|“调整”|“HDR色调”命令，即可调出其对话框，如图3.58所示。

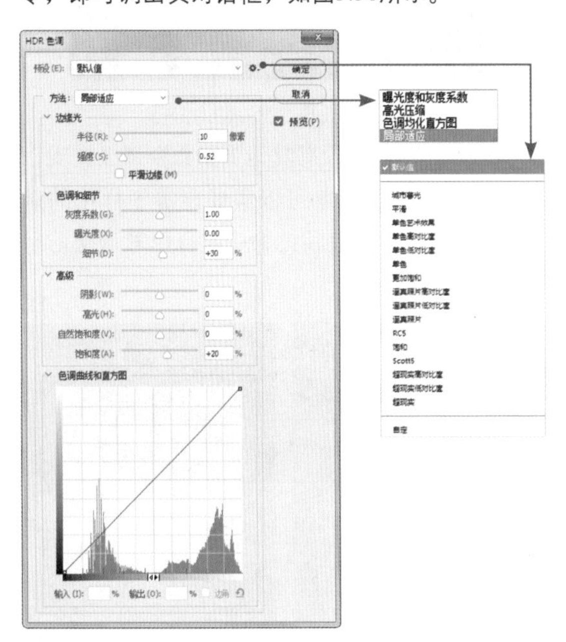

图 3.58

在“方法”下拉列表中，包含了“局部适应”、“高光压缩”等选项，其中以“局部适应”选项最为常用，因此下面将重点介绍选择此选项时的参数设置。

- 半径：此参数可控制发光的范围。图3.59所示就是分别设置不同数值时的对比效果。

图 3.59

- 强度：此参数可控制发光的对比度。图3.60所示就是分别设置不同数值时的对比效果。

图 3.60

在“色调和细节”区域中的参数用于控制图像的色调与细节，各参数的具体解释如下。

- 灰度系数：此参数可控制高光与暗调之间的差异，其数值越大（向左侧拖动）则图像的亮度越高，反之则图像的亮度越低。

- 曝光度：控制图像整体的曝光强度，也可以将其理解成为亮度，如图3.61所示。
- 细节：数值为负数时（向左侧拖动）画面变得模糊，反之，数值为正数（向右侧拖动）时，可显示出更多的细节内容。

图 3.61

在“高级”区域中的参数用于控制图像的阴影、高光及色彩饱和度，各参数的具体解释如下。

- 阴影、高光：这两个参数用于控制图像阴影或高光区域的亮度。
- 自然饱和度：拖动此滑块可以使Photoshop调整那些与已饱和的颜色相比不饱和颜色的饱和度，从而获得更加柔和自然的图像饱和度效果。
- 饱和度：拖动此滑块可以使Photoshop调整图像中所有颜色的饱和度，使所有颜色获得等量饱和度调整，因此使用此滑块可能导致图像的局部颜色过度饱和。

在“色调曲线和直方图”区域中的参数用于控制图像整体的亮度，其使用方法与编辑“曲线”对话框中的曲线基本相同，单击其右下角的“复位曲线”按钮，可以将曲线恢复到初始状态。

3.14 本章习题

3.14.1 选择题

1. 下列哪个命令用来调整色偏：（ ）

A、色调均化　　B、阈值

C、色彩平衡　　D、亮度/对比度

2. 下列哪个色彩调整命令可提供最精确的调整：（ ）

A、色阶　　B、亮度/对比度

C、曲线　　D、色彩平衡

3. 如何设定图像的白场?（ ）

A、选择工具箱中的吸管工具在图像的高光处单击

B、选择工具箱中的颜色取样器工具在图像的高光处单击

C、在“色阶”对话框中选择设置白场工具，并在图像的高光处单击

D、在“色彩范围”对话框中选择设置白场工具，并在图像的高光处单击

4. “色阶”命令的快捷键是：（ ）

A、Ctrl+U　　B、Ctrl+L

C、Ctrl+M　　D、Ctrl+B

5. “色相/饱和度”命令的快捷键是：（ ）

A、Ctrl+U　　B、Ctrl+L

C、Ctrl+M　　D、Ctrl+B

6. “色彩平衡”命令的快捷键是：（ ）

A、Ctrl+U　　B、Ctrl+L

C、Ctrl+M　　D、Ctrl+B

7. 下列最适合调整风景照片色彩饱和度的是（ ）。

A、色相/饱和度　B、自然饱和度

C、色彩平衡　　D、亮度/对比度

8. 下面对“色阶”命令描述正确的是：（ ）

A、减小色阶对话框中“输入色阶”最右侧的数值导致图像变亮

B、减小色阶对话框中“输入色阶”最右侧的数值导致图像变暗

C、增加色阶对话框中“输入色阶”最左侧的数值导致图像变亮

D、增加色阶对话框中“输入色阶”最左侧的数值导致图像变暗

9. 下列可以完全去除照片色彩的命令是：（ ）

A、去色　　B、色相/饱和度

C、亮度/对比度　　D、黑白

10. 下列可以调整图像亮度与对比度的有：（ ）

A、色阶　　B、曲线

C、亮度/对比度　　D、反相

3.14.2 上机操作题

1. 打开随书所附光盘中的文件“第3章\习题1-素材.jpg”，如图3.62所示，执行“色相/饱和度”命令将人物的泳衣调整为桔黄色，如图3.63所示。

图 3.62

图 3.63

2. 打开随书所附光盘中的文件“第3章\习题2-素材.jpg”，如图3.64所示。执行“色彩平衡”命令，将照片调整为图3.65所示的非主流黄绿色调效果。

图 3.64

图 3.65

3. 打开随书所附光盘中的文件“第3章\习题3-素材.jpg”，如图3.66所示。执行“色阶”命令调整其对比，直至得到类似图3.67所示的效果。

图 3.66

图 3.67

4. 打开随书所附光盘中的文件“第3章\习题4-素材.jpg”，如图3.68所示。执行“HDR色调”命令，将其处理成图3.69所示的效果。

图 3.68

图 3.69

第4章 修复与修饰图像

4.1 仿制图章工具

使用仿制图章工具和“仿制源”面板，可以用做图的方式复制图像的局部，并十分灵活地仿制图像。仿制图章工具选项条如图4.1所示。

图 4.1

在使用仿制图章工具进行复制的过程中，图像参考点位置将显示一个十字准心，而在操作处将显示代表笔刷大小的空心圆，在“对齐”选项被选中的情况下，十字准心与操作处显示的图标或空心圆间的相对位置与角度不变。

仿制图章工具选项栏中的重要参数解释如下。

- 对齐：在此选项被选择的状态下，整个取样区域仅应用一次，即使操作由于某种原因而停止，再次使用仿制图章工具进行操作时，仍可从上次操作结束时的位置开始；如果未选择此选项，则每次停止操作后再继续绘画时，都将从初始参考点位置开始应用取样区域。
- 样本：在此下拉菜单中可以选择定义源图像时所取的图层范围，包括“当前图层”、“当前和下方图层”以及“所有图层”3个选项，从其名称上便可以轻松理解在定义样式时所使用的图层范围。
- “忽略调整图层”按钮：在“样本”下拉菜单中选择了“当前和下方图层”或“所有图层”选项时，该按钮将被激活，按下以后将在定义源图像时忽略图层中的调整图层。

使用仿制图章工具复制图像的操作步骤如下所述。

01 打开随书所附光盘中的文件“第 4 章 /4.1- 素材 .jpg”，如图 4.2 所示。在本例中，将修除人物面部的光斑。

图 4.2

本实例将要完成的任务是将左侧的装饰图像复制到右侧，使整体图像更加美观。

02 选择仿制图章工具，并设置其工具选项栏如图 4.3 所示。按住 Alt 键，在左下方没有光斑的面部图像上单击以定义源图像，如图 4.4 所示。

图 4.3

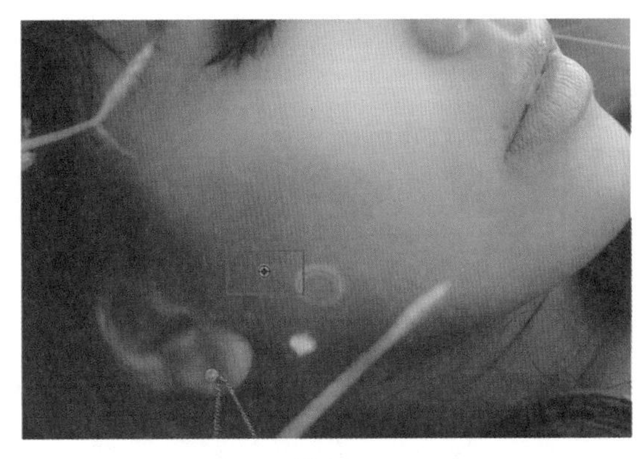

图 4.4

03 将仿制图章的光标置于右侧的目标位置，如图 4.5 所示，单击鼠标左键以复制上一步定义的源图像。

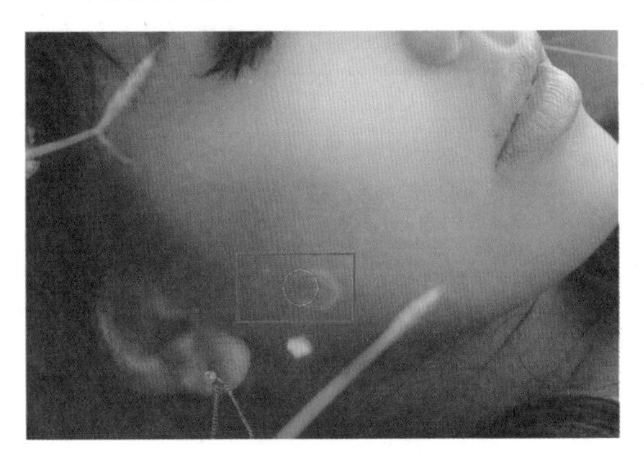

图 4.5

> 提示：由于我们要复制的花朵图像为一个类似半圆的图形，所以在复制第一笔的时候一定要将位置把握适当，以免在复制操作的过程中，出现重叠或残缺的现象。

04 按照第 2~3 步的方法，根据需要，适当调整画笔的大小、不透明度等参数，直至将该光斑修除，如图 4.6 所示。

图 4.6

4.2 修复画笔工具

修复画笔工具的最佳操作对象是有皱纹或雀斑等的照片，或者有污点、划痕的图像，因为该工具能够根据要修改点周围的像素及色彩将其完美无缺地复原，而不留任何痕迹。

使用修复画笔工具的具体操作步骤如下。

01 打开随书所附光盘中的文件“第 4 章 \4.2- 素材 .jpg”。

02 选择修复画笔工具，在工具选项栏中设置其选项，如图 4.7 所示。

修复画笔工具选项条中的重要参数解释如下。

- 取样：用取样区域的图像修复需要改变的区域。
- 图案：用图案修复需要改变的区域。

03 在“画笔”下拉列表中选择合适大小的画笔。画笔的大小取决于需要修补的区域大小。

04 在工具选项栏中选择“取样”单选按钮，按住 Alt 键，在需要修改的区域单击取样，如图 4.8 所示。

图 4.7

图 4.8

05 释放 Alt 键，并将光标放置在复制图像的目标区域，按住鼠标左键拖动此工具，即可修复此区域，如图 4.9 所示。

图 4.9

4.3 污点修复画笔工具

污点修复画笔工具 用于去除照片中的杂色或者污斑。此工具与修复画笔工具 非常相似，不同之处在于使用此工具时不需要进行取样，只需要用此工具在图像中有需要的位置单击，即可去除该处的杂色或者污斑，如图4.10所示，图4.11所示是修复多处斑点后的效果。

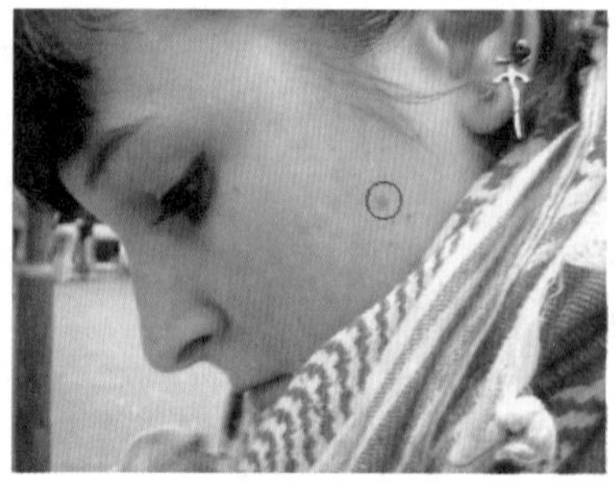

图 4.10

图 4.11

4.4 修补工具

修补工具 的操作原理是先选择图像中的某一个区域，然后使用此工具拖动选区至另一个区域以完成修补工作。修补工具 的工具选项栏显示如图4.12所示。

图 4.12

工具选项栏中各参数释义如下。

- 修补：在此下拉列表中，选择“正常”选项时，将按照默认的方式进行修补；选择“内容识别”选项时，Photoshop将自动根据修补范围周围的图像进行智能修补。
- 源：单击“源”单选按钮，则需要选择要修补的区域，然后将鼠标指针放置在选区内部，拖动选区至无瑕疵的图像区域，选区中的图像被无瑕疵区域的图像所替换。
- 目标：如果单击“目标”单选按钮，则操作顺序正好相反，需要先选择无瑕疵的图像区域，然后将选区拖动至有瑕疵的图像区域。
- 透明：选择此选项，可以将选区内的图像与目标位置处的图像以一定的透明度进行混合。
- 使用图案：在图像中制作选区后，在其“图案拾色器”面板中选择一种图案，并单击“使用图案”按钮，则选区内的图像被应用为所选择的图案。

若在“修补”下拉列表中选择“内容识别”选项，则其工具选项栏变为图4.13所示的状态。

图 4.13

- 结构：此数值越大，则修复结果的形态会更贴近原始选区的形态，边缘可能会略显生硬；反之，则修复结果的边缘会更自然、柔和，但可能会出现过度修复的问题。图4.14所示的选区为例，图4.15所示是将选区中的图像向左侧拖动以进行修复时的状态，图4.16所示是分别将此数值设置1和7时的修复结果。

图 4.14

图 4.15

“结构”数值为1

“结构”数值为7

图 4.16

- 颜色：此参数用于控制修复结果中，可修改源色彩的强度。此数值越小，则保留更多被修复图像区域的色彩；反之，则保留更多源图像的色彩。

值得一提的是，在使用修补工具以“内容识别”方式进行修补后，只要不取消选区，即可随意设置“结构”及“颜色”参数，直至得到满意的结果为止。

4.5 本章习题

4.5.1 选择题

1. 下列是以复制图像的方式进行图像修复处理的工作是：（ ）

A、修复画笔工具

B、修补工具

C、污点修复画笔工具

D、仿制图章工具

2. 在使用仿制图章工具时，按住哪个键并单击可以定义源图像？（ ）

A、Alt键　　B、Ctrl键

C、Shift键　　D、Alt+Shift键

3. 下列关于仿制图章工具的说法中，正

确的是：（ ）

A、选中“对齐”选项时，整个取样区域仅应用一次，反复使用此工具进行操作时，仍可从上次操作结束时的位置开始。

B、未选中“对齐”选项时，每次停止操作后再继续绘画，都将从初始参考点位置开始应用取样区域。

C、选中“当前图层”选项时，则取样和复制操作，都只在当前图层及其下方图层中生效。

D、选择“忽略调整图层”按钮时，可以在定义源图像时忽略图层中的调整图层。

4. 下列关于修复画笔工具和污点修复画笔工具的说法中，不正确的是：（ ）

A、修复画笔工具可以基于选区进行修复

B、修复画笔工具在使用前需要定义源图像。

C、污点修复画笔工具在使用前需要定义源图像。

D、污点修复画笔工具可以在目标图像上涂抹，以修复不规则的图像。

4.5.2 上机题

1. 打开随书所附光盘中的文件“第4章\习题1-素材.jpg”，如图4.17所示。结合使用仿制图章工具和“修复画笔工具”，修除左侧的人物，如图4.18所示。

图 4.17

图 4.18

2. 打开随书所附光盘中的文件“第4章\习题2-素材.jpg”，如图4.19所示。使用仿制图章工具将左下角的图像修除，得到图4.20所示的效果。

图 4.19

图 4.20

第5章 图层的基础功能

5.1 图层的工作原理

"可以将图层看作是一张一张独立的透明胶片，在每一个图层的相应位置创建组成图像的一部分内容，所有图层层叠放置在一起，就合成了一幅完整的图像。"

这一段关于图层的描述性文字，对图层的几个重点特性都有所表述。了解了图层的这些特性，对于学习图层的深层次知识有很大的好处。

以图5.1所示的图像为例，通过图层关系的示意来认识图层的这些特性。可以看出，分层图像的最终效果是由多个图层叠加在一起产生的。由于透明图层除图像外的区域（在图中以灰白格显示）都是透明的，因此在叠加时可以透过其透明区域观察到该图层下方图层中的图像，由于背景图层不透明，因此观察者的视线在穿透所有透明图层后，停留在背景图层上，并最终产生所有图层叠加在一起的视觉效果。图5.2示意了图层的透明与合成特性。

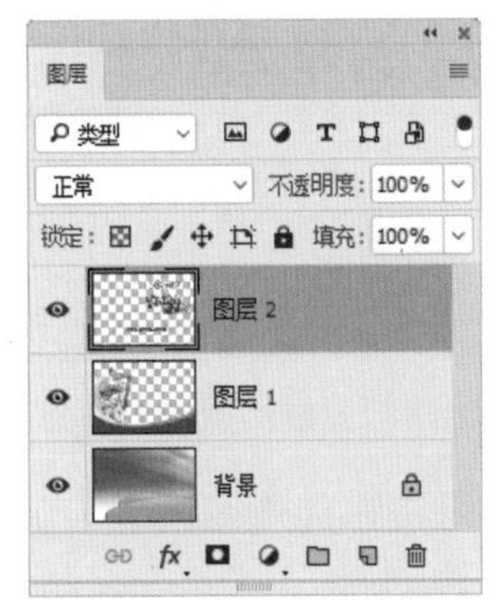

图 5.1

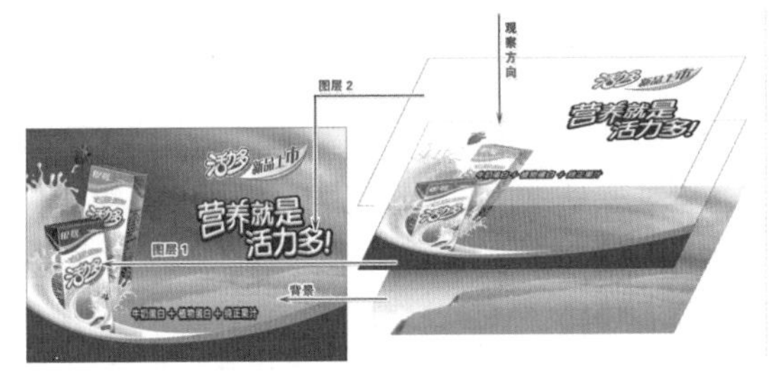

图 5.2

当然，这只是一个非常简单的示例，图层的功能远远不止于此，但通过这个示例可以理解图层最为基本的特性，即分层管理特性、透明特性、合成特性。

5.2 了解"图层"面板

"图层"面板集成了Photoshop中绝大部分与图层相关的常用命令及操作。使用此面板，可以快速地对图层进行新建、复制及删除等操作。按F7键或者执行"窗口"|"图层"命令，即可显示"图层"面板，其功能分区如图5.3所示。

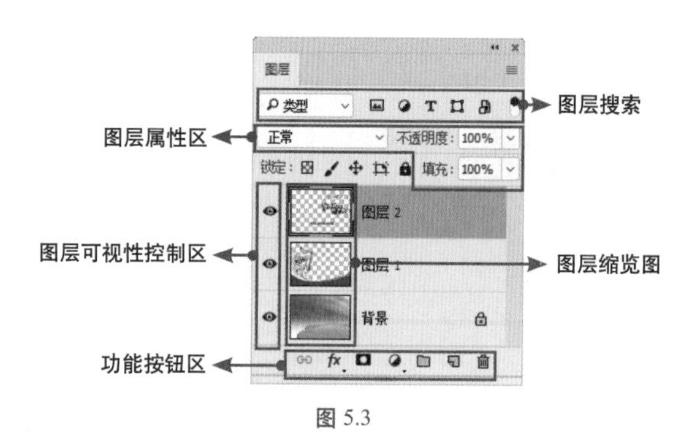

图 5.3

5.3 图层的基本操作

5.3.1 新建图层

常用的创建新图层的操作方法如下。

1. 使用按钮创建图层

单击“图层”面板底部的“创建新图层”按钮，可直接创建一个Photoshop默认值的新图层，这也是创建新图层最常用的方法。

> 提示：按此方法创建新图层时，如果需要改变默认值，可以按住Alt键单击“创建新图层”按钮，然后在弹出的对话框中进行修改；按住Ctrl键的同时单击“创建新图层”按钮，则可在当前图层下方创建新图层。

2. 通过拷贝和剪切创建图层

如果当前存在选区，还有两种方法可以从当前选区中创建新的图层，即选择“图层”|“新建”|“通过拷贝的图层”、“通过剪切的图层”命令新建图层。

- 在选区存在的情况下，选择“图层”|“新建”|“通过拷贝的图层”命令，可以将当前选区中的图像拷贝至一个新的图层中，该命令的快捷键为Ctrl+J。
- 在没有任何选区的情况下，选择“图层”|“新建”|“通过拷贝的图层”命令，可以复制当前选中的图层。
- 在选区存在的情况下，选择“图层”|“新建”|“通过剪切的图层”命令，可以将当前选区中的图像剪切至一个新的图层中，该命令的快捷键为Ctrl+Shift+J。

例如，图5.4所示为原图像及其“图层”面板，并在其中绘制选区以选中主体图像。若应用“通过拷贝的图层”命令，此时的“图层”面板将如图5.5所示。若应用“通过剪切的图层”命令，则“图层”面板将如图5.6所示。可以看到，由于执行了剪切操作，背景图层上的图像被删除，并使用当前所设置的背景色进行填充（笔者当前所设置的背景色为白色）。

图 5.4

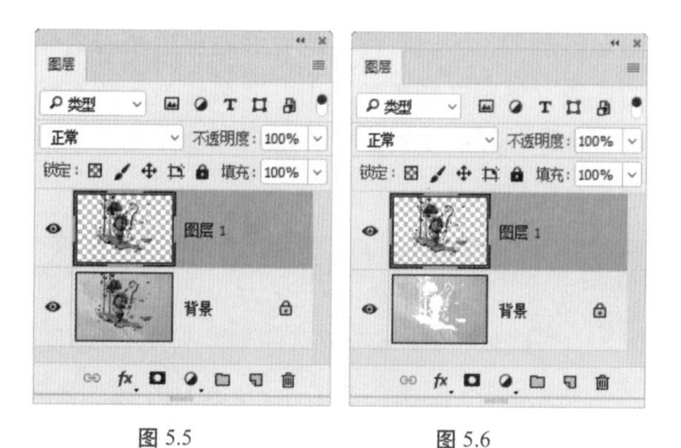

图 5.5　　图 5.6

5.3.2 选择图层

1. 在“图层”面板中选择图层

要选择某图层或者图层组，可以在“图层”面板中单击该图层或者图层组的名称，效果如图5.7所示。当某图层处于被选择的状态时，文件窗口的标题栏中将显示该图层的名称。另外，选择

移动工具 后在画布中单击鼠标右键，可以在弹出的菜单中列出当前单击位置处的图像所在的图层，如图5.8所示。

图 5.7

图 5.8

2. 选择多个图层

同时选择多个图层的方法如下。

01 如果要选择连续的多个图层，在选择一个图层后，按住 Shift 键在“图层”面板中单击另一图层的图层名称，则两个图层间的所有图层都会被选中。

02 如果要选择不连续的多个图层，在选择一个图层后，按住 Ctrl 键在“图层”面板中单击另一图层的图层名称。

通过同时选择多个图层，可以一次性对这些图层执行复制、删除、变换等操作。

5.3.3 显示/隐藏图层、图层组或图层效果

显示/隐藏图层、图层组或图层效果操作是非常简单而且基础的一类操作。

在“图层”面板中单击图层、图层组或图层效果左侧的眼睛图标，使该处图标呈现为，即可隐藏该图层、图层组或图层效果，再次单击眼睛图标处，可重新显示图层、图层组或图层效果。

> 提示：如果在眼睛图标列中按住左键不放向下拖动，则可以显示或隐藏拖动过程中所有鼠标经过的图层或图层组。按住Alt键单击图层左侧的眼睛图标，可以只显示该图层而隐藏其他图层；再次按住Alt键单击该图层左侧的眼睛图标，即可重新显示其他图层。

需要注意的是，只有可见图层才可以被打印，所以如果要打印当前图像，则必须保证图像所在的图层处于显示状态。

5.3.4 改变图层顺序

针对图层中的图像具有上层覆盖下层的特性，适当地调整图层顺序可以制作出更为丰富的图像效果。调整图层顺序的操作方法非常简单。以图5.9所示的原图像为例，按住鼠标左键将图层拖动至图5.10所示的目标位置，当目标位置显示出一条高光线时释放鼠标，效果如图5.11所示。图5.12所示是调整图层顺序后的“图层”面板。

图 5.9

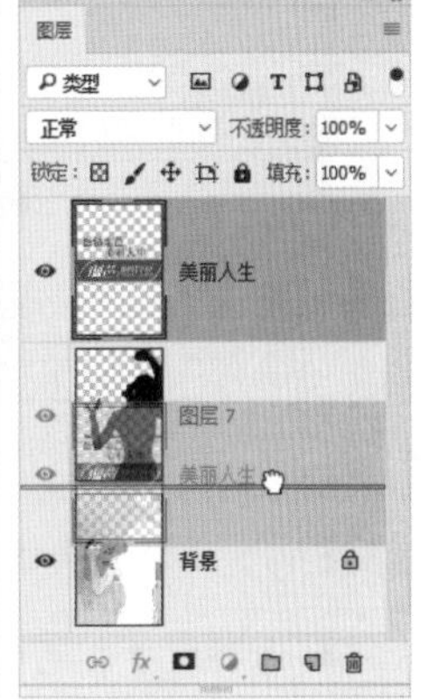

图 5.10

图 5.11　　图 5.12

5.3.5 在同一图像文件中复制图层

在同一图像文件中进行的复制图层操作，可以分为对单个图层和对多个图层进行复制两种，但实际上，二者的操作方法是相同的，在实际工作中我们可以根据当前的工作需要，选择一种最为快捷有效的操作方法。

- 在当前不存在选区的情况下，按Ctrl+J组合键可以复制当前选中的图层。该操作仅在复制单个图层时有效。
- 选择“图层”|“复制图层”命令，或在图层名称上右击鼠标，在弹出的菜单中选择“复制图层”命令，此时将弹出图5.13所示的对话框。

图 5.13

> 提示：如果在此对话框的“文档”下拉列表中选择“新建”选项，并在“名称”文本框中输入一个文件名称，可以将当前图层复制为一个新的文件。

- 选择需要复制的一个或多个图层，将图层拖动到“图层”面板底部的“创建新图层”按钮上，如图5.14所示。

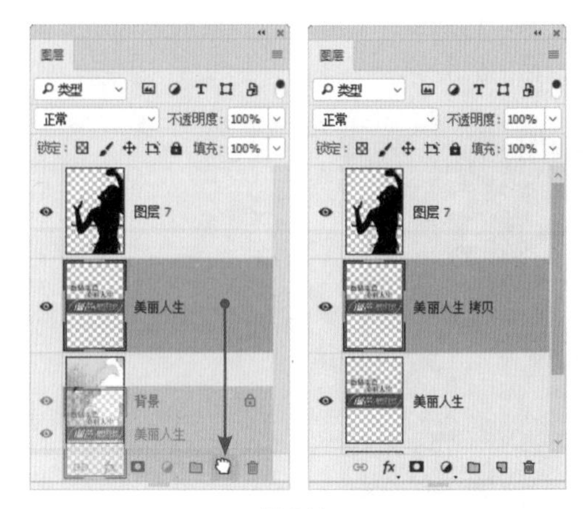

图 5.14

- 在“图层”面板中选择需要复制的一个或多个图层，按住Alt键拖动要复制的图层，此时光标将变为状态，将此图层拖至目标位置，如图5.15所示。释放鼠标后即可完成复制图层操作，图5.16所示为复制图层后的“图层”面板。

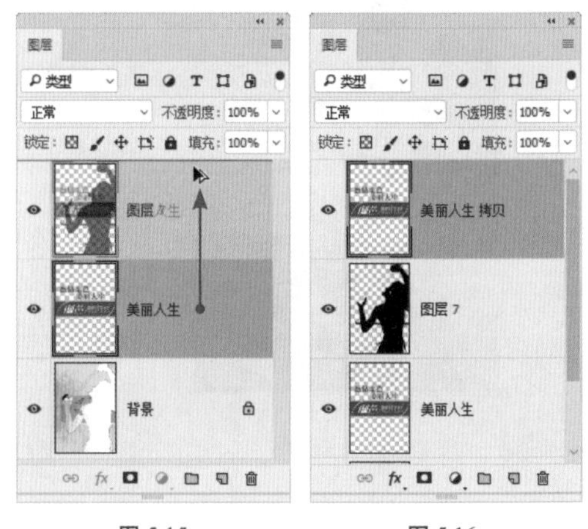

图 5.15　　图 5.16

5.3.6 在不同图像间复制图层

要在两幅图像间复制图层，可以按下述步骤操作。

01 在源图像的“图层”面板中，选择要拷贝的图像所在的图层。

02 选择“选择”|“全选”命令，或者使用前面章节所讲述的功能创建选区以选中需要复制的图像，按Ctrl+C组合键执行拷贝操作。

03 激活目标图像，按 Ctrl+V 组合键执行粘贴操作。

更简单的方法是选择移动工具，并列两个图像文件，从源图像中拖动需要复制的图像到目标图像中，此操作过程如图5.17所示，拖动后的效果如图5.18所示。

图 5.17

图 5.18

5.3.7 重命名图层

在Photoshop中新建图层，系统会默认生成图层名称，新建的图层被命名为“图层 1”、“图层 2”，以此类推。要改变图层的默认名称，可以执行以下操作之一。

01 在“图层”面板中选择要重新命名的图层，选择“图层”|“重命名图层”命令，此时该名称变为可键入状态，输入新的图层名称后，单击图层缩览图或者按 Enter 键确认。

02 双击图层缩览图右侧的图层名称，此时该名称变为可键入状态，输入新的图层名称后，单击图层缩览图或者按 Enter 键确认。

5.3.8 快速选择图层中的非透明区域

按住Ctrl键单击非“背景”图层的缩略图，即可选中该图层的非透明区域。图5.19所示为按住Ctrl键单击图层“主体”后得到的非透明区域的选区。

图 5.19

除了使用Ctrl键单击的操作方法外，还可以在“图层”面板中右击该图层的缩览图，在弹出的快捷菜单中选择“选择像素”命令，得到非透明选区。

如果在当前图像中已经存在一个选区，在“图层”面板中右击该图层，在弹出的快捷菜单中选择“添加透明蒙版”、“减去透明蒙版”、“交叉透明蒙版”3个命令，可以分别在当前选区中增加该图层非透明选区、减少该图层非透明选区，或得到两个选区重合部分的选区。

5.3.9 删除图层

删除无用的或者临时的图层有利于降低文件的大小，以便于文件的携带或者网络传输。在“图层”面板中可以根据需要删除任意图层，但在“图层”面板中最终至少要保留一个图层。

要删除图层，可以执行以下操作之一。

01 执行“图层”|“删除”|“图层”命令或者单击“图层”面板底部的“删除图层”按钮，在弹出的提示对话框中单击“是”按钮即可删除所选图层。

02 在“图层”面板中选择需要删除的图层，并将其拖动至“图层”面板底部的“删除图层”按钮上。

03 如果要删除处于隐藏状态的图层，可以执行“图层”|“删除”|“隐藏图层”命令，在弹出的提示对话框中单击“是”按钮。

04 还有一种更为方便、快捷的删除图层的方法，即在当前图像中不存在选区或者路径的情况下，按 Delete 键删除当前选中的图层。

5.3.10 图层过滤

在Photoshop CS6中，新增了根据不同图层类型、名称、混合模式及颜色等属性，对图层进行过滤及筛选的功能，从而便于用户快速查找、选择及编辑不同属性的图层。

要执行图层过滤操作，可以在“图层”面板左上角的“类型”下拉列表中选择图层过滤的条件。

当选择不同的过滤条件时，在其右侧会显示不同的选项，例如在图5.20中，当选择“类型”选项时，其右侧分别显示了像素图层过滤器、调整图层过滤器、文字图层过滤器、形状图层过滤器及智能对象滤镜等5个按钮，单击不同的按钮，即可在“图层”面板中仅显示所选类型的图层。图5.21所示是单击调整图层过滤器按钮时，“图层”面板中显示了所有的调整图层。

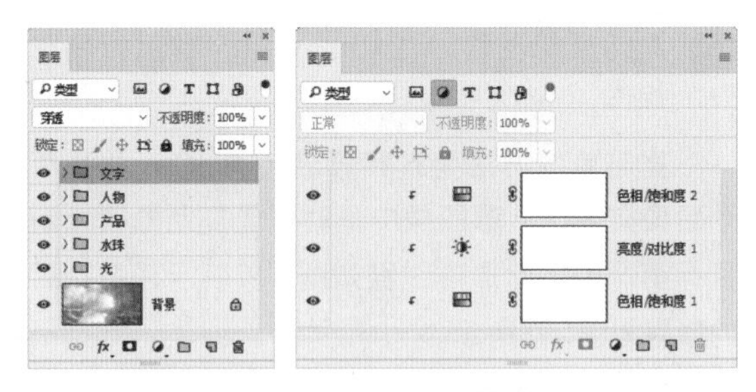

图 5.20　　图 5.21

若要关闭图层过滤功能，则可以单击过滤条件最右侧的“打开或关闭图层过滤器”按钮，使其变为状态即可。

5.4 图层编组

5.4.1 新建图层组

要创建新的图层组，可以执行以下操作之一。

01 执行“图层”|“新建”|“组”命令，或者从“图层”面板弹出菜单中选择“新建组”命令，弹出“新建组”对话框。在对话框中设置新图层组的“名称”、“颜色”、“模式”及“不透明度”等参数，设置完成后单击“确定”按钮，即可创建新图层组。

02 如果直接单击“图层”面板底部的“创建新组”按钮，可以创建默认设置的图层组。

03 如果要将当前存在的图层合并至一个图层组，可以将这些图层选中，然后按 Ctrl+G 键，或者执行“图层”|“新建”|“从图层建立组”命令，在弹出的“新建组”对话框中单击“确定”按钮。

5.4.2 将图层移入、移出图层组

1. 将图层移入图层组

如果在新建的图层组中没有图层，在此情况下可以通过鼠标拖动的方式将图层移入图层组中。将图层拖动至图层组的目标位置，待出现黑

色线框时，释放鼠标左键即可，其操作过程如图5.22所示。

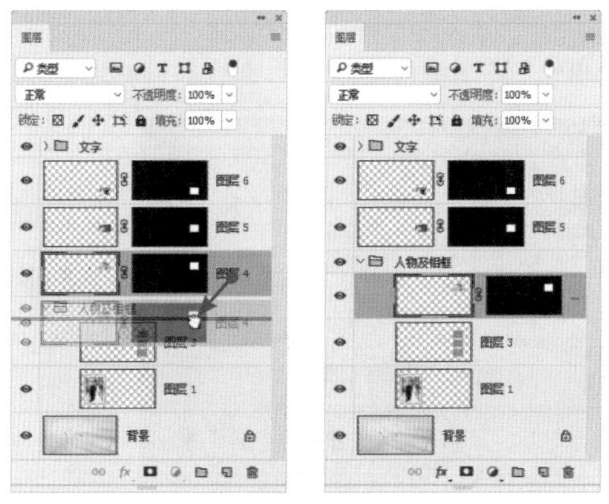

(a) 将图层拖动到图层组中 (b) 释放鼠标左键

图 5.22

2. 将图层移出图层组

将图层移出图层组，可以使该图层脱离图层组，操作时只需要在“图层”面板中选中图层，然后将其拖出图层组，当目标位置出现黑色线框时，释放鼠标左键即可。

> 提示：在由图层组向外拖动多个图层时，如果要保持图层间的相互顺序不变，应该从最底层开始向上依次拖动，否则原图层顺序将无法保持。

5.5 画板

画板功能较早出现于Adobe Illustrator软件中，现被融合至Photoshop软件中，这也是自Photoshop CC 2015开始才有的一项重要功能，本节将详细讲解画板功能的概念及其使用方法。

5.5.1 画板的概念与用途

在Photoshop中，画板功能可用于界定图像的显示范围，且可以通过创建多个画板，以满足设计师在同一图像文件中，设计多个页面或多个方案等需求。

例如在设计移动设备应用程序的界面时，常常要设计多个不同界面下的效果图，在以前，用户只能够将其保存在不同的文件中，或保存在同一文件的不同图层组中，这样不仅操作起来非常麻烦，在查看和编辑时也极为烦琐，而使用画板功能可以在同一图像文件中创建多个画板，每个画板用于设计不同的界面，如图5.23所示。

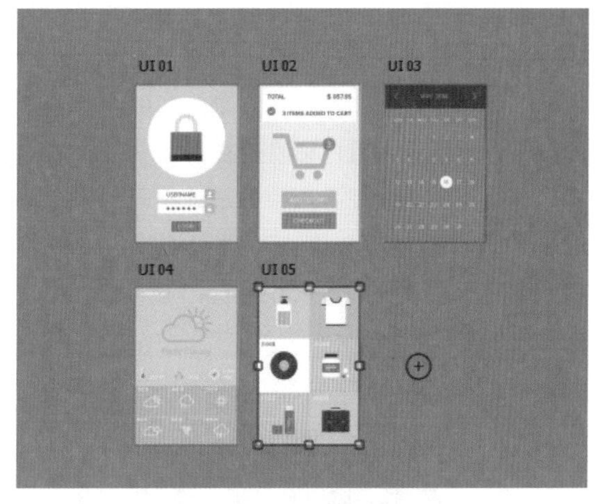

图 5.23

从画板提供的功能及参数等方面来看，主要是针对网络与移动设备的UI设计领域为主，但通过灵活的运用，也可以在平面设计、图像处理等领域中发挥作用。例如图5.24所示是在同一图像文件中，利用画板功能分别设计一个海报的正面与反面时的效果。

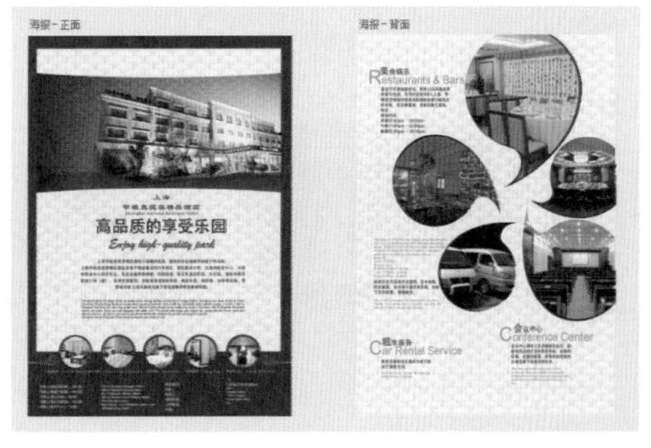

图 5.24

5.5.2 画布与画板的区别

在本书第1章已经讲解过，画布是用于界定当前文档的范围，默认情况下，超出画布的图像都会被隐藏，从这一角度来说，画布与画板的功能是相同的。

二者的不同之处在于，在没有画板的情况下，画布是界定图像范围的唯一标准，而创建了画板之后，它将取代画布成为新的界定图像范围的标准。

与画布相比，画板功能的强大之处在于，在一个图像中，画布是唯一的，其示意图如图5.25所示，而画板（据官方说法）是无限的，其示意图如图5.26所示，用户可通过在同一文件中创建多个画板，并分别在各画板中设计不同的内容，以便于进行整体的浏览、对比和编辑，如前所述，这对于网页及界面设计来说，是非常有用的功能。

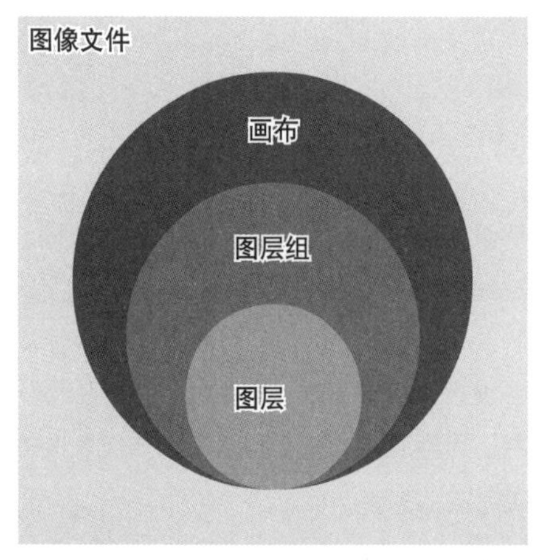

图 5.25

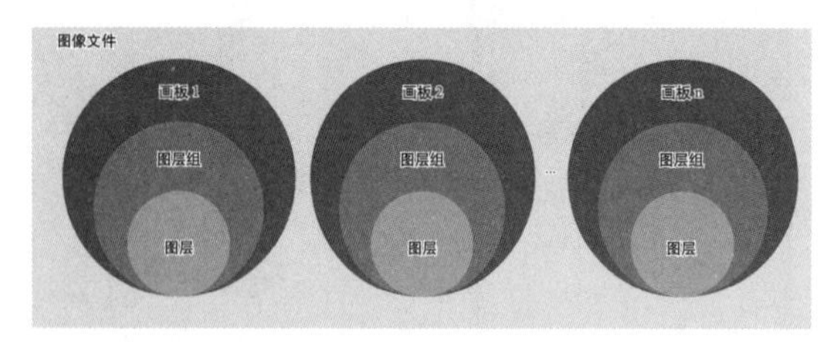

图 5.26

5.5.3 创建新画板

在新建文档时，若选中其中的“画板”选项，即可自动创建一个新的画板，除此之外，还可以使用以下方法创建新画板。

选择画板工具 并在文档内部拖动，以绘制一个范围，即画板的尺寸，即可创建得到新画板。

以图5.27所示的素材为例，图5.28所示是在中间的主体图像内部绘制新画板后的状态。

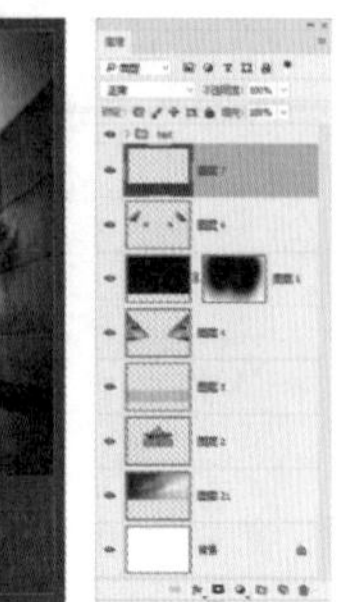

图 5.27

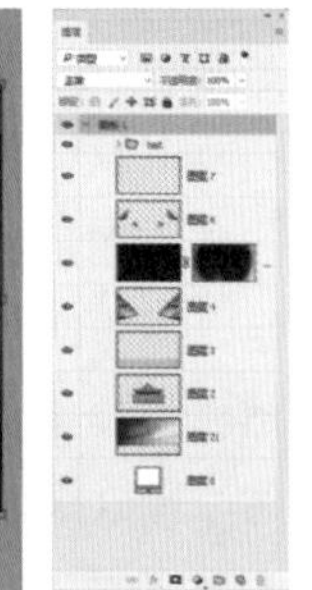

图 5.28

另外，在当前存在至少一个画板时，选中任意一个画板，就会在其周围显示“添加画板”按钮，如图5.29所示，单击此按钮，即可在对应的位置创建与当前所选画板大小相同的新画板，如图5.30所示。

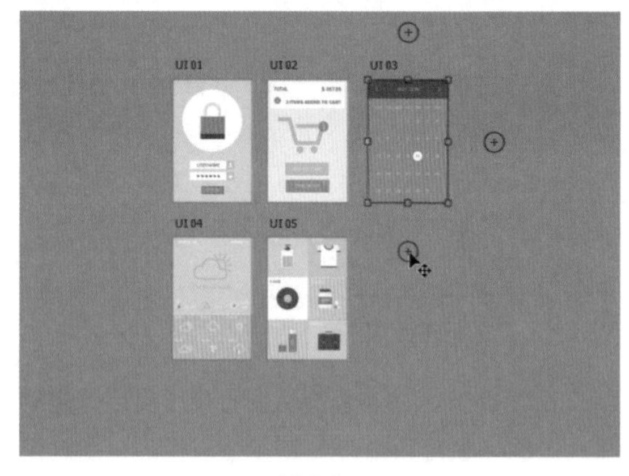

图 5.29

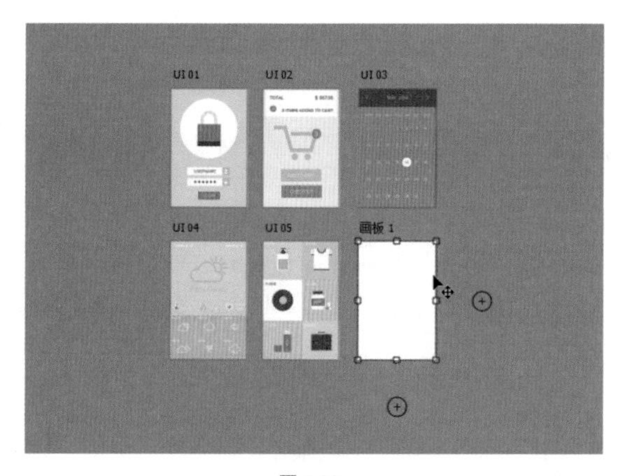

图 5.30

对比创建画板前后的效果，有以下几点需要注意。

- 创建新画板后，会在现有的全部图层及图层组上方，增加一级特殊的图层组，即“画板 1”，用于装载当前画板中的内容。
- 创建新画板后，会自动在当前画板底部添加一个填充为白色的颜色填充图层，用户可双击其缩略图，在弹出的对话框中重新设置其颜色。
- 创建新画板后，图层缩略图中原本显示为透明的区域，自动变为白色，但其中的图像仍然是具有透明背景的，并没有被填充颜色。
- 超出画板的内容并没有被删除，只是由于超出画板的范围，因此没有显示出来。

5.5.4 依据图层对象转换画板

在选中的一个或多个图层后，在图层名称上单击鼠标右键，在弹出的菜单中选择“来自图层的画板”命令，将弹出图5.31所示的对话框。

图 5.31

在“从图层新建画板”对话框中，可根据需要选择预设的尺寸，或手动输入“宽度”及“高度”数值，然后单击“确定”按钮即可。

5.5.5 移动画板

在Photoshop中，用户可根据需要任意调整画板的位置，且画板中的内容也会随之移动。

在“图层”面板中选中一个或多个画板后，如图5.32所示，将光标置于要移动的画板内部，按住鼠标左键拖动，即可移动画板，如图5.33所示。

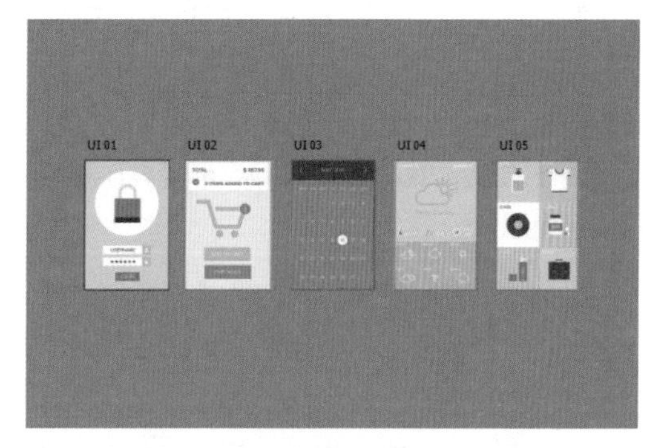

图 5.32

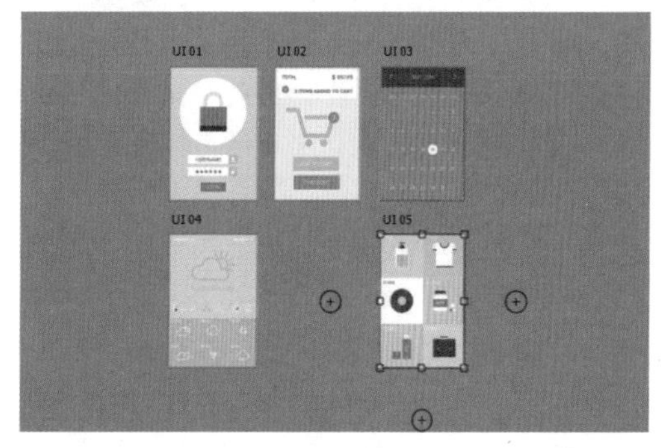

图5.33

> 提示：当选中单个画板时，会自动切换至画板工具，此时必须将光标置于画板内部拖动，才可以移动画板；当选中多个画板时，会自动切换至移动工具，此时可将光标置于任意位置拖动，即可移动画板。

5.5.6 调整画板大小

在“图层”面板中选中一个画板后，会自动切换至画板工具，在其工具选项栏中可以设置当前画板的大小，如图5.34所示，用户可根据需要选择预设的尺寸，或手动输入“宽度”及“高度”数值即可。

大小：自定　宽度：633 像素　高度：944 像素

图 5.34

另外，在选中一个画板后，会在其周围显示画板控制框，用户可以直接拖动该控制框以调整画板的大小。

5.5.7 复制画板

要复制画板，可以根据需要执行以下操作之一。

- 在“图层”面板中选中一个或多个要复制的画板，然后按住Alt键拖动至目标位置即可。
- 在“图层”面板中选择需要复制的画板，将其拖动至“创建新图层”按钮上，即可复制画板。
- 选中要复制的画板，然后在其名称上单击鼠标右键，在弹出的菜单中选择“复制画板”命令，或直接选择“图层”|“复制画板”命令，在弹出的对话框中可以设置复制的画板名称及目标文档的位置。

5.5.8 更改画板方向

在“图层”面板中选择一个画板后，在工具选项栏中可以单击“制作纵版”按钮或“制作横版”按钮，以改变画板的方向。

5.5.9 重命名画板

重命名画板的方法与重命名图层或图层组是相同的，用户可直接在画板名称上双击，待其名称变为可输入状态后，输入新的名称并按Enter键确认即可。

5.5.10 分解画板

分解画板是指删除所选的画板，但保留其中的内容。要分解画板，可以按Ctrl+Shift+G组合键或选择“图层”|“取消画板编组”命令即可。

5.5.11 将画板导出为图像

在创建多个画板并完成设计后，要将其导出成为图像以供预览或印刷，可以按照下面的方法操作。

1. 快速导出为PNG

选择“文件”|“导出”|“快速导出为PNG”命令，在弹出的对话框中选择文件要保存的路径，即可按照画板的名称及默认的参数，将各个画板中的内容导出为PNG格式的图像。

2. 高级导出设置

按Ctrl+Alt+Shift+W组合键或选择“文件”|“导出”|“导出为”命令，将调出类似图5.35所示的对话框。

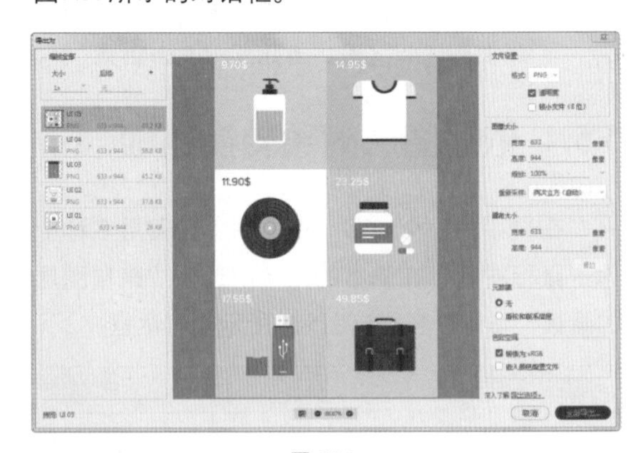

图 5.35

在“导出为”对话框中，左侧可选择各个画板，在中间进行预览，然后在右侧设置导出的格式及相关的宽度、高度、分辨率、画布大小等参数。

> 提示：使用上述的“快速导出为PNG”及“导出为”命令时，对于不包含在任何画板中的图像，不会进行导出。另外，若文档中不存在任何画板，则会将当前的图像以画布尺寸导出为PNG图像。

5.5.12 导出选中图层/画板中的内容

若要只导出当前选中的图层或画板中的内容为图像，可以在“图层”菜单中选择“快速导出为PNG”命令，或“导出为”（快捷键为Ctrl+Alt+Shift+W）命令，从而将选中图层或画板中的图像，导出为PNG或自定义的格式，其使用方法与“文件”|“导出”子菜单中的命令相同，故不再详细讲解。

5.6 对齐图层

在选中两个或更多个图层后，执行“图层”|“对齐”命令下的子菜单命令，或移动工具选项栏上的各个对齐按钮，可以将所有选中图层的内容相互对齐。

下面以移动工具选项栏上的对齐按钮为例，讲解其用法。

- 顶对齐：可以将选中图层的最顶端像素与当前图层的最顶端像素对齐。
- 垂直居中对齐：可以将选中图层垂直方向的中心像素与当前图层垂直方向的中心像素对齐。
- 底对齐：可以将选中图层的最底端像素与当前图层的最底端像素对齐。
- 左对齐：可以将选中图层的最左侧像素与当前图层的最左侧像素对齐。
- 水平居中对齐：可以将选中图层水平方向的中心像素与当前图层水平方向的中心像素对齐。
- 右对齐：可以将选中图层的最右侧像素与当前图层的最右侧像素对齐。

图5.36所示为未对齐前的状态及对应的“图层”面板。图5.37所示为单击“左对齐”按钮后的效果。

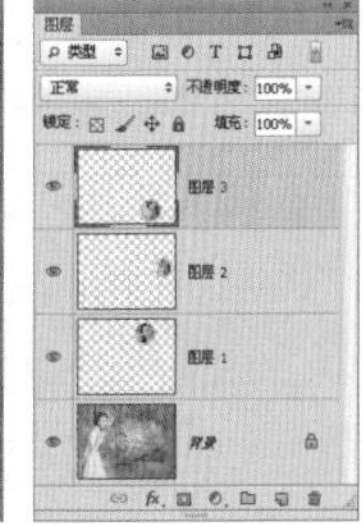

图 5.36

图 5.37

5.7 分布图层

在选中3个或更多的图层时，执行“图层”|“分布”命令下的子菜单命令，或移动工具项栏上的各个分布按钮，可以将选中图层的图像位置以某种方式重新分布。

下面以移动工具选项栏上的分布按钮为例，讲解其用法。

- 按顶分布：从每个图层的顶端像素开始，间隔均匀地分布图层。
- 垂直居中分布：从每个图层的垂直中心像素开始，间隔均匀地分布图层。
- 按底分布：从每个图层的底端像素开

始，间隔均匀地分布图层。

- 按左分布：从每个图层的左端像素开始，间隔均匀地分布图层。
- 水平居中分布：从每个图层的水平中心像素开始，间隔均匀地分布图层。
- 按右分布：从每个图层的右端像素开始，间隔均匀地分布图层。

图5.38所示为对齐与分布前的图像及对应的“图层”面板。图5.39所示为将上面的3个图层选中，单击“水平居中分布”按钮后的效果及对应的“图层”面板。

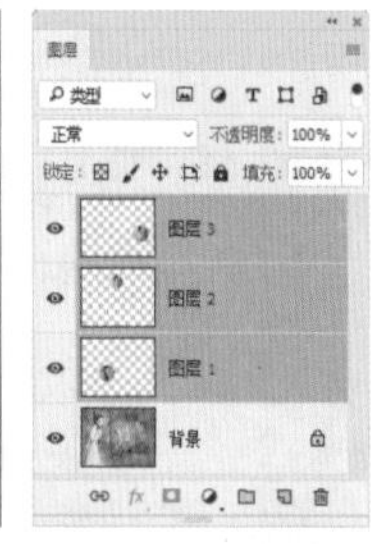

图 5.38

图 5.39

5.8 合并图层

图像所包含的图层越多，所占用的计算机空间就越大。因此，当图像的处理基本完成时，可以将各个图层合并起来以节省系统资源。当然，对于需要随时修改的图像最好不要合并图层，或者保留拷贝文件再进行合并操作。

1. 合并任意多个图层

按住Ctrl键单击想要合并的图层，并将其全部选中，然后按Ctrl+E键或者执行“图层”|“合并图层”命令合并图层。

2. 合并所有图层

合并所有图层是指合并“图层”面板中所有未隐藏的图层。要完成这项操作，可以执行“图层”|“拼合图像”命令，或者在“图层”面板弹出菜单中选择“拼合图像”命令。

如果“图层”面板中含有隐藏的图层，执行此操作时，将会弹出提示对话框，如果单击“确定”按钮，则Photoshop会拼合图层，然后删除隐藏的图层。

3. 向下合并图层

向下合并图层是指合并两个相邻的图层。要完成这项操作，可以先将位于上面的图层选中，然后执行“图层”|“向下合并”命令，或者在“图层”面板弹出菜单中选择“向下合并”命令。

4. 合并可见图层

合并可见图层是将所有未隐藏的图层合并在一起。要完成此操作，可以执行“图层”|“合并可见图层”命令，或在“图层”面板弹出菜单中选择“合并可见图层”命令。

5. 合并图层组

如果要合并图层组，在“图层”面板中选择该图层组，然后按Ctrl+E键或者执行“图层”|“合并组”命令，合并时必须确保所有需要合并的图层可见，否则该图层将被删除。

执行合并操作后，得到的图层具有图层组的名称，并具有与其相同的不透明度与图层混合模式属性。

5.9 本章习题

5.9.1 选择题

1. 要在当前图层下方新建图层，应该按（ ）键单击“创建新图层”按钮。

A、Alt　B、Ctrl

C、Alt+Shift　D、Ctrl+N

2. 单击“图层”面板上当前图层左边的眼睛图标，结果是：（ ）

A、当前图层被锁定

B、当前图层被隐藏

C、当前图层会以线条稿显示

D、当前图层被删除

3. 下列可用于向下合并图层的快捷键是：（ ）

A、Ctrl+E 键　B、Ctrl+Shift+E 键

C、Ctrl+F 键　D、Ctrl+Alt+E 键

4. 在选中多个图层（不含背景图层）后，不可执行的操作是：（ ）

A、编组　B、删除

C、转换为智能对象 D、填充

5. 要对齐图层中的图像，首先应（ ）

A、选中要对齐的图层

B、绘制选区将要对齐的图像选中

C、将要对齐的图层链接起来

D、将要对齐的图层合并

6. 下列操作不能删除当前图层的是：（ ）

A、用鼠标将此图层拖至“删除图层”按钮上

B、在“图层”面板菜单中选“删除图层”命令

C、在有选区时直接按Delete键

D、直接按Esc键

7. 在Photoshop中提供了哪些图层合并方式：（ ）

A、向下合并　B、合并可见层

C、拼合图层　D、合并图层组

8. 下列可以创建新的空白图层的是（ ）

A、双击“图层”面板的空白处，在弹出的对话框中进行设定选择新图层命令

B、单击“图层”面板下方的“创建新图层”按钮

C、使用鼠标将图像拖至另一个文档中

D、按Ctrl+N键

9. 要选中多个图层，可以按（ ）键。

A、Ctrl　B、Shift

C、Alt　D、Tab

10. 下面对图层组描述正确的是：（ ）

A、在“图层”面板中单击“创建新组”按钮可以新建一个图层组

B、可以将所有选中图层放到一个新的图层组中

C、按住Ctrl键的同时单击图层组的名称，可以弹出“图层组属性”对话框

D、在图层组内可以对图层进行删除和复制

11. 下列关于画板与画布的说法中，正确的是：（ ）

A、画板可以包含画布

B、画布可以包含画板

C、画布只能有一个

D、画板可以有多个

5.9.2 上机操作题

1. 打开随书所附光盘中的文件“第5章\习题1-素材.psd”，如图5.40所示。通过调整图层的顺序，制作图5.41所示的效果。

图 5.40

图 5.41

2. 打开随书所附光盘中的文件“第5章\习题2-素材.psd”，如图5.42所示，通过选择不同的图层，并使用移动工具 调整相应图像的位置，直至得到图5.43所示的效果。

图 5.42

图 5.43

第6章 画笔、渐变与变换功能

6.1 了解画笔工具

利用画笔工具可以绘制边缘柔和的线条。选择工具箱中的画笔工具，其工具选项栏如图6.1所示。

图 6.1

画笔工具选项栏中各参数释义如下。

- 画笔：在其弹出面板中选择合适的画笔笔尖形状。
- 模式：在其下拉菜单中选择用画笔工具绘图时的混合模式。
- 不透明度：此数值用于设置绘制效果的不透明度。其中，100%表示完全不透明；0%表示完全透明。设置不同“不透明度”数值的对比效果如图6.2所示。可以看出，数值越小，绘制时画笔的覆盖力越弱。

(a) 设置“不透明度”数值为100%

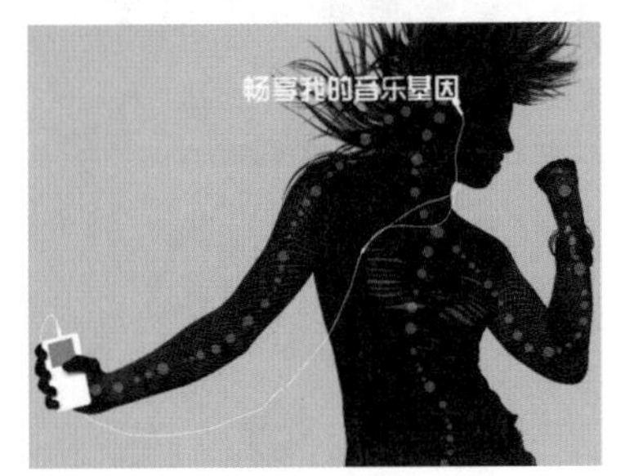

(b) 设置“不透明度”数值为30%

图 6.2

- 流量：此参数可以设置绘图时的速度。数值越小，绘图的速度越慢。
- “喷枪”按钮：如果在工具选项栏中单击“喷枪”按钮，可以用“喷枪”模式工作。
- “绘图板压力控制画笔尺寸”按钮：在使用绘图板进行涂抹时，选中此按钮后，将可以依据给予绘图板的压力控制画笔的尺寸。
- “绘图板压力控制画笔透明”按钮：在使用绘图板进行涂抹时，选中此按钮后，将可以依据给予绘图板的压力控制画笔的不透明度。

6.2 “画笔”面板

Photoshop的“画笔”面板提供了非常丰富的参数，可以控制画笔的“形状动态”“散布”“颜色动态”“传递”“杂色”“湿边”等数种动态属性参数，组合这些参数，可以得到千变万化的效果。

6.2.1 在面板中选择画笔

若要在“画笔”面板中选择画笔，可以单击“画笔”面板的“画笔笔尖形状”选项，此时在画笔显示区将显示当前“画笔”面板中的所有画笔，单击需要的画笔即可。

在图像中单击鼠标右键，在弹出的画笔选择器中，可以选择画笔，并设置其基本参数，此外，还可以选择最近使用过的画笔，如图6.3所示。此功能同样适用于“画笔预设”面板。

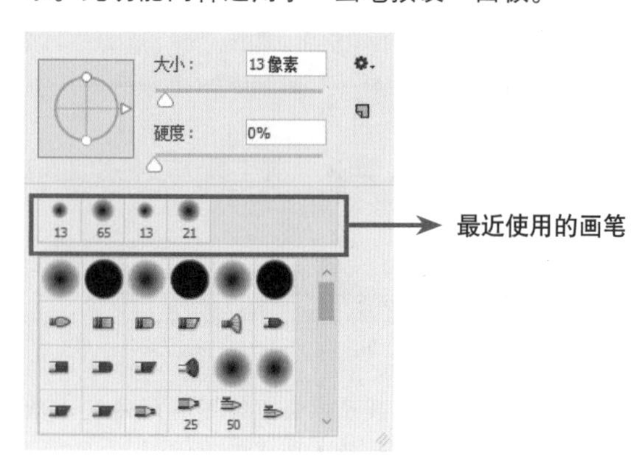

图 6.3

6.2.2 “画笔笔尖形状”参数

1. 设置画笔笔尖形状

在“画笔”面板中单击“画笔笔尖形状”选项，“画笔”面板显示如图6.4所示。在此可以设置当前画笔的基本属性，包括画笔的“大小”、“圆度”、“间距”等。

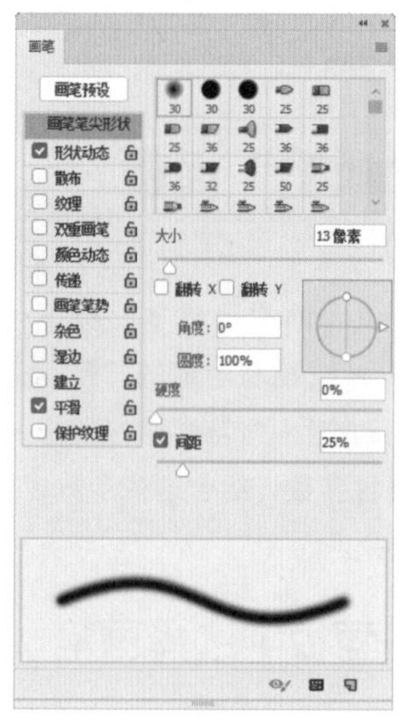

图 6.4

- 大小：在此数值框中键入数值或者调整滑块，可以设置画笔笔尖的大小。数值越大，画笔笔尖的直径越大，绘制的对比效果如图6.5所示。

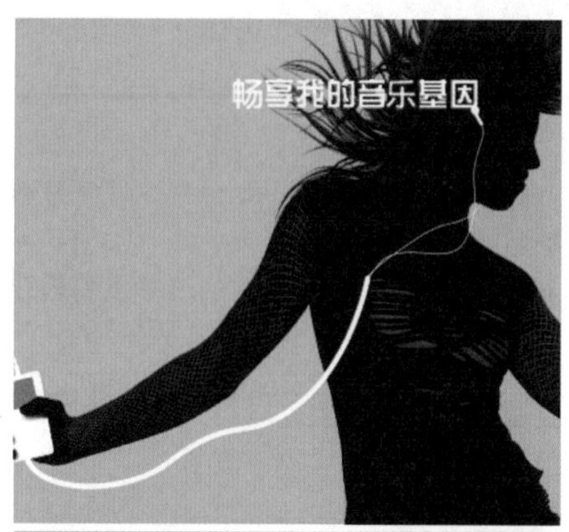

图 6.5

- 翻转X、翻转Y：这两个选项可以令画笔进行水平方向或者垂直方向上的翻转。图6.6所示为原画笔状态。图6.7所示是结合这两个选项进行水平和垂直翻转后，分别在图像四角添加的艺术效果。

图 6.6

图 6.7

- 角度：在该数值框中键入数值，可以设置画笔旋转的角度。图6.8所示是原画笔状态。图6.9所示是在分别设置不同“角度”数值的情况下，在图像中添加星光的对比效果。

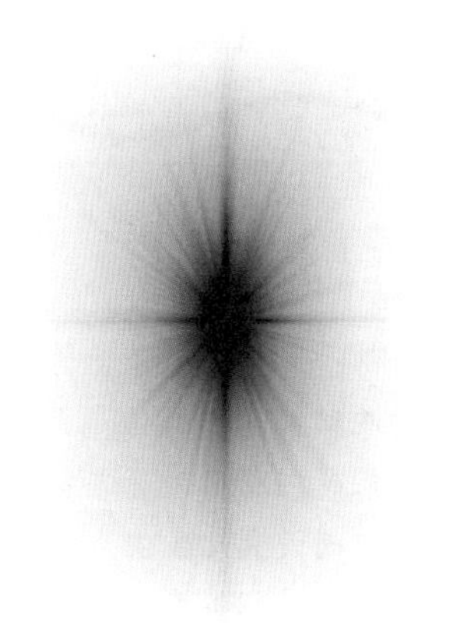

图 6.8

图 6.9

- 圆度：在此数值框中键入数值，可以设置画笔的圆度。数值越大，画笔笔尖越趋向于正圆或者画笔笔尖在定义时所具有的比例。例如，在“画笔”面板进行参数设置后，分别修改“圆度”数值及工具选项栏中的“不透明度”数值，然后在图像中添加类似镜面反光的效果，图6.10所示为处理前后的对比效果。

(a) 处理前

(b) 处理后

图 6.10

- 硬度：当在画笔笔尖形状列表框中选择椭圆形画笔笔尖时，此选项才被激活。在此数值框中键入数值或者调整滑块，可以设置画笔边缘的硬度。数值越大，笔尖的边缘越清晰；数值越小，笔尖的边缘越柔和。图6.11所示为在画笔工具选项栏中设置“模式”为“叠加”的情况下，分别使用“硬度”数值为100%和0%的画笔笔尖进行涂抹的效果。

(a) 设置“硬度”数值为100%

（b）设置“硬度”数值为0%

图 6.11

- 间距：在此数值框中键入数值或者调整滑块，可以设置绘图时组成线段的两点间的距离。数值越大，间距越大。将画笔的“间距”数值设置得足够大时，则可以得到点线效果。图6.12所示为分别设置“间距”数值为100%和300%时得到的点线效果。

（a）设置“间距”数值为100%

（b）设置“间距”数值为300%

图 6.12

2. 形状动态参数

“画笔”面板选项区的选项包括“形状动态”、“散布”、“纹理”、“双重画笔”、“颜色动态”、“传递”以及“画笔笔势”，配合各种参数设置即可得到非常丰富的画笔效果。在“画笔”面板中选择“形状动态”选项，“画笔”面板显示如图6.13所示。

图 6.13

- 大小抖动：此参数控制画笔在绘制过程中尺寸的波动幅度。数值越大，波动的幅度越大。图6.14所示为原路径状态。图6.15所示是分别设置此数值为30%和100%后描边路径得到的图像效果。可以看出，描边的线条中出现了大大小小、断断续续的不规则边缘效果。

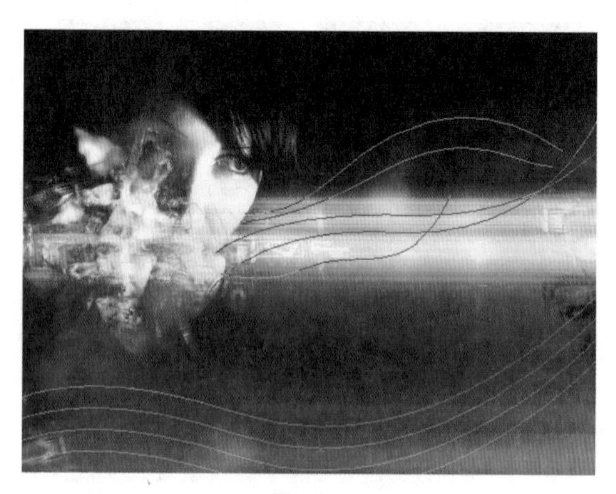

图 6.14

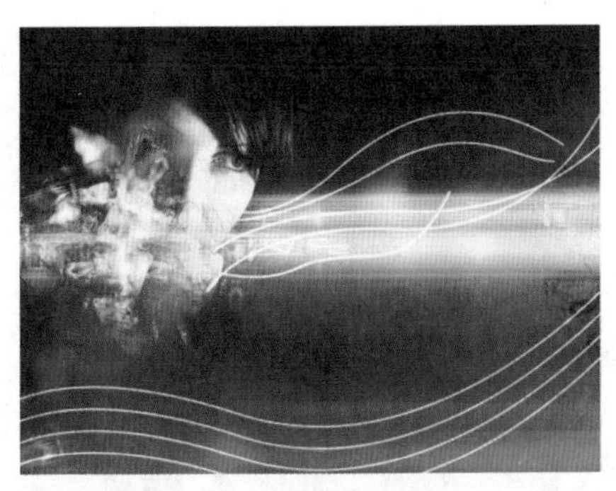

(a) 设置“大小抖动”数值为30%

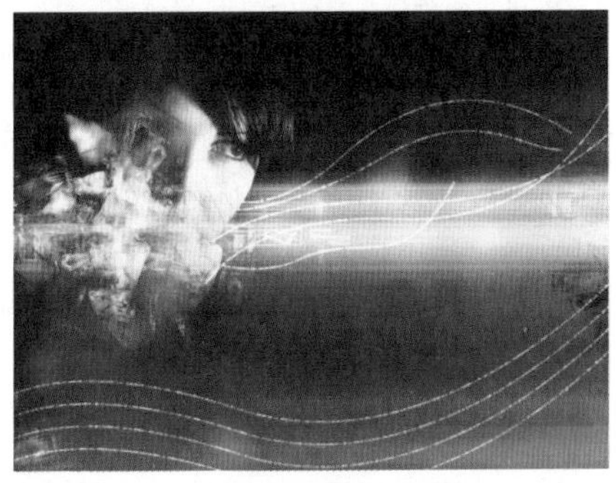

(b) 设置“大小抖动”数值为100%

图 6.15

在进行路径描边时，此处将画笔工具选项栏中的“模式”设置为“颜色减淡”。

- 控制：在此下拉菜单中包括5种用于控制画笔波动方式的参数，即“关”、“渐隐”、“钢笔压力”、“钢笔斜度”、“光笔轮”等。选择“渐隐”选项，将激活其右侧的数值框，在此可以键入数值以改变画笔笔尖渐隐的步长。数值越大，画笔消失的速度越慢，其描绘的线段越长。图6.16所示是将“大小抖动”数值设置为0%，然后分别设置“渐隐”数值为600和1200时得到的描边效果。

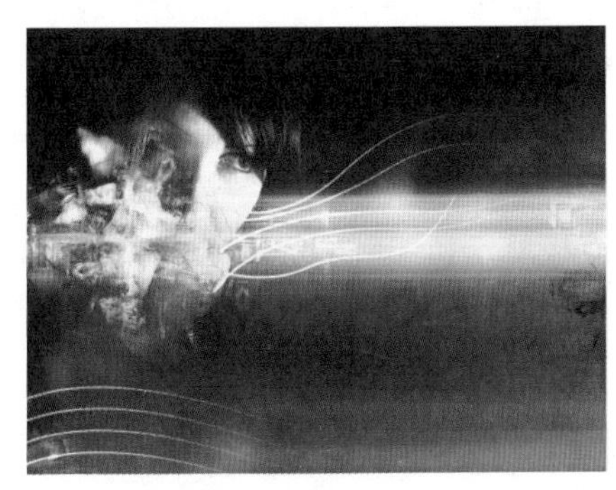

(a) 设置“渐隐”数值为600

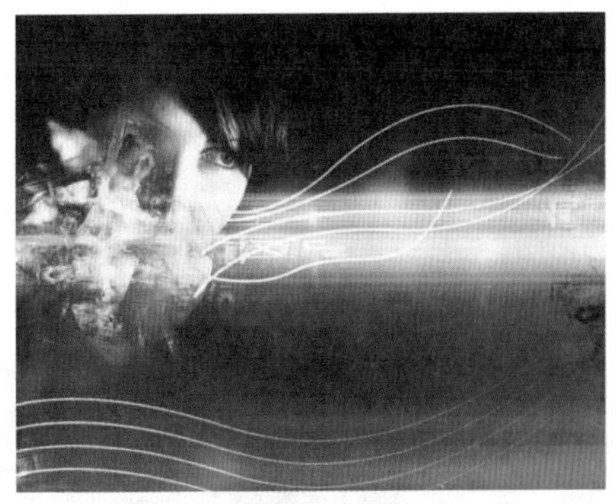

(b) 设置“渐隐”数值为 1 200

图 6.16

“钢笔压力”、“钢笔斜度”、“光笔轮”等3种方式都需要压感笔的支持。如果没有安装此硬件，当选择这些选项时，在“控制”参数左侧将显示标记 。

- 最小直径：此数值控制在尺寸发生波动时画笔笔尖的最小尺寸。数值越大，发生波动的范围越小，波动的幅度也会相应变小，画笔的动态达到最小时尺寸最大，图6.17所示为设置此数值为0%和80%时进行绘制的对比效果。

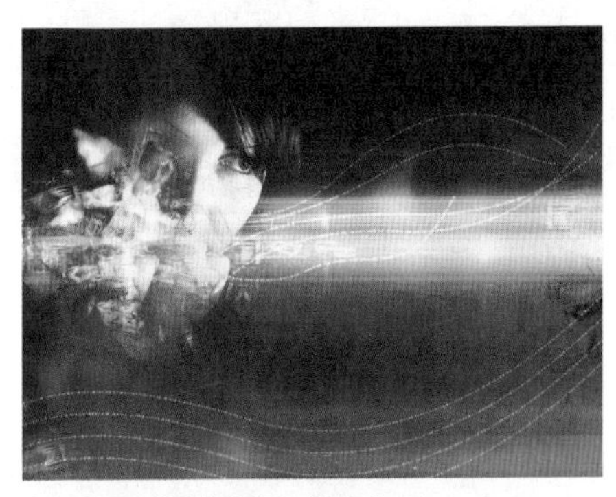

(a) 设置“最小直径”数值为0%

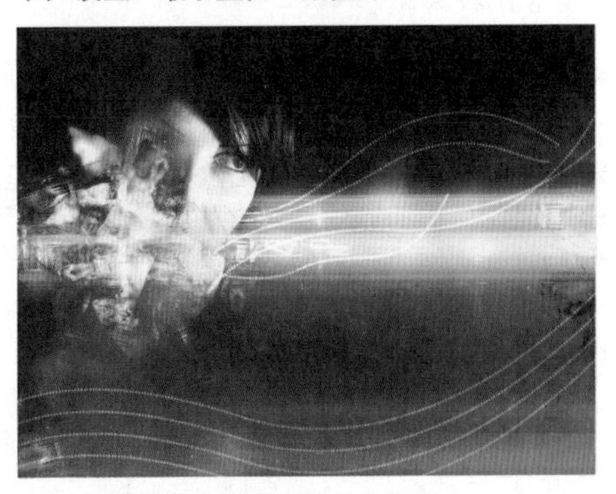

(b) 设置“最小直径”数值为80%

图 6.17

- 角度抖动：控制画笔在角度上的波动幅度。数值越大，波动的幅度也越大，画笔显得越紊乱。图6.18所示为将画笔的“圆度”数值设置为50%，然后分别设置“角度抖动”数值为100%和0%时的描边对比效果。

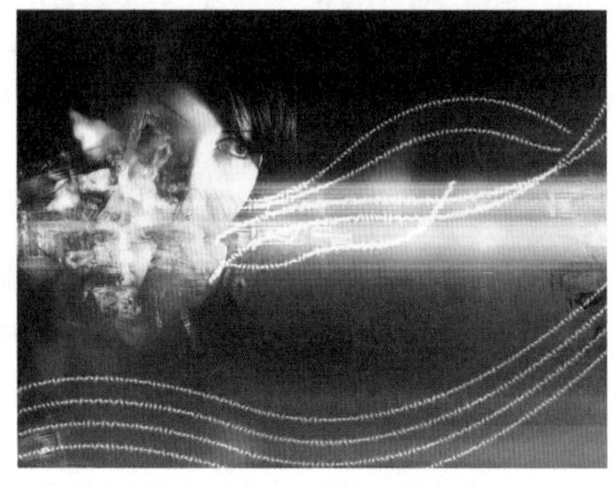

(a) 设置“角度抖动”数值为100%

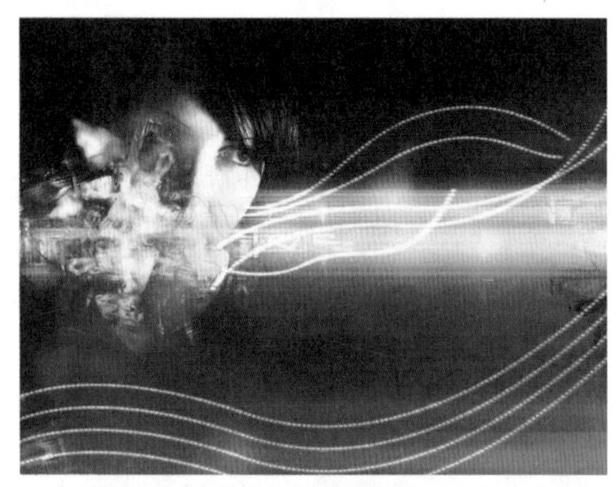

(b) 设置“角度抖动”数值为0%

图 6.18

- 圆度抖动：控制画笔在圆度上的波动幅度。数值越大，波动的幅度也越大。图6.19所示为设置此数值为0%和100%时的对比效果。

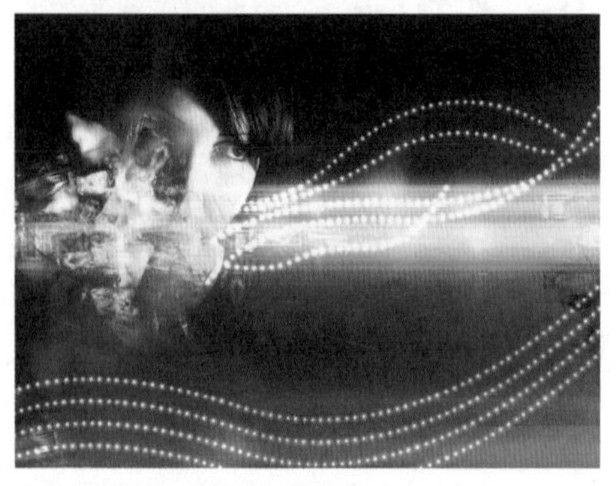

(a) 设置“圆度抖动”数值为0%

(b) 设置“圆度抖动”数值为100%

图 6.19

- 最小圆度：控制画笔在圆度发生波动时其最小圆度尺寸值。数值越大，则发生波动的范围越小，波动的幅度也会相应变小。
- 画笔投影：在选中此选项后，并在“画笔笔势”选项中设置倾斜及旋转参数，可以在绘图时得到带有倾斜和旋转属性的笔尖效果。图6.20所示为未选中“画笔投影”选项时的描边效果，图6.21所示是在选中了“画笔投影”选项，并在“画笔笔势”选项中设置了“倾斜x”和“倾斜y”为100%时的描边效果。

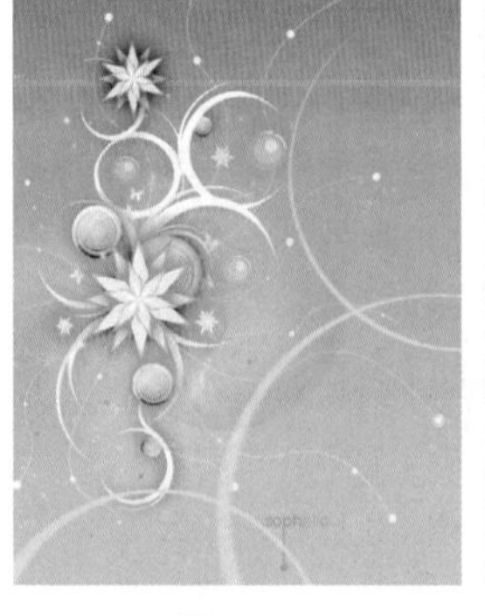

图 6.20

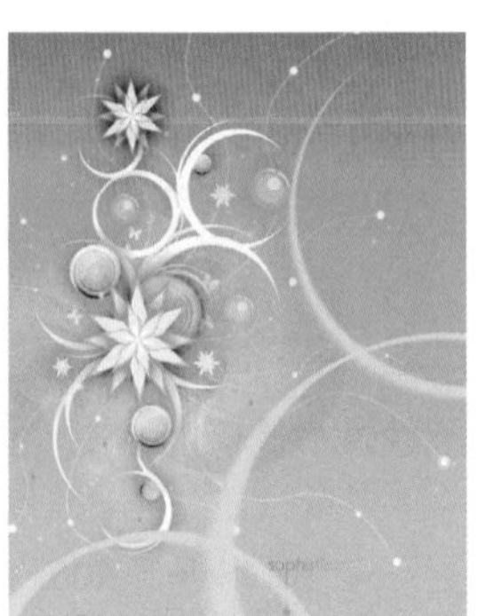

图 6.21

3. 散布参数

在“画笔”面板中选择“散布”选项，“画笔”面板显示如图6.22所示，在其中可以设置“散布”“数量”“数量抖动”等参数。

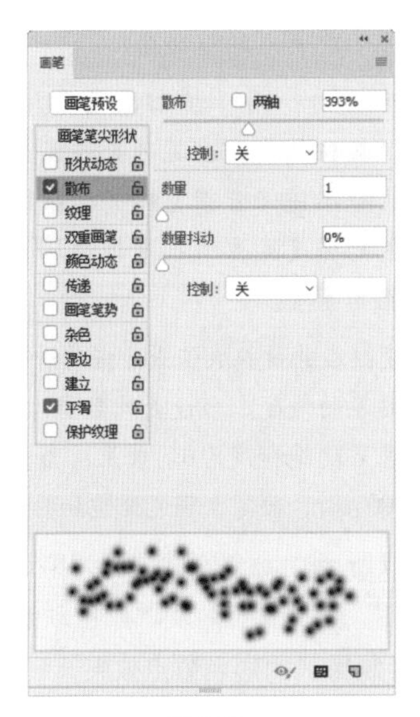

图 6.22

- 散布：此参数控制在画笔发生偏离时绘制的笔划的偏离程度。数值越大，则偏离的程度越大，图6.23所示是分别设置此数值为200%和1000%时，按Z字形笔划在图像中涂抹的对比效果。

(a) 设置“散布”数值为200%

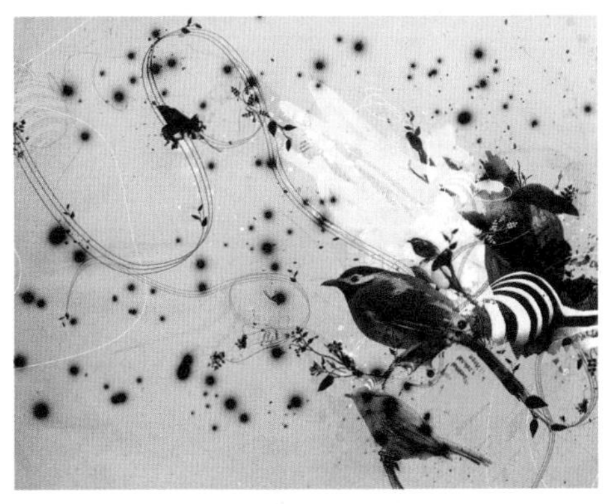

(b) 设置“散布”数值为1 000%

图 6.23

- 两轴：选择此选项，画笔点在X和Y两个轴向上发生分散；不选择此选项，则只在X轴向上发生分散。
- 数量：此参数控制笔划上画笔点的数量。数值越大，构成画笔笔划的点越多。图6.24所示是分别设置此数值为10和3时，从星球的右侧向画布的右上角绘制光点时得到的对比效果。

(a) 设置“数量”数值为10

(b) 设置“数量”数值为3

图 6.24

- 数量抖动：此参数控制在绘制的笔划中画笔点数量的波动幅度。数值越大，得到的笔划中画笔的数量抖动幅度越大。

4. 颜色动态参数

在“画笔”面板中选择“颜色动态”选项，“画笔”面板显示如图6.25所示。选择此选项，可以动态地改变画笔的颜色效果。

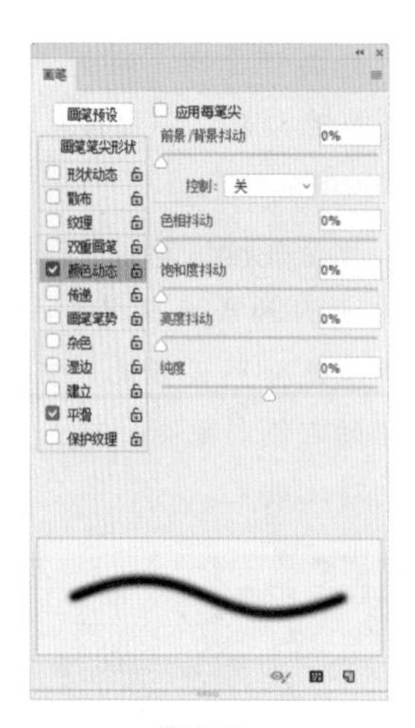

图 6.25

- 应用每笔尖：选择此选项后，将在绘画时，针对每个画笔进行颜色动态变化；反之，则仅使用第一个画笔的颜色。例如，图6.26所示是选中此选项前后的描边效果对比。

图 6.26

- 前景/背景抖动：在此键入数值或者拖动滑块，可以在应用画笔时控制画笔的颜色变化情况。数值越大，画笔的颜色发生随机变化时，越接近于背景色；数值越小，画笔的颜色发生随机变化时，越接近于前景色。
- 色相抖动：用于控制画笔色相的随机效果。数值越大，画笔的色相发生随机变化时，越接近于背景色的色相；数值越小，画笔的色相发生随机变化时，越接近于前景色的色相。
- 饱和度抖动：用于控制画笔饱和度的随机效果。数值越大，画笔的饱和度发生随机变化时，越接近于背景色的饱和度；数值越小，画笔的饱和度发生随机变化时，越接近于前景色的饱和度。
- 亮度抖动：用于控制画笔亮度的随机效果。数值越大，画笔的亮度发生随机变化时，越接近于背景色的亮度；数值越小，画笔的亮度发生随机变化时，越接近于前景色的亮度。
- 纯度：在此键入数值或者拖动滑块，可以控制画笔的纯度。当设置此数值为-100%时，画笔呈现饱和度为0的效果；当设置此数值为100%时，画笔呈现完全饱和的效果。

图6.27所示为原图像。图6.28所示是结合“形状动态”、“散布”及“颜色动态”等参数设置后，绘制得到的彩色散点效果。

图 6.27

图 6.28

5. 传递

在“画笔”面板中选择“传递”选项，“画笔”面板显示如图6.29所示。其中“湿度抖动”与“混合抖动”参数主要是针对混合器画笔工具 使用的。

图 6.29

- 不透明度抖动：在此输入数值或拖动滑块，可以在应用画笔时控制画笔的不透明变化情况，图6.30所示为数值分别设置为10%和100%时的效果。

图 6.30

- 流量抖动：用于控制画笔速度的变化情况。
- 湿度抖动：在混合器画笔工具选项栏上设置了“潮湿”参数后，在此处可以控制其动态变化。
- 混合抖动：在混合器画笔工具选项栏上设置了“混合”参数后，在此处可以控制其动态变化。

6. 画笔笔势

在选择“画笔笔势”选项后，当使用光笔或绘图笔进行绘画时，在此选项中可以设置相关的笔势及笔触效果。

6.2.3 创建自定义画笔

如果需要更具个性化的画笔效果，可以自定义画笔，其操作步骤如下。

01 打开随书所附光盘中的文件“第 6 章 \6.2.3-素材 .jpg”，如图 6.31 所示。

图 6.31

02 如果要将图像中的部分内容定义为画笔，则需要使用选择类工具（如矩形选框工具、套索工具、魔棒工具等）将要定义为画笔的区域选中；如果要将整个图像都定义为画笔，则无需进行任何选择操作。

03 执行“编辑”|“定义画笔预设”命令，在弹出的“画笔名称”对话框中键入画笔的名称，单击“确定”按钮退出对话框。

04 在“画笔”面板中可以查看新定义的画笔，如图 6.32 所示。

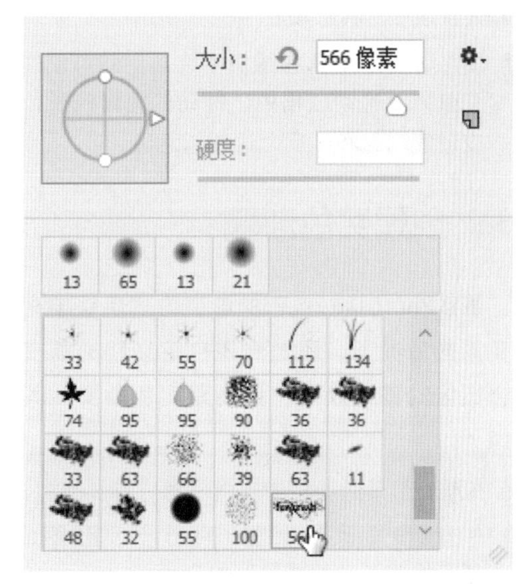

图 6.32

6.3 渐变工具

渐变工具是在图像的绘制与模拟时经常用到的，它也可以帮助我们绘制作品的基本背景色彩及明暗、模拟图像立体效果等，本节将进行详细的讲解。

6.3.1 绘制渐变的基本方法

渐变工具的使用方法较为简单，操作步骤如下。

01 选择渐变工具，在工具选项栏上所示的 5 种渐变类型中选择合适的类型。

02 在图像中单击鼠标右键，在弹出的图 6.33 所示的渐变类型面板中选择合适的渐变效果。

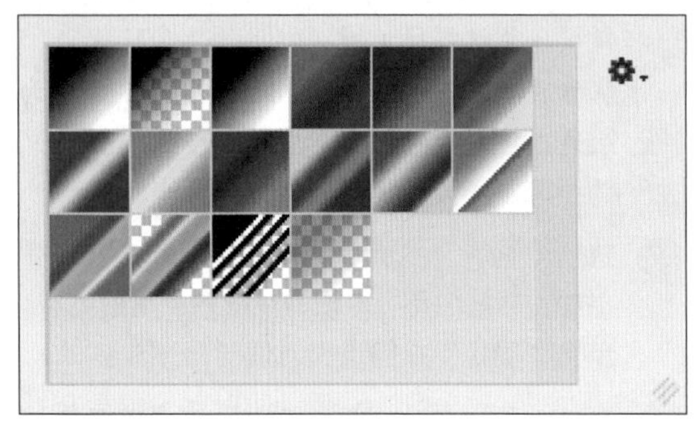

图 6.33

03 设置渐变工具选项栏中的其他选项。

04 使用渐变工具在图像中拖动，即可创建渐变效果。拖动过程中，拖动的距离越长，渐变过渡越柔和，反之过渡越急促。

6.3.2 创建实色渐变

虽然Photoshop自带的渐变方式足够丰富，但在某些情况下，还是需要自定义新的渐变以配合图像的整体效果。要创建实色渐变，其步骤如下。

01 在渐变工具选项栏中选择任意一种渐变方式。

02 单击渐变显示条，如图 6.34 所示，调出图 6.35 所示的“渐变编辑器”对话框。

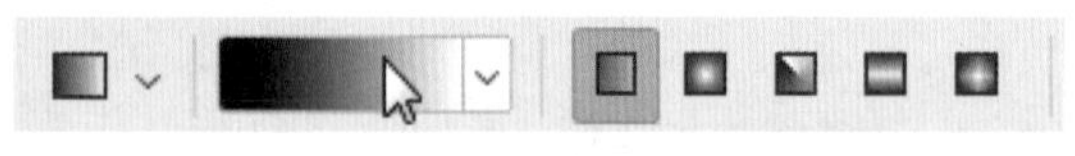

图 6.34

图 6.35

03 单击“预设”区域中的任意渐变，基于该渐变来创建新的渐变，例如在本例中选择的是“蓝，红，黄渐变”预设。

04 在“渐变类型”下拉列表中选择“实底”选项，如图 6.36 所示。

图 6.36

05 单击渐变色条起点处的颜色色标以将其选中，如图 6.37 所示。

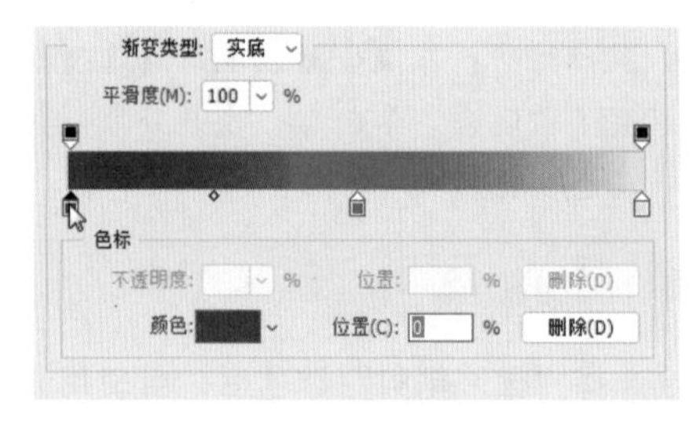

图 6.37

06 单击对话框底部“颜色”右侧的按钮，弹出选项菜单，其中各选项释义如下。

- 前景：选择此选项，可以使此色标所定义的颜色随前景色的变化而变化。
- 背景：选择此选项，可以使此色标所定义的颜色随背景色的变化而变化。
- 用户颜色：如果需要选择其他颜色来定义

此色标，可以单击色块或者双击色标，在弹出的“拾色器（色标颜色）”对话框中选择颜色。

07 按照本例 5 ～ 6 中所讲解的方法为其他色标定义颜色，在此创建的是一个黑、红、白的三色渐变，如图 6.38 所示。如果需要在起点色标与终点色标中添加色标以将该渐变定义为多色渐变，可以直接在渐变色条下面的空白处单击，如图 6.39 所示，在此将该色标设置为黄色，如图 6.40 所示。

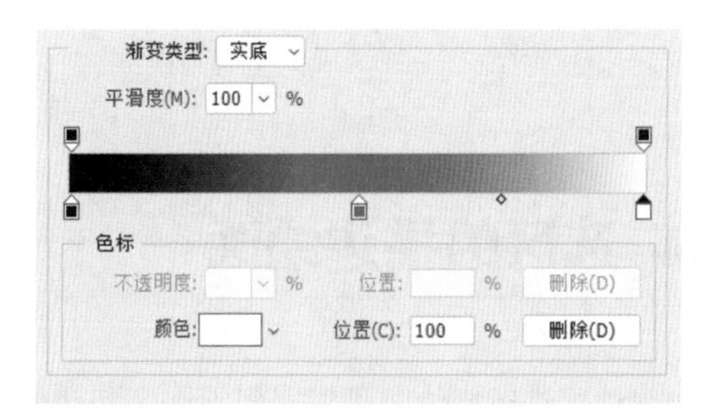

图 6.38

图 6.39

图 6.40

08 要调整色标的位置，可以按住鼠标左键将色标拖动到目标位置，或者在色标被选中的情况下，在“位置”数值框中键入数值，以精确定义色标的位置，图 6.41 所示为改变色标位置后的状态。

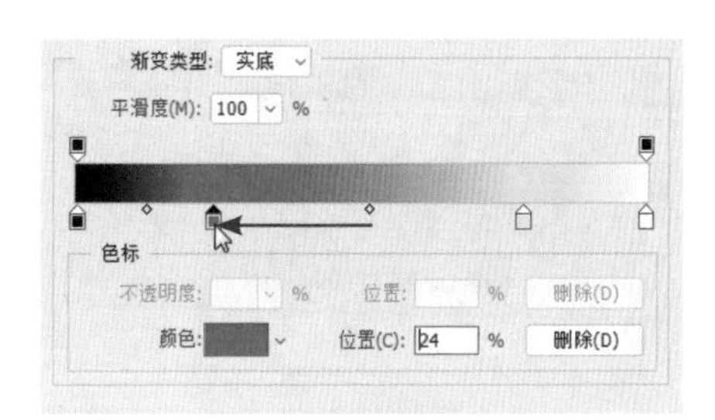

图 6.41

09 如果需要调整渐变的急缓程度，可以单击两个色标中间的菱形滑块并拖动，图 6.42 所示为向右侧拖动菱形滑块后的状态。

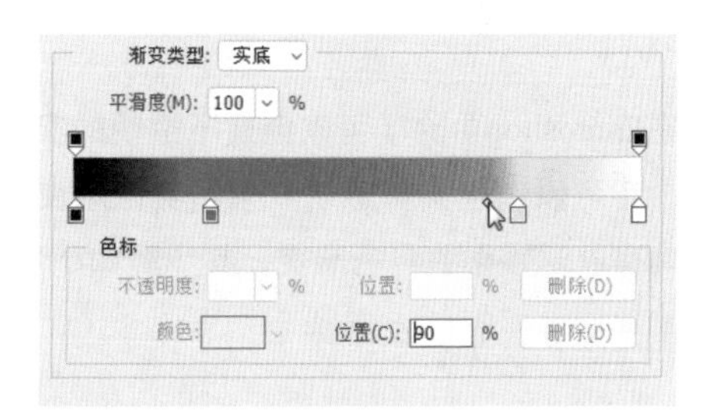

图 6.42

10 如果要删除处于选中状态下的色标，可以直接按 Delete 键，或者按住鼠标左键向下拖动，直至该色标消失为止，图 6.43 所示为将最右侧的白色色标删除后的状态。

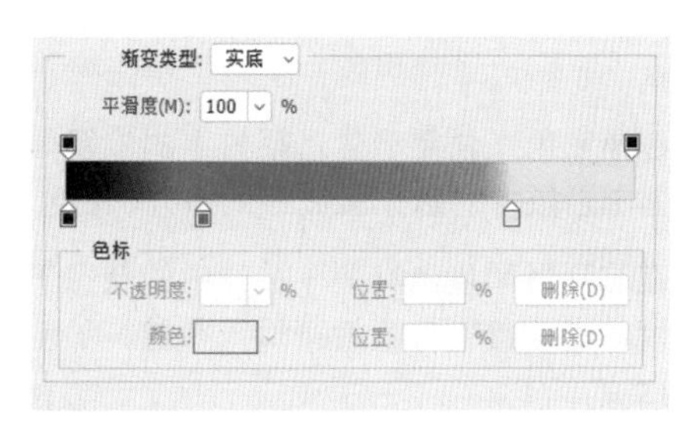

图 6.43

11 完成渐变颜色设置后，在“名称”文本框中键入该渐变的名称。

12 如果要将渐变存储在“预设”区域中，可以单击“新建”按钮。

13 单击“确定”按钮，退出“渐变编辑器”对话框，新创建的渐变自动处于被选中的状态。

图6.44所示为应用前面创建的实色渐变制作的渐变文字“彩铃”。

图 6.44

6.3.3 创建透明渐变

在Photoshop中除了可以创建不透明的实色渐变外，还可以创建具有透明效果的实色渐变。要创建具有透明效果的实色渐变，其步骤如下。

01 创建渐变，如图 6.45 所示。

图 6.45

02 在渐变色条需要产生透明效果的位置处的上方单击鼠标左键，添加一个不透明度色标。

03 在该不透明度色标处于被选中的状态下，在“不透明度”数值框中键入数值，如图 6.46 所示。

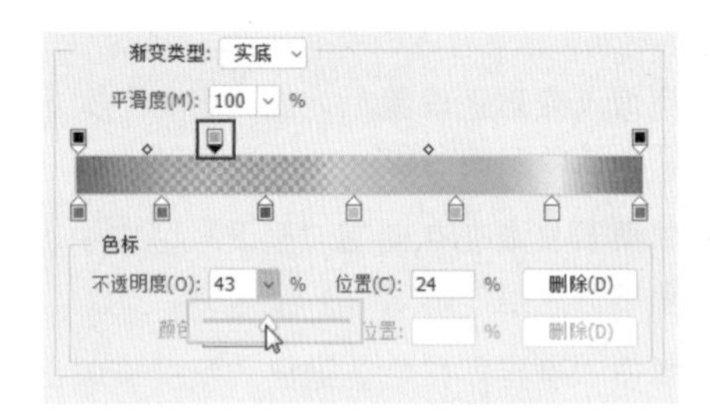

图 6.46

04 如果需要在渐变色条的多处位置产生透明效果，可以在渐变色条上方多次单击鼠标左键，以添加多个不透明度色标。

05 如果需要控制由两个不透明度色标所定义的透明效果间的过渡效果，可以拖动两个不透明度色标中间的菱形滑块。

图6.47所示为一个非常典型的具有多个不透明度色标的透明渐变。

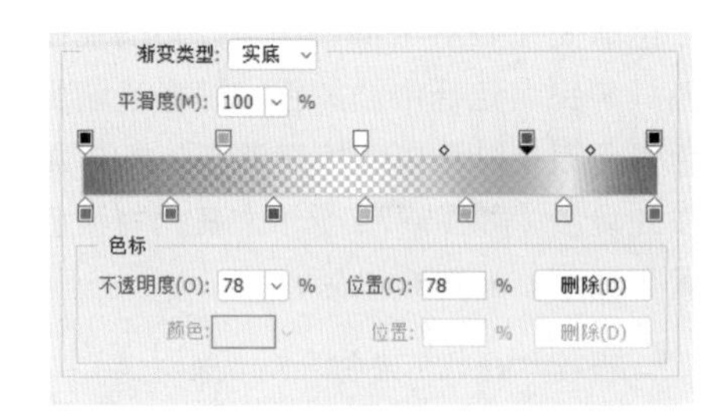

图 6.47

6.4 选区的描边绘画

为选区进行描边，可以得到沿选区勾边的效果。在存在选区的状态下，执行“编辑”|“描边”命令，弹出图6.48所示的“描边”对话框。

图 6.48

“描边”对话框各参数释义如下。

- 宽度：设置描边线条的宽度。数值越大，线条越宽。
- 颜色：单击色块，在弹出的“拾色器（描边颜色）”对话框中为描边线条选择合适的颜色。
- 位置：通过单击此区域中的3个单选按钮，可以设置描边线条相对于选区的位置，包括“内部”、“居中”和“居外”。
- 混合：可以设置填充的“模式”、“不透明度”等属性。

图6.49所示为对选区进行描边的过程及效果。

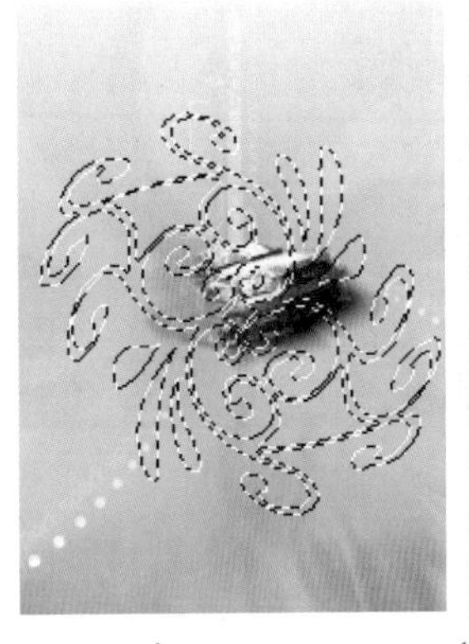

(a) 原选区

(b) 描边并修饰处理后的效果

图 6.49

6.5　选区的填充绘画

前面介绍了设置前景色、背景色及其填充方法，当创建了选区时，将只对选区以内的范围填充前景色或背景色。除此之外，也可以利用油漆桶工具填充颜色或者图案，还可以执行“编辑”|“填充”命令，在弹出的“填充”对话框（见图6.50）中进行设置。“填充”对话框各参数释义如下。

图 6.50

- 内容：在“使用”下拉列表中可以选择填充的类型，包括“前景色”、“背景色”、“颜色”、“内容识别”、“图案”、“历史记录”、“黑色”、“50%灰色”和“白色”。当选择“图案”选项时，其下方的“自定图案”选项被激活，单击“自定图案”右侧预览框的按钮，在弹出的“图案拾色器”面板中选择填充的图案。

图6.51所示为有选区存在的图像。图6.52所示为填充图案后的效果，图6.53所示是添加其他设计元素后得到的效果。

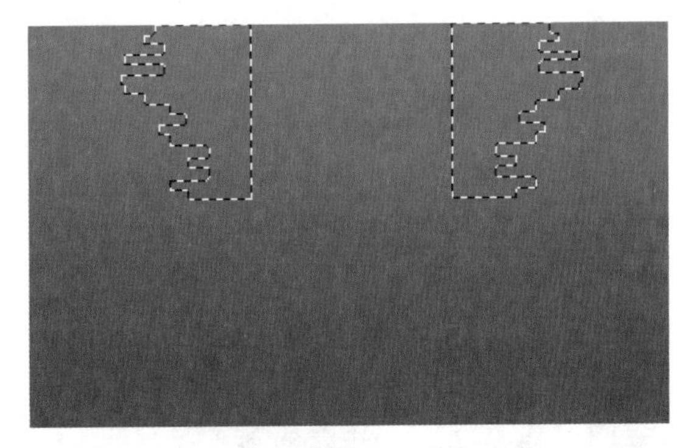

图 6.51

图 6.52

图 6.53

- 混合：可以设置填充的“模式”、“不透明度”等属性。

另外，若在“使用”下拉列表中选择“内容识别”的选项，在填充选定的区域时，可以根据所选区域周围的图像进行修补，甚至可以在一定程度上“无中生有”，为用户的图像处理工作提供了一个更智能、更有效率的解决方案。

下面通过一个简单的实例，讲解一下此功能

的使用方法。

01 打开随书所附光盘中的文件“第 6 章 \6.5-2-素材 .jpg”，如图 6.54 所示。在本例中，将修除画面中多余的一只手。

02 使用多边形套索工具绘制选区，以将要修除的手图像选中。在绘制选区时，可尽量地精确一些，这样填充的结果也会更加准确，但也不要完全贴着手的边缘绘制，这样可能会让填充后的图像产生杂边，如图 6.55 所示。

图 6.54

图 6.55

03 按 Shift+Backspace 键或选择“编辑”|“填充”命令，设置弹出的对话框如图 6.56 所示。

04 单击“确定”按钮退出对话框，按 Ctrl+D 键取消选区，将得到图 6.57 所示的填充结果。可以看出，多余的手臂图像已经基本被修除，除了中心位置还留有一些痕迹，其他区域已经基本替换成为较接近的图像内容。

图 6.56

图 6.57

05 如果效果不满意的话，可以使用修补工具或仿制图章工具，将残留的痕迹修补干净，得到图 6.58 所示的效果，图 6.59 所示是本例的整体效果。

图 6.58

图 6.59

若选中其中的“颜色适应”选项，则可以在修复图像的同时，使修复后的图像在色彩上也能够与原图像相匹配。

6.6 自定义规则图案

Photoshop提供了大量的预设图案，可以通过预设管理器将其载入并使用，但即使再多的图案，也无法满足设计师们千变万化的需求，所以Photoshop提供了自定义图案的功能。

自定义图案的方法非常简单，用户可以打开要定义图案的图像，然后选择“编辑”|“定义图案”命令，在弹出的对话框中输入名称，然后单击“确定”按钮即可。

若要限制定义图案的区域，则可以使用矩形选框工具绘制选区，将要定义的范围选中，再执行上述操作即可。

6.7 变换对象

利用Photoshop的变换命令，可以缩放图像、倾斜图像、旋转图像或者扭曲图像等。在本节中将对各个变换命令进行详解。

6.7.1 缩放图像

缩放图像的步骤如下。

01 选择要缩放的图像，执行“编辑”|“变换”|“缩放”命令，或者按 Ctrl+T 键。

02 将鼠标指针放置在变换控制框的控制手柄上，当鼠标指针变为↔形状时拖动鼠标，即可改变图像的大小。拖动左侧或者右侧的控制手柄，可以在水平方向上改变图像的大小；拖动上方或者下方的控制手柄，可以在垂直方向上改变图像的大小；拖动拐角处的控制手柄，可以同时在水平或者垂直方向上改变图像的大小。

03 得到需要的效果后释放鼠标，并双击变换控制框以确认缩放操作。

图6.60所示为原图像。图6.61所示为放大文字图像“双12全民疯抢”后的效果。

图 6.60

图 6.61

> 提示：在拖动控制手柄时，尝试分别按住Shift键及不按住Shift键进行操作，观察得到的不同效果。

6.7.2 旋转图像

旋转图像的步骤如下。

01 打开随书所附光盘中的文件“第 6 章 \6.7.2-素材 .psd”，如图 6.62 所示，其对应的“图层”面板如图 6.63 所示。

图 6.62

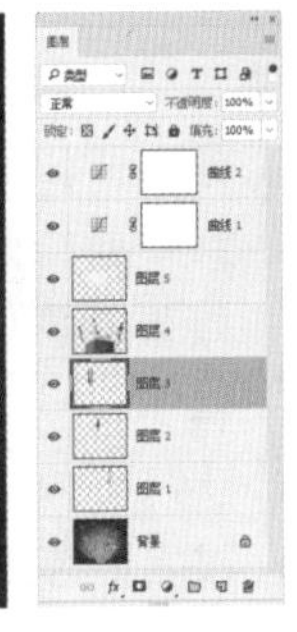

图 6.63

02 选择“图层 1”，并按 Ctrl+T 组合键弹出自由变换控制框。

03 将光标置于控制框外围，当光标变为一个弯曲箭头↷时拖动鼠标，即可以中心点为基准旋转图像，如图 6.64 所示。按 Enter 键确认变换操作。

图 6.64

04 按照上一步的方法分别对“图层 2”和“图层 3”中的图像进行旋转，直至得到图 6.65 所示的效果。

图 6.65

> 提示：如果需要按15°的增量旋转图像，可以在拖动鼠标的同时按住Shift键，得到需要的效果后，双击变换控制框即可。如果要将图像旋转180°，可以执行“编辑”|“变换”|“旋转180度”命令。如果要将图像顺时针旋转90°，可以执行“编辑”|“变换”|“旋转90度（顺时针）”命令。如果要将图像逆时针旋转90°，可以执行“编辑”|“变换”|“旋转90度（逆时针）”命令。

6.7.3 斜切图像

斜切图像是指按平行四边形的方式移动图像。斜切图像的步骤如下。

01 打开随书所附光盘中的文件“第 6 章 \6.7.3-素材 .psd”，选择要斜切的图像，选择“编辑”|“变换”|“斜切”命令。

02 将鼠标指针拖动到变换控制框附近，当鼠标指针变为箭头形状时拖动鼠标，即可使图像在鼠标指针移动的方向上发生斜切变形。

03 得到需要的效果后释放鼠标，并在变换控制框中双击以确认斜切操作。

图6.66所示为斜切图像的操作过程。

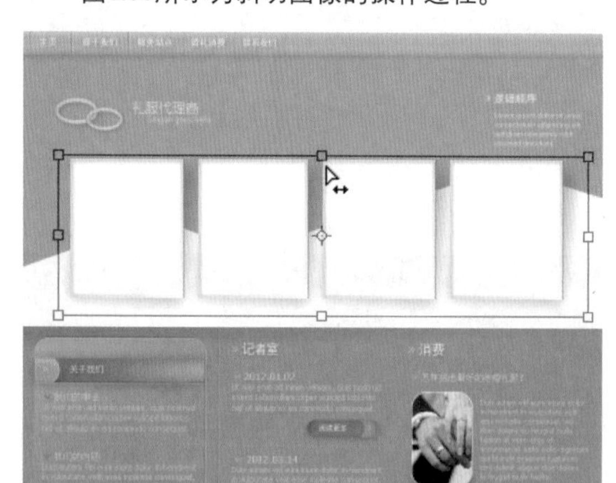

(a)斜切时的状态

(b)斜切后的效果

图 6.66

6.7.4 扭曲图像

扭曲图像是应用非常频繁的一类变换操作。通过此类变换操作，可以使图像根据任何一个控制手柄的变动而发生变形。扭曲图像的步骤如下。

01 分别打开随书所附光盘中的文件“第 6 章 \6.7.4- 素材 1.jpg”和“6.7.4- 素材 2.jpg”，使用移动工具将“素材 1”中的图像拖至“素材 2”文件中。

02 选择“编辑”|“变换”|“扭曲”命令，将鼠标指针拖动到变换控制框附近或控制句柄上，当鼠标指针变为箭头形状时拖动鼠标，即可将图像拉斜变形。

03 得到需要的效果后释放鼠标，并在变换控制框中双击以确认扭曲操作。

如图6.67所示为扭曲图像的操作过程。

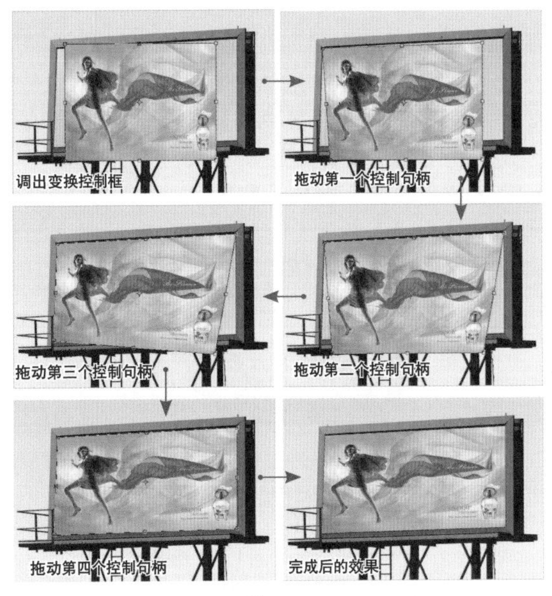

图 6.67

6.7.5 透视图像

通过对图像进行透视变换，可以使图像获得透视的效果。透视图像的步骤如下。

01 打开随书所附光盘中的文件“第 6 章 \6.7.5-素材 .psd”，选择“编辑”|“变换”|“透视”命令。

02 将鼠标指针移动到控制句柄上，当鼠标指针变为 ▷ 箭头形状时拖动鼠标，即可使图像发生透视变形。

03 得到需要的效果后释放鼠标，双击变换控制框以确认透视操作。

为图像添加透视效果的操作过程如图6.68所示，其中的最终效果图设置了图层的混合模式及添加其他元素后的效果，从而将水面与木桥融合在了一起。

图 6.68

> 提示：执行此操作时应该尽量缩小图像的观察比例，显示多一些图像外围的灰色区域，以便于拖动控制手柄进行调整。

6.7.6 翻转图像

翻转图像包括水平翻转和垂直翻转两种。其步骤如下。

01 打开随书所附光盘中的文件“第 6 章 \6.7.6-素材 .psd”，如图 6.69 所示，选择要水平或垂直翻转的图像。

02 执行“编辑”|“变换”|“水平翻转”命令或编辑”|“变换”|“垂直翻转”命令。

图6.70所示为执行“水平翻转”命令后的效果。

图 6.69

舞动生命
AT THE NORTH SEA GULF

图 6.70

6.7.7 再次变换

如果已进行过任何一种变换操作，可以选择“编辑”|“变换”|“再次”命令，以相同的参数值再次对当前操作图像进行变换操作，使用此命令可以确保前后两次变换操作的效果相同。例如，上一次将图像旋转90°，选择此命令可以对任意操作图像完成旋转90°的操作。

如果在选择此命令时按住Alt键，则可以对被操作图像进行变换操作并进行复制。如果要制作多个拷贝连续变换的操作效果，此操作非常有效。

下面通过一个添加背景效果的小实例讲解此操作。

01 打开随书所附光盘中的文件“第 6 章 \6.7.7-素材 .psd”，如图 6.71 所示。为了便于操作，首先隐藏最顶部的图层。

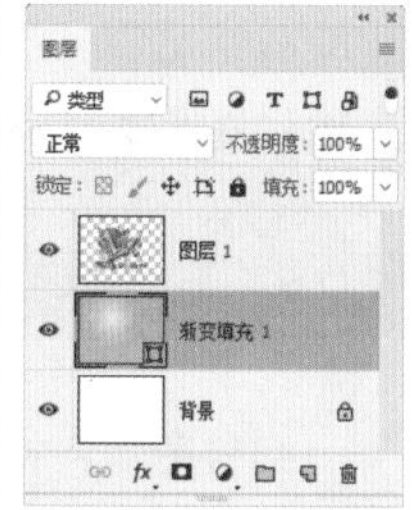

图 6.71

02 选择钢笔工具，在其工具选项栏上选择“形状”选项，在图中绘制图 6.72 所示的形状。

图 6.72

> 提示：关于形状图层的详细讲解，请参见本书第7.4节的内容。

03 单击钢笔工具选项栏上“填充”右侧的图标，设置弹出的面板如图 6.73 所示。此时图像的效果如图 6.74 所示。

图 6.73

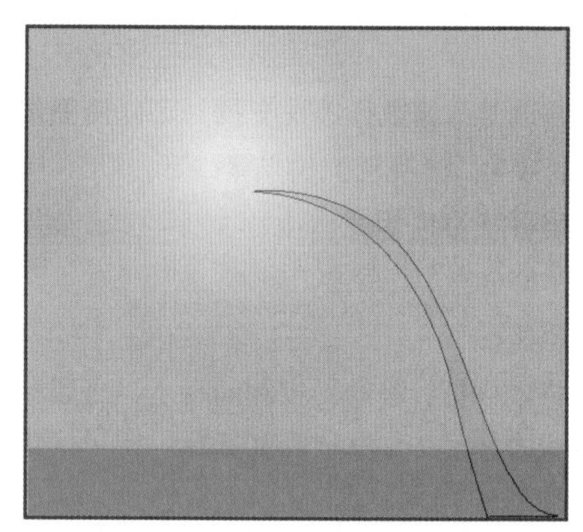

图 6.74

04 按 Ctrl+Alt+T 组合键调出自由变换并复制控制框。使用鼠标将控制中心点调整到左上角的控制句柄上，如图 6.75 所示。

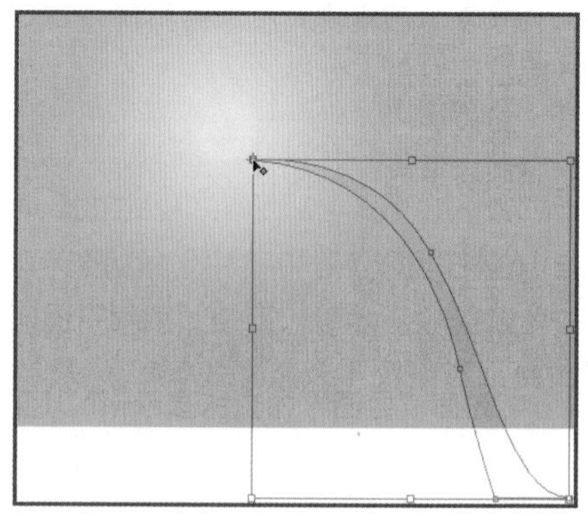

图 6.75

05 拖动控制框顺时针旋转 -15°，可直接在工具选项栏上输入数值 -15.0 度，得到图 6.76 所示的变换效果。

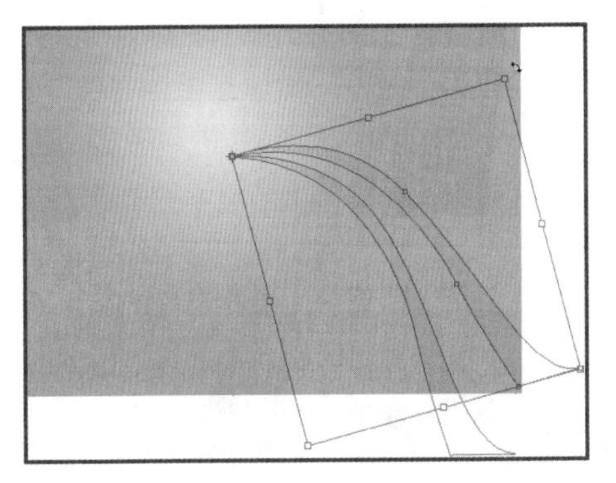

图 6.76

06 按 Enter 键确认变换操作，连续按 Ctrl+Alt+Shift+T 组合键执行连续变换并复制操作，直至得到图 6.77 所示的效果。图 6.78 是显示图像整体的状态，图 6.79 是显示步骤 1 隐藏图层后的效果，对应的“图层”面板如图 6.80 所示。

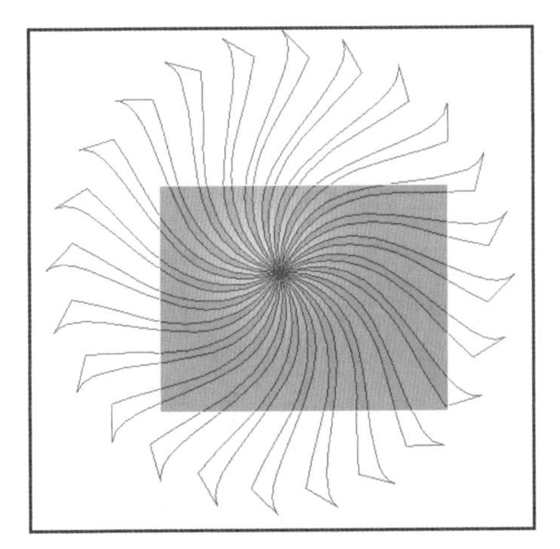

图 6.77

图 6.78

图 6.79

图 6.80

6.7.8 变形图像

选择“变形”命令可以对图像进行更为灵活、细致的变换操作，如制作页面折角及翻转胶片等效果。选择“编辑”|“变换”|“变形”命令即可调出变形控制框，同时工具选项栏将显示为图6.81所示的状态。

在调出变形控制框后，可以采用以下两种方法对图像进行变形操作。

- 直接在图像内部、锚点或控制句柄上拖动，直至将图像变形为所需的效果。
- 在工具选项栏的“变形”下拉列表中选择适当的形状。

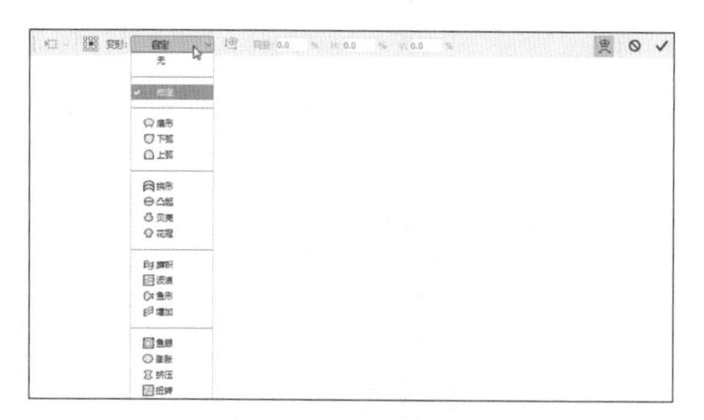

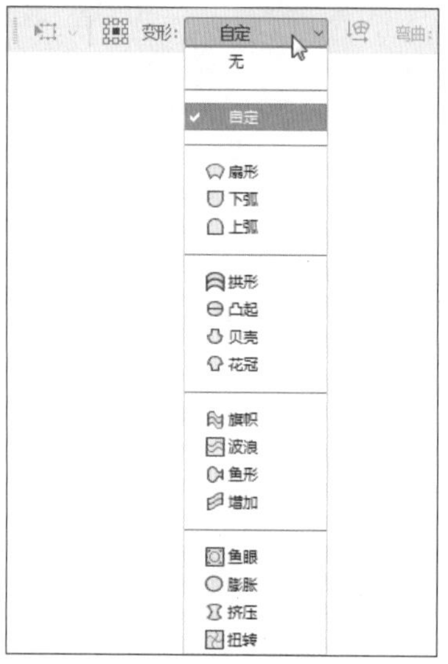

图 6.81

变形工具选项栏中的各参数如下所述。

- 变形：在其下拉列表中可以选择15种预设的变形类型。如果选择“自定”选项，则可以随意对图像进行变形操作。

> 提示：在选择了预设的变形选项后，无法再随意对变形控制框进行编辑。

- “更改变形方向”按钮：单击该按钮，可以改变图像变形的方向。
- 弯曲：输入正值或者负值，可以调整图像的扭曲程度。
- H、V：输入数值，可以控制图像扭曲时在水平和垂直方向上的比例。

下面讲解如何使用此命令变形图像。

01 分别打开随书所附光盘中的文件“第6章\6.7.8-素材1.jpg”和“第6章\6.7.8-素材2.jpg”，如图6.82和图6.83所示，将“素材2”拖至“素材1”中，得到“图层1”。

图 6.82

图 6.83

02 按F7键显示“图层”面板，在“图层1”的图层名称上右击鼠标，在弹出的快捷菜单中选择“转换为智能对象”命令，这样该图层即可记录下我们所做的所有变换操作。

03 按Ctrl+T组合键调出自由变换控制框，按住Shift键缩小图像并旋转图像，将其置于白色飘带的上方，如图6.84所示。

图 6.84

04 在控制框内右击鼠标，在弹出的快捷菜单中选择“变形”命令，以调出变形网格。

05 将鼠标置于变形网格右下角的控制句柄上，然后向右上方拖动使图像变形，并与白色飘带的形态变化相匹配，如图6.85所示。

图 6.85

06 按照上一步的方法，分别调整渐变网格的各个位置，直至得到图 6.86 所示的状态。

图 6.86

07 对图像进行变形处理后，按 Enter 键确认变换操作，得到的最终效果如图 6.87 所示。

图 6.87

6.7.9 操控变形

操控变形功能以更细腻的网格、更自由的编辑方式，提供了极为强大的图像变形处理功能。在选中要变形的图像后，执行“编辑”|“操控变形”命令，即可调出其网格，此时的工具选项栏如图6.88所示。

图 6.88

“操控变形”命令选项栏的参数介绍如下。

- 模式：在此下拉列表中选择不同的选项，变形的程度也各不相同。图6.89所示是分别选择不同选项，将人物裙子拖至相同位置时的不同变形效果。

图 6.89

- 浓度：此处可以选择网格的密度。越密的网格占用的系统资源就越多，但变形也越精确，在实际操作时应注意根据情况进行选择。
- 扩展：在此输入数值，可以设置变形风格相对于当前图像边缘的距离，该数值可以为负数，即可以向内缩减图像内容。

- 显示网格：选中此复选框时，将在图像内部显示网格，反之则不显示网格。
- “将图钉前移”按钮：单击此按钮，可以将当前选中的图钉向前移一个层次。
- “将图钉后移”按钮：单击此按钮，可以将当前选中的图钉向后移一个层次。
- 旋转：在此下拉列表中选择“自动”选项，则可以手动拖动图钉以调整其位置，如果在后面的输入框中输入数值，则可以精确地定义图钉的位置。
- “移去所有图钉”按钮：单击此按钮，可以清除当前添加的图钉，同时还会复位当前所做的所有变形操作。

在调出变形网格后，光标将变为状态，此时在变形网格内部单击即可添加图钉，用于编辑和控制图像的变形。以图6.90所示的图像为例，选中人物所在的图层后，执行“编辑”|“操控变形”命令调出网格。图6.91所示是添加并编辑图钉后的变形效果。

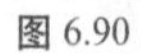

图 6.90

图 6.91

> 提示：在进行操控变形时，可以将当前图像所在的图层转换为智能对象图层，这样所做的操控变形就可以记录下来，以供下次继续进行编辑。

6.8 本章习题

6.8.1 选择题

1. 下列不属于画笔工具选项中参数的是：（ ）

A、不透明度　B、模式

C、流量　D、填充不透明度

2. 在使用画笔工具进行绘图的情况下，可以通过哪一组合键快速控制画笔笔尖的大小？（ ）

A、“<”和“>”

B、“-”和“+”

C、“[”和“]”

D、“Page Up”和“PageDown”

3. 在Photoshop中，当选择渐变工具时，在工具选项栏中提供了5种渐变的方式。下面4种渐变方式里，哪一种不属于渐变工具中提供的渐变方式？（ ）

A、线性渐变　B、角度渐变

C、径向渐变　D、模糊渐变

4. 下列可以对图像进行智能修复处理的“填充”选项是：（ ）

A、历史记录　B、前景色

C、背景色　D、内容识别

5. 下列关于“编辑”|“填充”命令的说法中，错误的是：（ ）

A、可以填充纯色

B、可以填充渐变

C、可以填充图案

D、可以通过选择“内容识别”选项，对图像进行智能修复处理

6. 使用“画笔”面板可以完成的操作有：（ ）

A、选择、删除画笔

B、设置画笔大小、硬度

C、设置画笔动态参数

D、创建新画笔

7. 在“描边”对话框中，可以设置的属性

有：（ ）

A、颜色 B、粗细

C、线条样式 D、混合模式

8. 下列可以用于对图像进行透视变换处理的有：（ ）

A、选择“编辑”|“变换”|“自由变换”命令

B、选择“编辑”|“变换”|“透视”命令

C、选择“编辑”|“变换”|“斜切”命令

D、选择“编辑”|“变换”|“旋转”命令

6.8.2 上机操作题

1. 打开随书所附光盘中的文件“第6章\习题1-素材.jpg”，如图6.92所示，结合画笔的“圆度”参数以及混合模式等设置，绘制得到图6.93所示的动感线条效果。

图 6.92

图 6.93

2. 打开随书所附光盘中的文件“第6章\习题2-素材.jpg”，如图6.94所示，将其定义成为图案。

图 6.94

3. 打开随书所附光盘中的文件“第4章\习题3-素材.jpg”，如图6.95所示。执行“色彩范围 ”命令，选中其中的高光区域图像，然后为其填柔光图像，得到图6.96所示的效果。

图 6.95

图 6.96

4. 打开随书所附光盘中的文件“第6章\习题4-素材.jpg”，如图6.97所示。使用“渐变工具” 并结合其工具选项栏上的“柔光”混合模式，对天空进行降暗处理，直至得到类似图6.98所示的效果。

图 6.97

图 6.98

第7章 路径与形状功能详解

7.1 初识路径

路径是基于贝赛尔曲线建立的矢量图形，所有使用矢量绘图软件或矢量绘图工具制作的线条，原则上都可称为路径。

一条完整的路径由锚点、控制句柄、路径线构成，如图7.1所示。

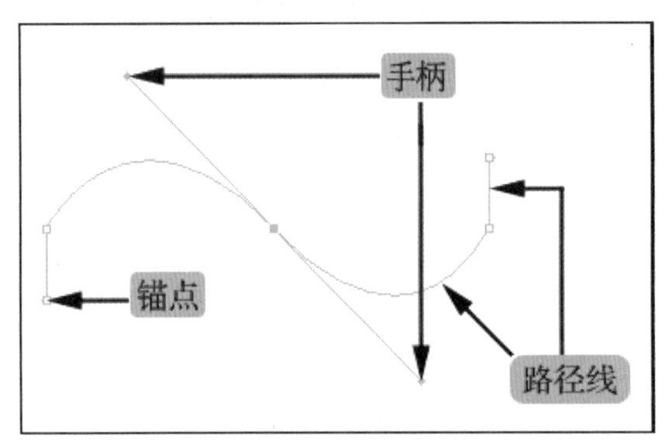

图 7.1

路径可能表现为一个点、一条直线或者是一条曲线，除了点以外的其他路径均由锚点、锚点间的线段构成。如果锚点间的线段曲率不为零，锚点的两侧还有控制手柄。锚点与锚点之间的相对位置关系，决定了这两个锚点之间路径线的位置，锚点两侧的控制手柄控制该锚点两侧路径线的曲率。

在Photoshop中经常会使用以下几类路径。

01 开放型路径：起始点与结束点不重合，如图7.2 所示。

02 闭合型路径：起始点与结束点重合，从而形成封闭线段，如图 7.3 所示。

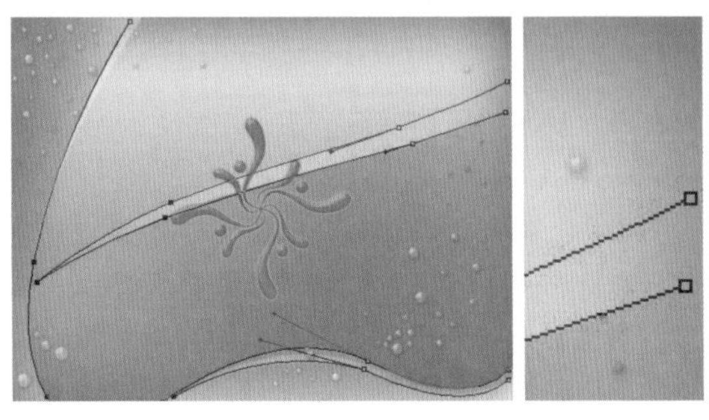

图 7.2

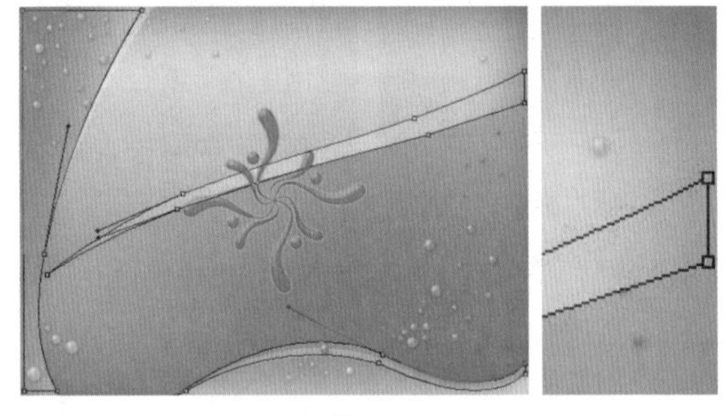

图 7.3

03 直线型路径：两侧没有控制手柄，锚点两侧的线条曲率为零，表现为直线段通过锚点，如图 7.4 所示。

图 7.4

04 曲线型路径：线条曲率有角度，两侧最少有一个控制手柄，如图 7.5 所示。

图 7.5

7.2 使用钢笔工具绘制路径

7.2.1 钢笔工具

要绘制路径，可以使用钢笔工具和自由钢笔工具。选择两种工具中的任意一种，都需要在图7.6所示的工具选项栏中选择绘图方式，其中有两种方式可选。

图 7.6

- 形状：选择此选项，可以绘制形状。
- 路径：选择此选项，可以绘制路径。

选择钢笔工具，在其工具选项栏中单击“设置”按钮，可以选择“橡皮带”选项。在“橡皮带”选项被选中的情况下，绘制路径时可以依据锚点与钢笔光标间的线段判断下一段路径线段的走向。

7.2.2 掌握路径绘制方法

1. 绘制开放型路径

如果需要绘制开放型路径，可以在得到所需要的开放型路径后，按Esc键放弃对当前路径的选定；也可以随意再向下绘制一个锚点，然后按Delete键删除该锚点。与前一种方法不同的是，使用此方法得到的路径将保持被选择的状态。

2. 绘制闭合型路径

如果需要绘制闭合型路径，必须使路径的最后一个锚点与第一个锚点相重合，即在绘制到路径结束点处时，将鼠标指针放置在路径起始点处，此时在钢笔光标的右下角显示一个小圆圈，如图7.7所示，单击该处即可使路径闭合，如图7.8所示。

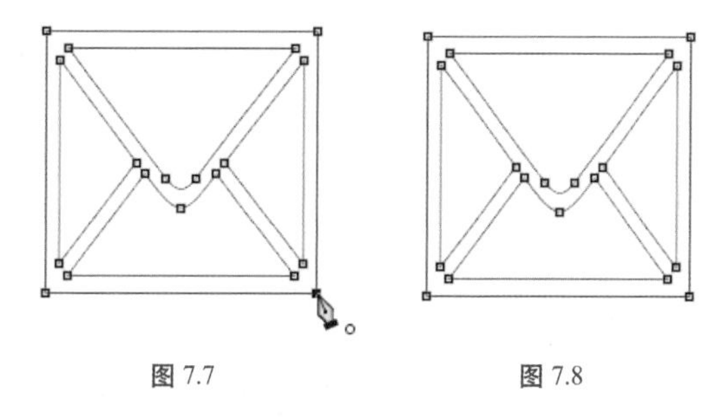

图 7.7　　图 7.8

3. 绘制直线型路径

最简单的路径是直线型路径，构成此类路径的锚点都没有控制手柄。在绘制此类路径时，先将鼠标指针放置在绘制直线路径的起始点处，单击以定义第一个锚点的位置，在直线结束的位置处再次单击以定义第二个锚点的位置，两个锚点之间将创建一条直线型路径，如图7.9所示。

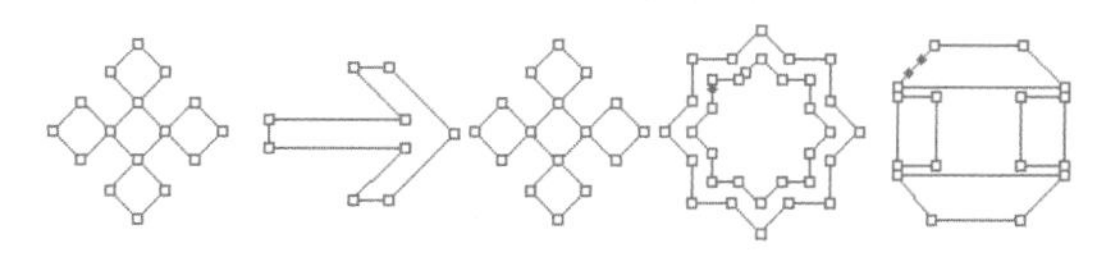

图 7.9

> 提示：在绘制路径时按住Shift键。观察是否能够绘制出水平、垂直或者呈45° 角的直线型路径。

4. 绘制曲线型路径

如果某一个锚点有两个位于同一条直线上的控制手柄，则该锚点被称为曲线型锚点。相应地，包含曲线型锚点的路径被称为曲线型路径。制作曲线型路径的步骤如下。

01 在绘制时，将钢笔光标放置在要绘制路径的起始点位置，单击鼠标左键以定义第一个点作为起始锚点，此时钢笔光标变成箭头形状。

02 当单击鼠标左键以定义第二个锚点时，按住鼠标左键不放，并向某方向拖动鼠标指针，此时在锚点的两侧出现控制手柄，拖动控制手柄直至路径线段出现合适的曲率，按此方法不断地进行绘制，即可绘制出一段段相连接的曲线路径。

在拖动鼠标指针时，控制手柄的拖动方向及长度决定了曲线段的方向及曲率。图7.10所示为不同控制手柄的长度及方向对路径效果的影响。

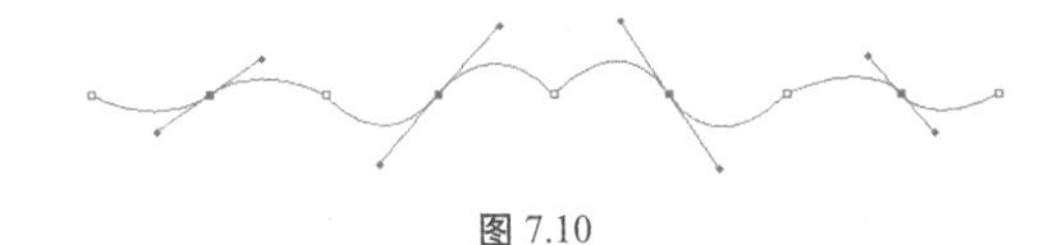

图 7.10

图7.11所示为使用此方法所绘制的曲线型路径。

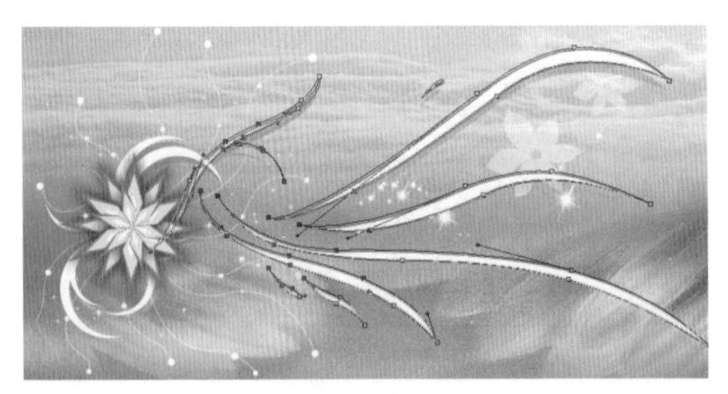

图 7.11

5. 绘制拐角型路径

拐角型锚点具有两个控制手柄，但两个控制手柄不在同一条直线上。在通常情况下，如果某锚点具有两个控制手柄，则两个控制手柄在一条水平线上并且会相互影响，即当拖动其中一个手柄时，另一个手柄将向相反的方向移动，在此情况下无法绘制出图7.12所示的包含拐角型锚点的拐角型路径。

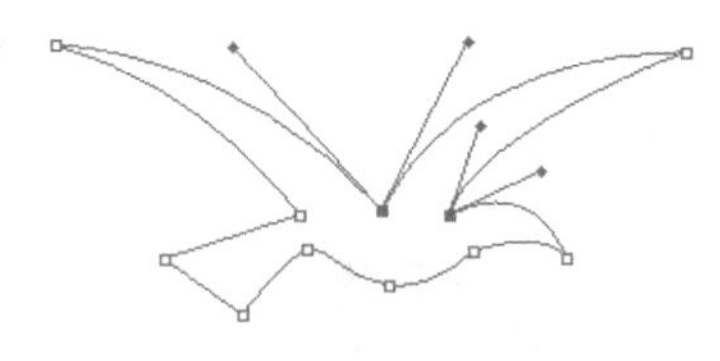

图 7.12

绘制拐角型路径的步骤如下。

01 按照绘制曲线型路径的方法定义第二个锚点，如图 7.13 所示。

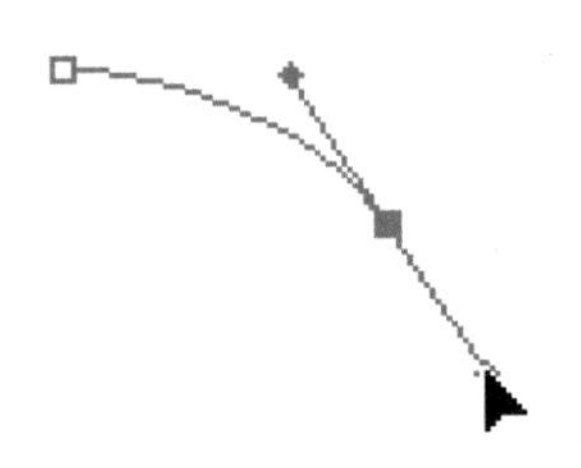

图 7.13

02 在未释放鼠标左键前按住 Alt 键，此时仅可以移动一侧手柄而不会影响到另一侧手柄，如图 7.14 所示。

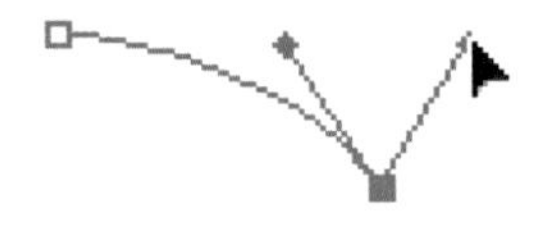

图 7.14

03 先释放鼠标左键再释放 Alt 键，绘制第三个锚点，如图 7.15 所示。

图 7.15

6. 在曲线段后接直线段

当用户通过拖动鼠标创建了一个具有双向手柄的锚点时（见图7.16），因为双向手柄存在相互制约的关系，所以按照通常的方法绘制下一段线条时将无法得到直线段。

图 7.16

在曲线段后绘制直线段的步骤如下。

01 按通常绘制曲线型路径的方法定义第二个锚点，使该锚点的两侧位置出现控制手柄。

02 按 Alt 键用鼠标指针单击锚点中心，取消一侧的控制手柄，如图 7.17 所示。

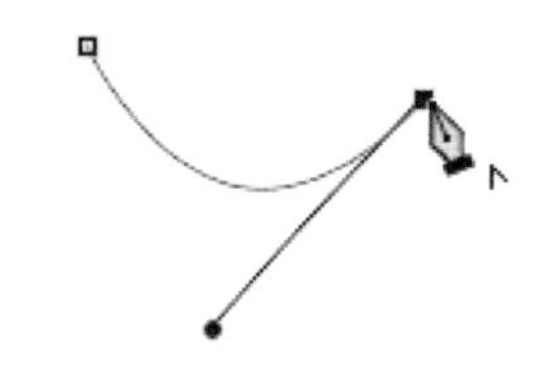

图 7.17

03 继续绘制直线型路径，效果如图 7.18 所示。

图 7.18

7. 连接路径

在绘制路径的过程中经常会遇到连接两条非封闭路径的情况。连接两条开放型路径的步骤如下。

01 使用钢笔工具 单击开放型路径的最后一个锚点，如果位置正确，则钢笔光标将变为连接钢笔光标 形状，如图 7.19 所示。

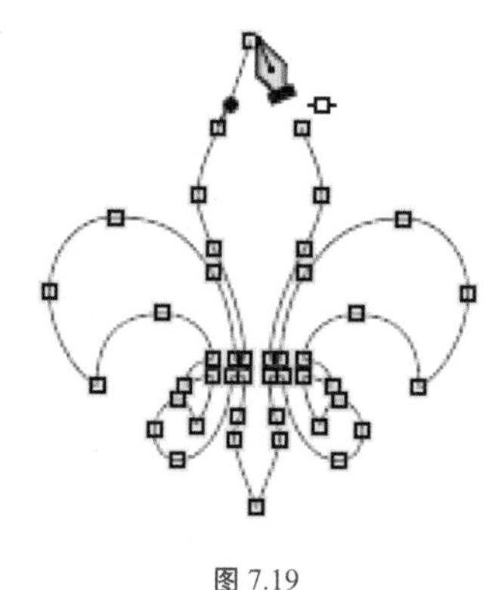

图 7.19

02 单击该锚点，使钢笔工具 与锚点相连接，单击另一处断开位置，此时钢笔光标变为 形状，在此位置单击鼠标左键即可连接两条开放型路径，使其成为一条闭合型路径，如图 7.20 所示。

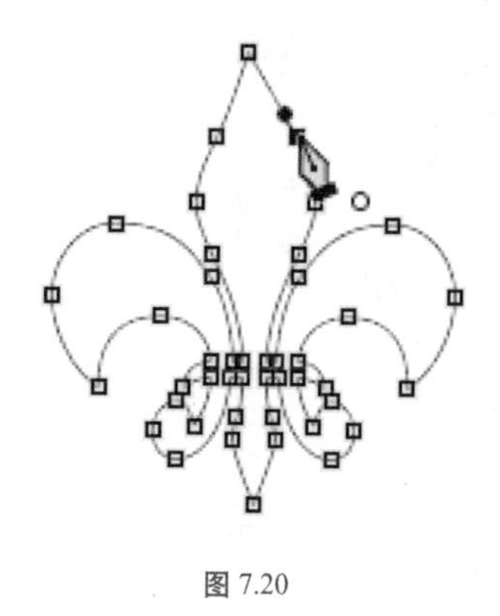

图 7.20

8. 切断连续的路径

如果将一条闭合型路径转换为一条开放型路径，或者需要将一条开放型路径转换为两条开放型路径，则需要切断连续的路径。要切断路径，可以先使用直接选择工具 选择要断开位置处的路径线段，再按Delete键。

7.3 使用形状工具绘制路径

利用Photoshop中的形状工具，可以非常方便地创建各种几何形状或路径。在工具箱中的形状工具组上单击鼠标右键，将弹出隐藏的形状工具。使用这些工具都可以绘制各种标准的几何图形。用户可以在图像处理或设计的过程中，根据实际需要选用这些工具。图7.21所示就是一些采用形状工具绘制得到的图形，并应用于设计作品后的效果。

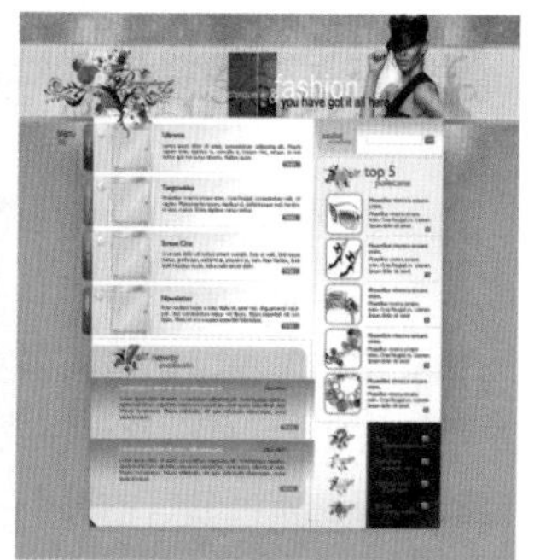

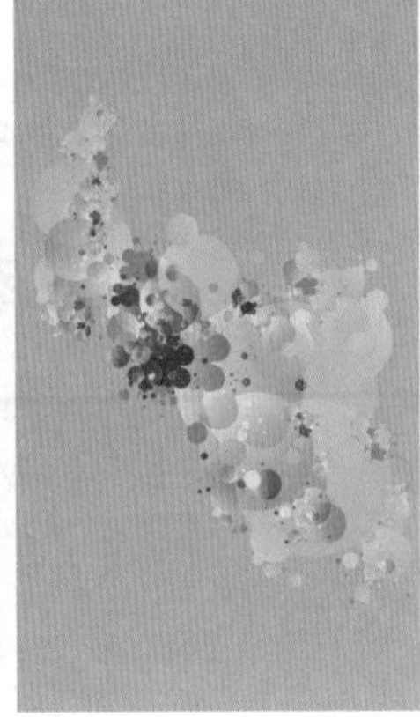

图 7.21

7.3.1 精确创建图形

从Photoshop CS6开始，在使用矩形工具、椭圆工具、自定形状工具等图形绘制工具时，可以在画布中单击，此时会弹出一个相应的对话框，以使用椭圆工具在画布中单击为例，将弹出图7.22所示的参数设置对话框，在其中设置适当的参数并选择选项，然后单击“确定”按钮，即可精确创建圆形。

图 7.22

7.3.2 调整形状属性

在Photoshop中，使用路径选择工具选中要改变大小的路径后，在工具选项栏或“属性”面板中输入W和H数值，即可改变其大小。若是选中W与H之间的链接形状的宽度和高度按钮，则可以等比例调整当前选中路径的大小。

此外，在“属性”面板中还可以设置更多的参数，如图7.23所示，例如对于使用矩形工具绘制的路径，可以在“属性”面板中设置其圆角属性，若是绘制的是形状图层，则可以设置填充色、描边色及各种描边属性。关于形状图层的讲解，请参见本章下一节的内容。

图 7.23

7.3.3 创建自定义形状

如果在工作时经常要使用到某一种路径，可以将此路径保存为形状，以便于在以后的工作中直接使用此自定义形状绘制所需要的路径，从而提高工作效率。

要创建自定义形状，其步骤如下。

01 选择钢笔工具，绘制所需要的形状的轮廓路径，效果如图 7.24 所示。

图 7.24

02 选择路径选择工具，将路径全部选中。

03 执行“编辑”|“定义自定形状”命令，在弹出的“形状名称”对话框中键入新形状的名称，然后单击“确定”按钮进行确认。

04 选择自定形状工具，在“自定形状拾色器”面板中即可选择自定义的形状。

7.4 形状图层

7.4.1 创建“形状图层”

通过在图像上方创建“形状图层”，可以在图像上方创建填充有前景色的几何形状，此类图层具有非常灵活的矢量特性。

创建“形状图层”，可以按以下步骤操作。

01 在工具箱中选择任意一种形状工具。

02 选择工具选项栏中的“形状”选项。

03 设置“前景色”为希望得到的填充色。

04 使用绘制形状工具在图像中绘制形状即可。

通过以上步骤即可得到一个新的“形状图层”，图7.25所示为使用多个“形状图层”绘制的标志，此时“图层”面板如图7.26所示。

图 7.25

图 7.26

通过观察“图层”面板，可以看出以下内容。

- “形状图层”自动以“形状X”命名（此处的X代表“形状图层”的层数值）。
- “形状图层”的实质是颜色填充图层与路径剪贴蒙版的结合体。
- “形状图层”的填充颜色取决于前景色。

7.4.2 为形状图层设置填充与描边

在Photoshop中，可以直接为形状图层设置多种渐变及描边的颜色、粗细、线型等属性，从而更加方便地对矢量图形进行控制。

要为形状图层中的图形设置填充或描边属性，可以在“图层”面板中选择相应的形状图层，然后在工具箱中选择任意一种形状绘制工具或路径选择工具，然后在工具选项栏上即可显示类似图7.27所示的参数。

图 7.27

- 填充或描边颜色：单击“填充颜色”或“描边颜色”按钮，在弹出的类似图7.28所示的面板中可以选择形状的填充或描边颜色，其中可以设置的填充或描边颜色类型为无、纯色、渐变和图案4种。
- 描边粗细：在此可以设置描边的线条粗细数值。例如，图7.29所示是将描边颜色设置为紫红色，且描边粗细为6点时得到的效果。

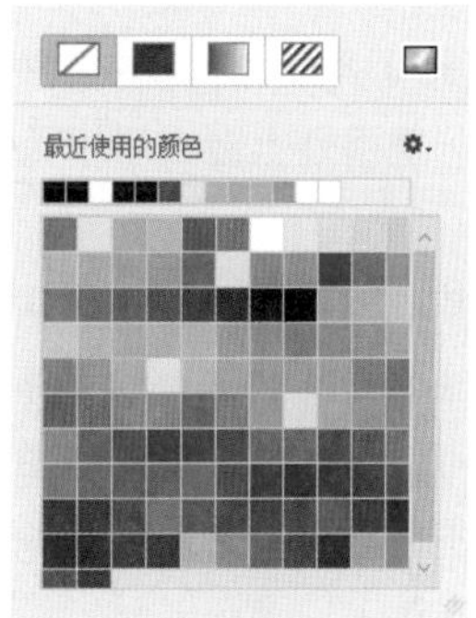

图 7.28

图 7.29

- 描边线型：在此下拉列表中，如图7.30所示，可以设置描边的线型、对齐方式、端点及角点的样式。若单击“更多选项”按钮，将弹出图7.31所示的对话框，在其中可以更详细地设置描边的线型属性。图7.32所示是将描边设置为虚线时的效果。

图 7.30

图 7.31

图 7.32

7.4.3 将形状图层复制为SVG格式

SVG是一种矢量图形格式，由于它广泛被网页、交互设计所支持，且由于它是一种基于XML的语言，也就意味着它继承了XML的跨平台性和可扩展性，从而在图形可重用性上迈出了一大步。

在Photoshop CC 2017中，支持快捷地将形状图层复制为SVG格式，以便于在其他支持的程序中进行设计和编辑，用户可以在选中一个形状图层后，在其图层名称上右击鼠标，在弹出的菜单中选择“复制SVG”命令即可。

7.4.4 栅格化“形状图层”

由于“形状图层”具有矢量特性，因此在此图层中无法进行像素级别的编辑。例如，用画笔工具绘制线条、使用“滤镜”菜单中的命令等，这样就限制了用户对其进行进一步处理的可能性。

要去除“形状图层”的矢量特性以使其像素化，选择“图层”|“栅格化”|“形状”命令。

> 提示：由于“形状图层”具有矢量特性，因此不用担心会因为缩放等操作而降低图像质量。在操作过程中，尽量不要执行栅格化“形状图层”的操作，如果一定要执行，那么最好复制一个“形状图层”留作备份。

7.5 编辑路径

7.5.1 调整路径线段与锚点的位置

如果要调整路径线段，选择直接选择工具，然后单击需要移动的路径线段并进行拖动。要删除路径线段，使用直接选择工具选择要删除的线段，然后按Backspace键或者Delete键。

如果要移动锚点，同样选择直接选择工具，然后单击并拖动需要移动的锚点。

7.5.2 添加、删除锚点

使用添加锚点工具和删除锚点工具，可以从路径中添加或者删除锚点。

01 如果要添加锚点，选择添加锚点工具，将鼠标指针放置在要添加锚点的路径上，如图7.33 所示，单击鼠标左键。

02 如果要删除锚点，选择删除锚点工具，将鼠标指针放置在要删除的锚点上，如图 7.34 所示，单击鼠标左键。

图 7.33

图 7.34

7.5.3 转换点工具

直角型锚点、光滑型锚点与拐角型锚点是路径中的三大类锚点，在工作中往往需要在这3类锚点之间进行切换。

01 要将直角型锚点改变为光滑型锚点，可以选择转换点工具，将鼠标指针放置在需要更改的锚点上，然后拖动此锚点（拖动时两侧的控制手柄都会动）。

02 要将光滑型锚点改变为直角型锚点，使用转换点工具单击此锚点。

03 要将光滑型锚点改变为拐角型锚点，使用转换点工具拖动锚点两侧的控制手柄（只对操作的控制手柄有变化）。

图7.35所示为原路径状态，图7.36~图7.38所示分别为将直角型锚点改变为光滑型锚点、将光滑型锚点改变为直角型锚点，以及将光滑型锚点改变为拐角型锚点时的状态。

图 7.35

图 7.36

图 7.37

图 7.38

7.6 选择路径

7.6.1 路径选择工具

利用路径选择工具只能选择整条路径。在整条路径被选中的情况下，路径上的锚点全部显示为黑色小正方形，如图7.39所示，在这种状态下可以方便地对整条路径执行移动、变换等操作。

图 7.39

利用路径选择工具只能选择整条路径。在整条路径被选中的情况下，路径上的锚点全部显示为黑色小正方形，如图7.40所示，在这种状态下可以方便地对整条路径执行移动、变换等操作。

图 7.40

另外，在路径选择工具▶.的工具选项栏上，可以在“选择”下拉列表中选择“现用图层”和“所有图层”两个选项，其作用如下所述。

- 现用图层：选择此选项时，将只选择当前选中的一个或多个形状图层或路径层内的路径。
- 所有图层：选择此选项时，无论当前选择的是哪个图层，都可以通过在图像中单击的方式，选择任意形状图层中的路径。

例如，以图7.41所示的素材为例，图7.42所示是对应的“图层”面板，在选中图层“1”至“6”以后，使用路径选择工具▶.，并选择“现有图层”选项，则只能选中这6个图层中的路径，如图7.43所示；若选择“所有图层”选项，执行前面的拖动选择操作，将选中该范围内的所有路径，如图7.44所示。

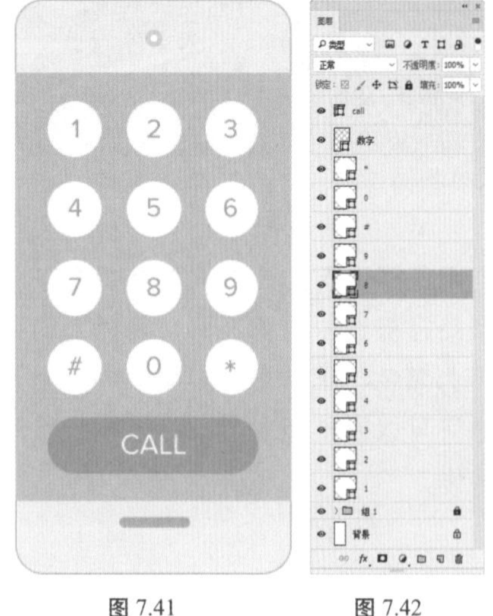

图 7.41　　图 7.42

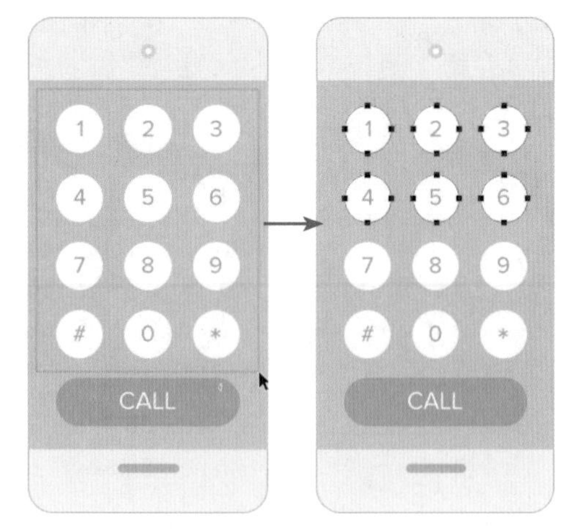

图 7.43

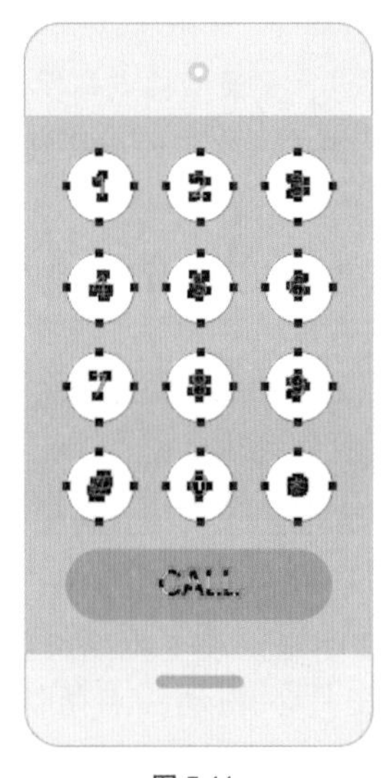

图 7.44

> 提示：若选中的形状图层被锁定，此时将无法使用路径选择工具▶.选中其中的路径；此时仍然可以在“路径”面板中选中其路径，但无法执行除删除以外的编辑操作。

7.6.2 直接选择工具

利用直接选择工具▷.，可以选择路径的一个或者多个锚点，如果单击并拖动锚点还可以改变其位置。使用此工具既可以选择一个锚点，也可以通过框选多个锚点进行编辑。当处于被选定的状态中时，锚点显示为黑色小正方形，未选中的锚点则显示为空心小正方形，如图7.45所示。

图 7.45

7.7 使用“路径”面板管理路径

要管理使用各种方法所绘制的路径，必须掌握“路径”面板。使用此面板，可以完成复制、删除、新建路径等操作。执行“窗口”|“路径”命令，即可显示出图7.46所示的“路径”面板。

图 7.46

“路径”面板中各按钮释义如下。

- “用前景色填充路径”按钮●：单击该按钮，可以对当前选中的路径填充前景色。
- “用画笔描边路径”按钮○：单击该按钮，可以对当前选中的路径进行描边操作。
- “将路径作为选区载入”按钮◌：单击该按钮，可以将当前路径转换为选区。
- “从选区生成工作路径”按钮◇：单击该按钮，可以将当前选区转换为工作路径。
- “创建新路径”按钮▣：单击该按钮，可以新建路径。
- “删除当前路径”按钮🗑：单击该按钮，可以删除当前选中的路径。

7.7.1 选择或取消路径

要选择路径，在“路径”面板中单击该路径的名字即可将其选中。

在通常状态下，绘制的路径以黑色线显示于当前图像中，这种显示状态将影响用户所做的其他大多数操作。

单击“路径”面板上的灰色区域，如图7.47所示中箭头所指的区域，可以取消所有路径的选定状态，即隐藏路径线。也可以在使用直接选择工具↖.或路径选择工具↖.的情况下，按Esc键或Enter键隐藏当前显示的路径。

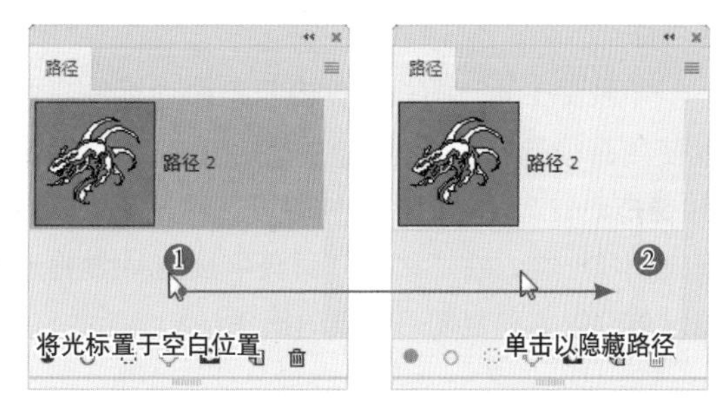

图 7.47

7.7.2 创建新路径

在“路径”面板中单击“创建新路径”按钮▣，能够创建一条用于保存路径组件的空路径，其名称由Photoshop系统默认为“路径 1”。此时再绘制的路径组件都会被保存在“路径 1”中，直至放弃对“路径 1”的选中状态。

> 提示：为了区分新建路径时得到的路径与使用钢笔工具✎.所绘制的路径，这里将在“路径”面板中通过单击“创建新路径”按钮所创建的路径称为“路径”，而将使用钢笔工具✎.等工具所绘制的路径称为“路径组件”。“路径”面板中的一条路径能够保存多个路径组件。在此面板中单击选中某一路径时将同时选中此路径所包含的多个路径组件，通过单击也可以仅选择某一个路径组件。

7.7.3 保存“工作路径”

在绘制新路径时，Photoshop会自动创建一条“工作路径”，而该路径一定要在保存后才可以永久地保留下来。

要保存工作路径，可以双击该路径的名称，在弹出的对话框中单击“确定”按钮即可。

7.7.4 复制路径

要复制路径，可以将“路径”面板中要复制的路径拖动至“创建新路径”按钮上，这与复制图层的方法是相同的。如果要将路径复制到另一个图像文件中，选中路径并在另一个图像文件可见的情况下，直接将路径拖动到另一个图像文件中即可。

如果要在同一图像文件内复制路径组件，可以使用路径选择工具选中路径组件，然后按Alt键拖动被选中的路径组件即可。用户还可以像复制图层一样，在“路径”面板中按住Alt键拖动路径层，以实现复制路径层的操作。

7.7.5 删除路径

不需要的路径可以将其删除。利用路径选择工具选择要删除的路径，然后按Delete键。

如果需要删除某路径中所包含的所有路径组件，可以将该路径拖动到“删除当前路径”按钮上；也可以在该路径被选中的状态下，单击“路径”面板中的“删除当前路径”按钮，在弹出的信息提示对话框中单击“是”按钮。

7.8 路径运算

路径运算是非常优秀的功能。通过路径运算，可以利用简单的路径形状得到非常复杂的路径效果。

要应用路径运算功能，需要在绘制路径的工具被选中的情况下，在工具选项栏中单击图标（此图标会根据上一次选择的选项发生变化），此时将弹出图7.48所示的面板。

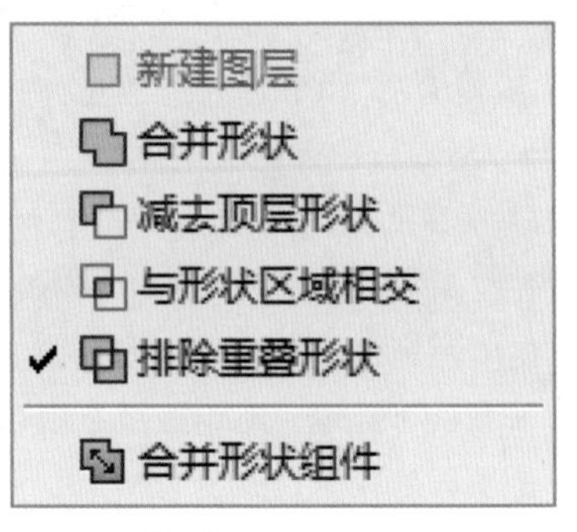

图 7.48

当在工具选项栏中选择“路径”选项时，各按钮的意义如下。

- 合并形状：使两条路径发生加运算，其结果是向现有路径中添加新路径所定义的区域。
- 减去顶层形状：使两条路径发生减运算，其结果是从现有路径中删除新路径与原路径的重叠区域。
- 与形状区域相交：使两条路径发生交集运算，其结果是生成的新区域被定义为新路径与现有路径的交叉区域。
- 排除重叠形状：使两条路径发生排除运算，其结果是定义生成新路径和现有路径的非重叠区域。
- 合并形状组件：使两条或两条以上的路径发生排除运算，使路径的锚点及线段发生变化，以路径间的运算模式定义新的路径。

要注意的是，如前所述，路径之间也是有上、下层关系的，虽然它不像图层那样可以明显地看到，但却实实在在地存在于路径的层次关系中，即最先绘制的路径位于最下方，这对于路径运算有着极大的影响。从实用角度来说，与其研究路径之间的层次关系，不如直接使用“形状图层”来完成复杂的运算操作。

7.9 为路径设置填充与描边

7.9.1 填充路径

为路径填充实色的方法非常简单。选择需要进行填充的路径，然后单击“路径”面板底部的“用前景色填充路径”按钮●，即可为路径填充前景色。图7.49（a）所示为在一幅黄昏画面中绘制的树形路径，图7.49（b）所示为使用此方法为路径填充颜色后的效果。

（a）为路径填充颜色前

（b）为路径填充颜色后

图 7.49

如果要控制填充路径的参数及样式，可以按住Alt键单击“用前景色填充路径”按钮●，或者单击“路径”面板右上角的面板按钮≡，在弹出的菜单中选择“填充路径”命令，弹出图7.50所示的“填充路径”对话框。此对话框的上半部分与“填充”对话框相同，其参数的作用和应用方法也相同，在此不再赘述。

“填充路径”对话框各参数释义如下。

- 羽化半径：在此数值框中键入大于0的数值，可以使填充具有柔边效果。图7.51所示是将“羽化半径”数值设置为6时填充路径的效果。

图 7.50

图 7.51

- 消除锯齿：可以消除填充时的锯齿。

7.9.2 描边路径

通过对路径进行描边操作，可以得到白描或其他特殊效果的图像。

对路径做描边处理，可以按下述步骤操作。

01 在“路径”面板中选择需要进行描边的路径。

02 在工具箱中设置描边所需的前景色。

03 在工具箱中选择用来描边的工具。

04 在工具选项栏上设置用来描边的工具参数，选择合适的笔刷。

05 在“路径”面板中单击“用画笔描边路径”按钮○。

如果当前路径项中包含的路径不止一条，则

需要选择要描边的路径。

按住Alt键单击“用画笔描边路径”按钮○，或选择“路径”面板弹出菜单中的“描边路径”命令，将弹出“描边路径”对话框，在此对话框中可以选择用来描边的工具，如图7.52所示。

图 7.52

图7.53所示为原路径，图7.54所示为应用圆形画笔进行描边后的效果。

图 7.53

图 7.54

7.10 本章习题

7.10.1 选择题

1\. 下列关于路径的描述错误的是：（ ）

A、路径可以用画笔工具、铅笔工具、仿制图章工具等进行描边

B、当对路径进行填充颜色的时候，路径不可以创建镂空的效果

C、可以为路径填充纯色或图案

D、按Ctrl+Enter键可以将路径转换为选区

2\. 在使用钢笔工具时，按下（ ）键可以临时切换至直接选择工具。

A、Alt　　C、Shift+Ctrl

B、Ctrl　　D、Alt+Ctrl

3\. 当单击“路径”面板下方的“用画笔描边路径”按钮○时，若想弹出“选择描边工具”对话框，应按住下列哪个键？（ ）

A、Alt　　C、Shift+Ctrl

B、Ctrl　　D、Alt+Ctrl

4\. 在按住什么功能键的同时单击“路径”面板中的“填充路径”按钮●，会出现“填充路径”对话框：（ ）

A、Shift　　C、Ctrl

B、Alt　　D、Shift+Ctrl

5\. 使用钢笔工具创建直线点的方法是：（ ）

A、用钢笔工具直接单击

B、用钢笔工具单击并按住鼠标键拖动

C、用钢笔工具单击并按住鼠标键拖动，使之出现两个把手，然后按住Alt键单击

D、按住Ctrl键的同时用钢笔工具单击

6\. 若将曲线锚点转换为直线锚点，应采用下列哪个操作？（ ）

A、使用路径选择工具单击曲线锚点

B、使用钢笔工具单击曲线锚点

C、使用转换点工具单击曲线锚点

D、使用铅笔工具单击曲线锚点

7\. 下列关于路径的描述正确的是：（ ）

A、路径可以用画笔工具进行描边

B、当对路径进行填充颜色的时候，路径不可以创建镂空的效果

C、“路径”面板中路径的名称可以修改

D、路径可以随时转化为选区

8. 关于工作路径，以下说法正确的是：（ ）

A、双击当前工作路径，在弹出的对话框中键入名字即可存储路径

B、工作路径是临时路径，当隐藏路径后重新绘制路径，工作路径将被新的路径覆盖

C、绘制工作路径后将在关闭文档时自动保存为路径

D、绘制路径后，在“路径”面板的面板菜单中选择“存储路径”命令，可以保存路径

9. 下列属于路径运算模式的是：（ ）

A、合并形状

B、减去顶层形状

C、排除重叠形状

D、与形状区域相交

7.10.2 上机操作题

1. 试使用形状工具及画笔描边路径功能，制作得到图7.55所示的效果。

图 7.55

2. 打开随书所附光盘中的文件“第7章\ 习题2-素材.psd”，如图7.56所示。通过设置形状的填充与描边属性，制作图7.57所示的两种效果。

图 7.56

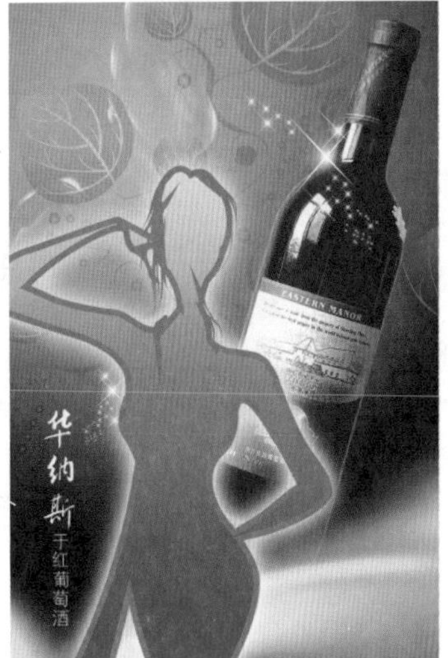

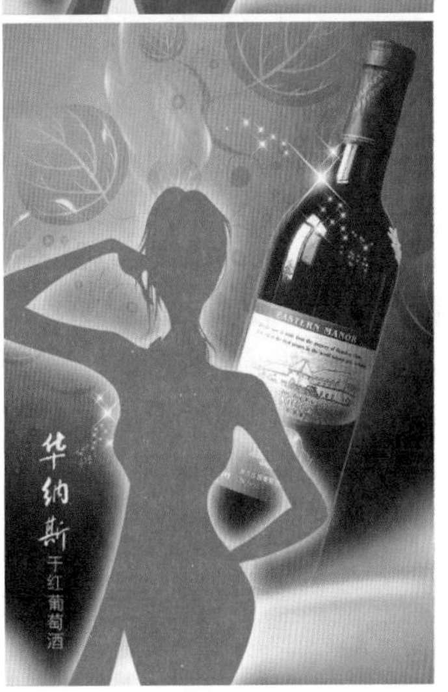

图 7.57

第8章 图层的合成处理功能

8.1 设置不透明度属性

通过设置图层的“不透明度”数值，可以改变图层的透明度。当图层的“不透明度”数值为10时，当前图层完全遮盖下方的图层；而当图层的“不透明度”数值小于100%时，可以隐约显示下方图层中的图像。通过改变图层的“不透明度”数值，可以改变图层的整体效果。

图8.1所示是设置钻石形图像所在图层的“不透明度”数值为100%和60%时的对比效果。

图 8.1

> 提示：要控制图层的透明度，除了可以在“图层”面板中改变“不透明度”文本框中的数值外，还可以在未选中绘图类工具的情况下，直接按键盘上的数字，其中“0”代表100%，“1”代表10%，“2”代表20%，其他数值以此类推。如果快速单击两个数值，则可以取得此数值的百分数值，例如，快速单击数字“3”和“4”，则代表34%。

> 提示：在“图层”面板中，还存在一个“填充”参数，即“填充不透明度”，它与图层样式功能的联系较为紧密，因此其讲解请参见本书第9.3节的内容。

8.2 设置图层混合模式

图层的混合模式是与图层蒙版同等重要的核心功能。在Photoshop中，提供了多达27种图层混合模式，下面就对各个混合模式及相关操作进行讲解。

在Photoshop中，混合模式知识非常重要，几乎每一种绘画与润饰工具都有混合模式选项，而在“图层”面板中，混合模式更占据着重要的位置。正确、灵活地运用混合模式，往往能够创造出丰富的图像效果。

由于工具箱中的绘图工具如画笔工具、铅笔工具、仿制图章工具等，与润饰类工具如加深工具、减淡工具所具有的混合模式选项，与图层混合模式选项完全相同，且混合模式在图层中的应用非常广泛，故在此重点讲解混合模式在图层中的应用，其中包含了27种不同效果的混合模式。

8.2.1 正常类混合模式

1. 正常

选择此选项，上、下图层间的混合与叠加关系依据上方图层的“不透明度”及“填充”数值而定。如果设置上方图层的“不透明度”数值为100%，则完全覆盖下方图层；随着“不透明度”数值的降低，下方图层的显示效果会越来越清晰。

2. 溶解

此混合模式用于当图层中的图像出现透明像素的情况下，依据图像中透明像素的数量显示出颗粒化效果。

8.2.2 变暗类混合模式

1. 变暗

选择此混合模式，Photoshop将对上、下两层图像的像素进行比较，以上方图层中的较暗像素代替下方图层中与之相对应的较亮像素，且下方图层中的较暗像素代替上方图层中的较亮像素，因此叠加后整体图像变暗。

图8.2所示为设置图层混合模式为“正常”时的图像叠加效果。图8.3所示为将上方图层的混合模式改为“变暗”后得到的效果。

图 8.2

图 8.3

可以看出，上方图层中较暗的书法字及印章全部显示出来，而背景中的白色区域则被下方图层中的图像所代替。

2. 正片叠底

选择此混合模式，Photoshop将上、下两层中的颜色相乘并除以255，最终得到的颜色比上、下两个图层中的颜色都要暗一些。在此混合模式中，使用黑色描绘能够得到更多的黑色，而使用白色描绘则无效。

图8.4所示为原图像及对应的“图层”面板。图8.5所示为将“图层 1”的混合模式改为“正片叠底”后的效果及对应的“图层”面板。

图 8.4

图 8.5

3. 颜色加深

此混合模式可以加深图像的颜色，通常用于创建非常暗的阴影效果，或者降低图像局部的亮度，如图8.6所示。

图 8.6

4. 线性加深

查看每一个颜色通道的颜色信息，加暗所有通道的基色，并通过提高其他颜色的亮度来反映混合颜色。此混合模式对于白色无效。

图8.7所示为将“图层 1”的混合模式改为“线性加深”后的效果及对应的“图层”面板。

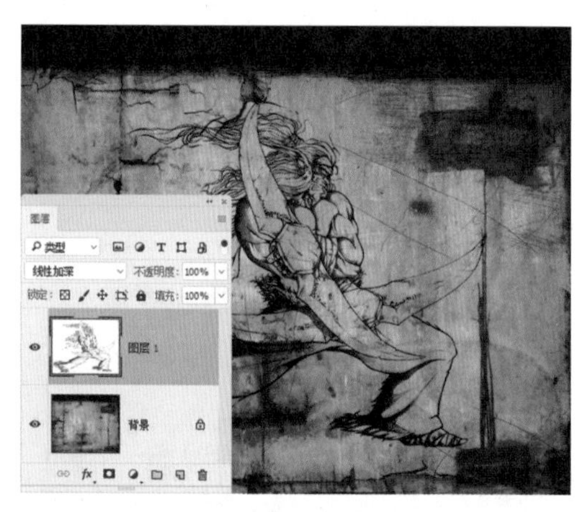

图 8.7

5. 深色

选择此混合模式，可以依据图像的饱和度，使用当前图层中的颜色直接覆盖下方图层中暗调区域的颜色。

8.2.3 变亮类混合模式

1. 变亮

选择此混合模式时，Photoshop以上方图层中的较亮像素代替下方图层中与之相对应的较暗像素，且下方图层中的较亮像素代替上方图层中的较暗像素，因此叠加后整体图像呈亮色调。

2. 滤色

选择此混合模式，在整体效果上显示出由上方图层及下方图层中较亮像素合成的图像效果，通常用于显示下方图层中的高光部分。

图8.8所示为应用“滤色”混合模式后的效果。可以看出，此混合模式将上方图层中亮调区域的图像很好地显示了出来。

图 8.8

3. 颜色减淡

选择此混合模式，可以生成非常亮的合成效果，其原理为将上方图层的像素值与下方图层的像素值以一定的算法进行相加。此混合模式通常被用来制作光源中心点极亮的效果。

图8.9所示为将图像使用此模式叠加在一起后的效果及“图层”面板。

图 8.9

4. 线性减淡（添加）

此混合模式基于每一个颜色通道的颜色信息来加亮所有通道的基色，并通过降低其他颜色的亮度来反映混合颜色。此混合模式对于黑色无效。图8.10所示为将“图层 1”的混合模式设置为“线性减淡（添加）”后的效果。

图 8.10

5. 浅色

与“深色”混合模式刚好相反，选择此混合模式，可以依据图像的饱和度，使用当前图层中的颜色直接覆盖下方图层中高光区域的颜色。

8.2.4 融合类混合模式

1. 叠加

选择此混合模式，图像的最终效果取决于下方图层中的图像内容，但上方图层中的明暗对比效果也直接影响到整体效果，叠加后下方图层中的亮调区域与暗调区域仍被保留。

图8.11所示为原图像。图8.12所示为在此图像所在图层上添加了一个颜色值为#00ffa8的图层，并选择“叠加”混合模式，然后设置不透明度后的效果及对应的“图层”面板。

图 8.11

图 8.12

2. 柔光

使用此混合模式时，Photoshop将根据上、下图层中的图像内容，使整体图像的颜色变亮或者变暗，变化的具体程度取决于像素的明暗程度。如果上方图层中的像素比50% 灰度亮，则图像变亮；反之，则图像变暗。

此混合模式常用于刻画场景以加强视觉冲击力。图8.13所示为原图像，图8.14所示为设置“图层1”的混合模式为“柔光”时的效果及对应的“图层”面板。

图 8.13

图 8.14

3. 强光

此混合模式的叠加效果与“柔光”类似，但其加亮与变暗的程度较“柔光”混合模式强烈许多。图8.15所示为设置“强光”混合模式时的效果。

图 8.15

4. 亮光

选择此混合模式时，如果混合色比50%灰度亮，则图像通过降低对比度来使图像变亮；反之，通过提高对比度来使图像变暗。

5. 线性光

选择此混合模式时，如果混合色比50%灰度亮，则图像通过提高对比度来使图像变亮；反之，通过降低对比度来使图像变暗。

6. 点光

此混合模式通过置换颜色像素来混合图像，如果混合色比50%灰度亮，比原图像暗的像素会被置换，而比原图像亮的像素则无变化；反之，比原图像亮的像素会被置换，而比原图像暗的像素无变化。

7. 实色混合

选择此混合模式，可以创建一种具有较硬边缘的图像效果，类似于多块实色相混合。图8.16所示为原图像。复制图层“背景”，得到图层“背景拷贝”，设置其混合模式为“实色混合”，“填充”数值为40%，然后再复制图层，得到图层“背景拷贝 2”，设置其混合模式为“颜色”，“填充”数值为100%，最终图像效果及对应的“图层”面板如图8.17所示。

图 8.16

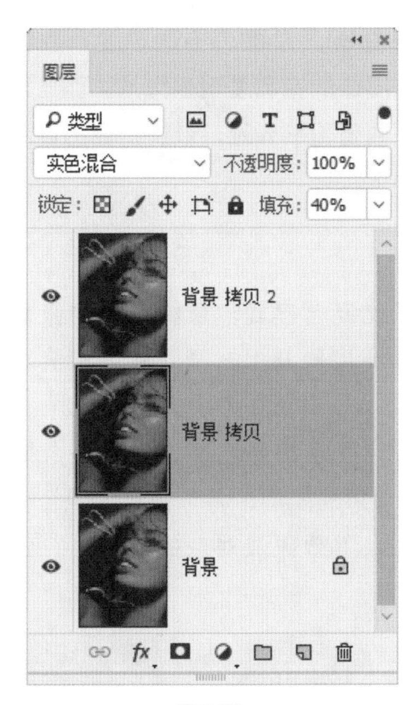

图 8.17

8.2.5 异像类混合模式

1. 差值

选择此混合模式，可以从上方图层中减去下方图层中相应处像素的颜色值。原图像及对应的“图层”面板如图8.18所示。新建一个图层，设置前景色为黑色，背景色的颜色值为#850000，应用“云彩”滤镜并添加图层蒙版进行涂抹，然后设置图层的混合模式为“差值”，其效果及对应的“图层”面板如图8.19所示。

图 8.18

图 8.19

2. 排除

选择此混合模式，可以创建一种与“差值”混合模式相似，但对比度较低的效果。

3. 减去

选择此混合模式，可以使用上方图层中亮调的图像隐藏下方的内容。

4. 划分

选择此混合模式，可以在上方图层中加上下方图层相应处像素的颜色值，通常用于使图像变亮。

8.2.6 色彩类混合模式

1. 色相

选择此混合模式，最终图像的像素值由下方图层的亮度值与饱和度值及上方图层的色相值构成。

图8.20所示为使用此模式前的原图像，“图层 1”为增加的一个填充为红色的图层，图8.21所示为将“图层 1”的混合模式设置为“色相”后的效果及对应的“图层”面板。除了填充实色外，如果需要改变图像局部的颜色，则可以尝试增加具有渐变效果的图层与局部有填充色的图层。

图 8.20

图 8.21

2. 饱和度

选择此混合模式，最终图像的像素值由下方图层的亮度值与色相值及上方图层的饱和度值构成。

图8.22所示为原图像。增加一个“不透明度”数值为30%的黄色填充图层，将该图层的混合模式改为“饱和度”，效果如图8.23所示。

图 8.22

图 8.23

可以看出，设置“不透明度”数值为30%时，最终图像的饱和度明显降低；而当设置“不透明度”数值为80%时，最终图像的饱和度明显提高。

3. 颜色

选择此混合模式，最终图像的像素值由下方图层的亮度值及上方图层的色相值与饱和度值构成。

图8.24所示为原图像。增加一个填充颜色值为#6d5244的图层，将该图层的混合模式改为“颜色”，其效果及对应的“图层”面板如图8.25所示。

图 8.24

图 8.25

4. 明度

选择此混合模式，最终图像的像素值由下方图层的色相值与饱和度值及上方图层的亮度值构成。

8.3 剪贴蒙版

8.3.1 剪贴蒙版的工作原理

Photoshop提供了一种被称为剪贴蒙版的技术，来创建以一个图层控制另一个图层显示形状及透明度的效果。

剪贴蒙版实际上是一组图层的总称，它由基底图层和内容图层组成，如图8.26所示。在一个剪贴蒙版中，基底图层只能有一个且位于剪贴蒙版的底部，而内容图层则可以有很多个，且每个内容图层前面都会有一个↓图标。

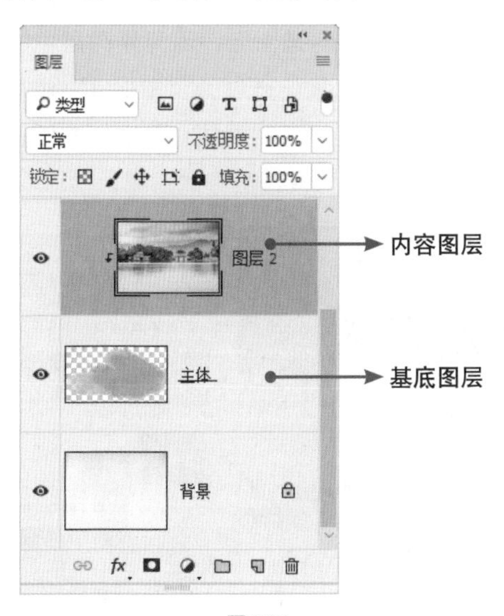

图 8.26

剪贴蒙版可以由多种类型的图层组成，如文字图层、形状图层，以及在后面将讲解到的调整图层等，它们都可以用来作为剪贴蒙版中的基底图层或者内容图层。

使用剪贴蒙版能够定义图像的显示区域。图8.27所示为原图像及对应的“图层”面板。图8.28所示为创建剪贴蒙版后的图像效果及对应的“图层”面板。

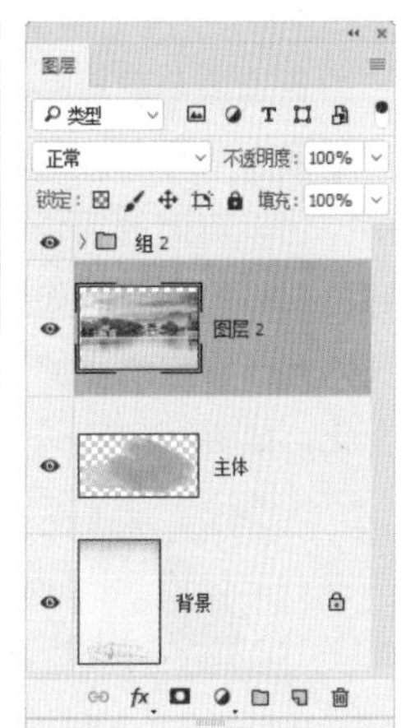

图 8.27

图 8.28

8.3.2 创建剪贴蒙版

要创建剪贴蒙版，可以执行以下操作之一。

01 执行“图层”|“创建剪贴蒙版”命令。

02 在选择了内容图层的情况下，按 Alt+Ctrl+G 键创建剪贴蒙版。

03 按住 Alt 键，将鼠标指针放置在基底图层与内容图层之间，当鼠标指针变为↓□形状时单击鼠标左键。

04 如果要在多个图层间创建剪贴蒙版，可以选中内容图层，并确认该图层位于基层的上方，按照上述方法执行“创建剪贴蒙版”命令即可。

在创建剪贴蒙版后，仍可以为各图层设置混合模式、不透明度，以及在后面将讲解到的图层样式等。只有在两个连续的图层之间才可以创建剪贴蒙版。

创建剪贴蒙版后，可以通过移动内容图层，在基底图层界定的显示区域内显示不同的图像效果。仍以前面的图像为例。图8.29所示是移动内容图层后的效果。如果移动的是基底图层，则会使内容图层中显示的图像相对于画布的位置发生变化，如图8.30所示。

图 8.29　　图 8.30

8.3.3 取消剪贴蒙版

如果要取消剪贴蒙版，可以执行以下操作之一。

01 按住 Alt 键，将鼠标指针放置在“图层”面板中两个编组图层的分隔线上，当鼠标指针变为形状时单击分隔线。

02 在“图层”面板中选择内容图层中的任意一个图层，执行“图层”|“释放剪贴蒙版”命令。

03 选择内容图层中的任意一个图层，按 Alt+Ctrl+G 键。

8.4 图层蒙版

可以简单地将图层蒙版理解为：与图层捆绑在一起、用于控制图层中图像的显示与隐藏的蒙版，且此蒙版中装载的全部为灰度图像，并以蒙版中的黑、白图像来控制图层缩览图中图像的隐藏或显示。

8.4.1 图层蒙版的工作原理

图层蒙版的核心是有选择地对图像进行屏蔽，其原理是Photoshop使用一张具有256级色阶的灰度图（即蒙版）来屏蔽图像，灰度图中的黑色区域隐藏其所在图层的对应区域，从而显示下层图像，而灰度图中的白色区域则能够显示本层图像而隐藏下层图像。由于灰度图具有256级灰度，因此能够创建过渡非常细腻、逼真的混合效果。

图8.31所示为由两个图层组成的一幅图像，“图层 1”中的内容是图像，而背景图层中的图像是彩色的，在此我们通过为“图层 1”添加一个从黑到白的蒙版，使“图层 1”中的左侧图像被隐藏，而显示出背景图层中的图像。

图 8.31

图8.32所示为蒙版对图层的作用原理示意图。

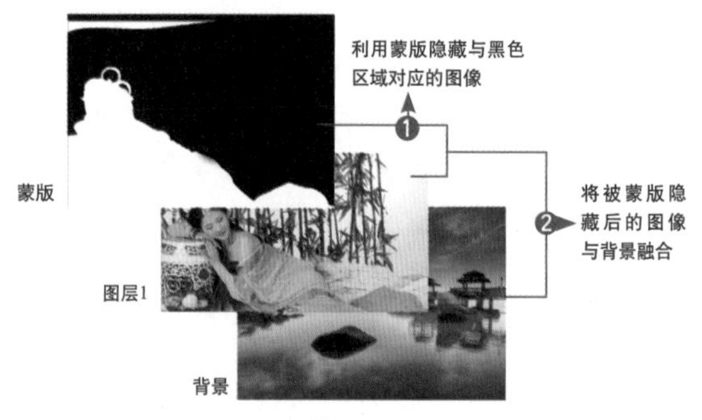

图 8.32

对比“图层”面板与图层所显示的效果，可以看出：

- 图层蒙版中的黑色区域可以隐藏图像对应的区域，从而显示底层图像；
- 图层蒙版中的白色部分可以显示当前图层的图像的对应区域，遮盖住底层图像；
- 图层蒙版中的灰色部分，一部分显示底层图像，一部分显示当前层图像，从而使图像在此区域具有半隐半显的效果。

由于所有显示、隐藏图层的操作均在图层蒙版中进行，并没有对图像本身的像素进行操作，因此使用图层蒙版能够保护图像的像素，并使工作有很大的弹性。

8.4.2 添加图层蒙版

在Photoshop中有很多种添加图层蒙版的方法。可以根据不同的情况来决定使用哪种方法最为简单、恰当。下面就分别讲解各种操作方法。

1. 直接添加图层蒙版

要直接为图层添加图层蒙版，可以使用下面的操作方法之一。

01 选择要添加图层蒙版的图层，单击“图层”面板底部的“添加图层蒙版”按钮□，或者执行“图层”|“图层蒙版”|“显示全部”命令，可以为图层添加一个默认填充为白色的图层蒙版，即显示全部图像，如图 8.33 所示。

图 8.33

02 选择要添加图层蒙版的图层，按住 Alt 键，单击“图层”面板底部的“添加图层蒙版”按钮□，或者执行“图层”|“图层蒙版”|“隐藏全部”命令，可以为图层添加一个默认填充为黑色的图层蒙版，即隐藏全部图像，如图 8.34 所示。

图 8.34

2. 利用选区添加图层蒙版

如果当前图像中存在选区，可以利用该选区添加图层蒙版，并决定添加图层蒙版后是显示还是隐藏选区内部的图像。可以按照以下操作之一来利用选区添加图层蒙版。

01 依据选区范围添加图层蒙版：选择要添加图层蒙版的图层，在“图层”面板底部单击“添加图层蒙版”按钮□，即可依据当前选区的选择范围为图像添加图层蒙版。以图 8.35 所示的选区状态为例，添加图层蒙版后的状态如图 8.36 所示。

图 8.35

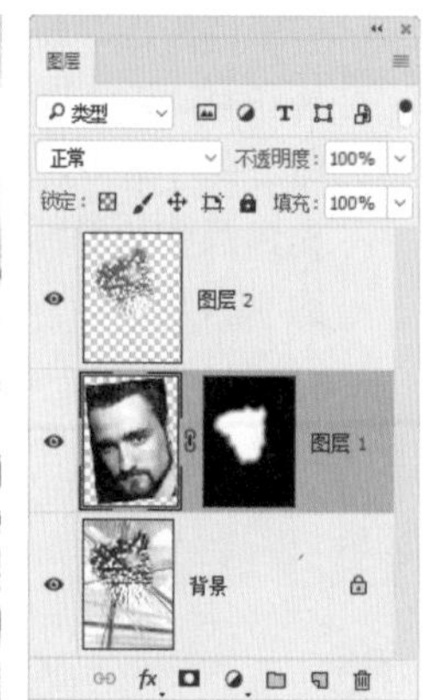

图 8.36

02 依据与选区相反的范围添加图层蒙版：按住Alt 键，在“图层”面板底部单击“添加图层蒙版”按钮，即可依据与当前选区相反的范围为图层添加图层蒙版，此操作的原理是先对选区执行“反向”命令，再为图层添加图层蒙版。

8.4.3 编辑图层蒙版

添加图层蒙版只是完成了应用图层蒙版的第一步，要使用图层蒙版还必须对图层蒙版进行编辑，这样才能取得所需的效果。编辑图层蒙版的操作步骤如下。

01 单击“图层”面板中的图层蒙版缩览图以将其激活。

> 提示：虽然步骤1看上去非常简单，但却是初学者甚至是Photoshop老手在工作中最容易犯错的地方，如果没有激活图层蒙版，则当前操作就是在图层图像中，在这种状态下无论是使用黑色还是白色进行涂抹操作，对于图像本身都是破坏性操作。

02 选择任何一种编辑或绘画工具，按照下述准则进行编辑。

- 如果要隐藏当前图层，用黑色在蒙版中绘图。
- 如果要显示当前图层，用白色在蒙版中绘图。
- 如果要使当前图层部分可见，用灰色在蒙版中绘图。

03 如果要编辑图层而不是编辑图层蒙版，单击“图层”面板中该图层的缩览图以将其激活。

> 提示：如果要将一幅图像粘贴至图层蒙版中，按住Alt键单击图层蒙版缩览图，以显示蒙版，然后选择“编辑”|“粘贴”命令，或按Ctrl+V键执行粘贴操作，即可将图像粘贴至蒙版中。

8.4.4 更改图层蒙版的浓度

“属性”面板中的“浓度”滑块可以调整选定的图层蒙版或矢量蒙版的不透明度，其使用步骤如下所述。

01 在“图层”面板中，选择包含要编辑的蒙版的图层。

02 单击“属性”面板中的按钮或者按钮以将其激活。

03 拖动“浓度”滑块，当其数值为100%时，蒙版完全不透明，并将遮挡住当前图层下面的所有图像效果。此数值越低，蒙版下的越多图像效果变得可见。

图8.37所示为原图像，图8.38所示是对应的面板，图8.39所示为在“属性”面板中将“浓度”数值降低时的效果，可以看出由于蒙版中黑色变成为灰色，因此被隐藏的图层中的图像也开始显现出来，图8.40所示是对应的面板。

图 8.37

图 8.38

图 8.39

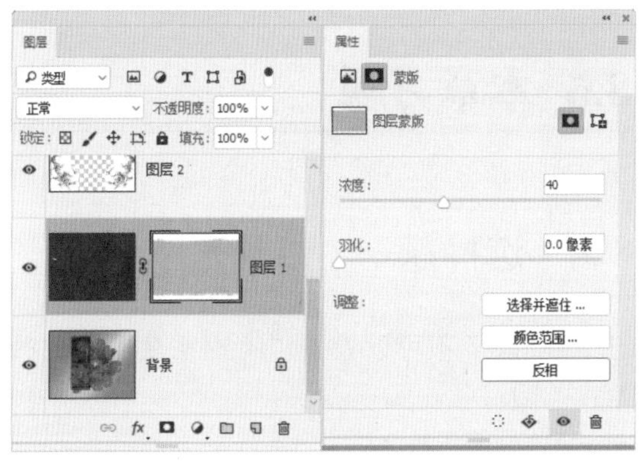

图 8.40

8.4.5 羽化蒙版边缘

可以使用“属性”面板中的“羽化”滑块直接控制蒙版边缘的柔化程度，而无需像以前那样再使用“模糊”滤镜对其进行操作，其使用步骤如下所述。

01 在“图层”面板中，选择包含要编辑的蒙版的图层。

02 单击“属性”面板中的按钮或者按钮，以将其激活。

03 在“属性”面板中，拖动“羽化”滑块，将羽化效果应用至蒙版的边缘，使蒙版边缘在蒙住和未蒙住区域间创建较柔和的过渡。

以前面未设置“浓度”参数时的图像为例，图8.41所示为在“属性”面板中将“羽化”数值提高后的效果。可以看出，蒙版边缘发生了柔化。

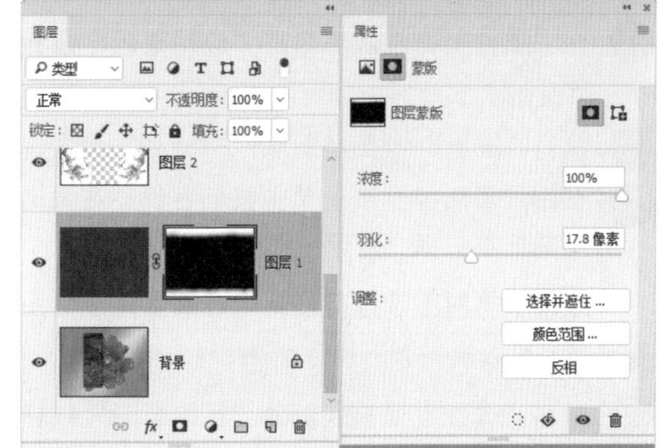

图 8.41

8.4.6 图层蒙版与图层缩览图的链接状态

默认情况下，图层与图层蒙版保持链接状态，即图层缩览图与图层蒙版缩览图之间存在图标。此时使用移动工具移动图层中的图像时，图层蒙版中的图像也会随其一起移动，从而保证图层蒙版与图层图像的相对位置不变。

如果要单独移动图层中的图像或者图层蒙版中的图像，可以单击两者间的 图标以使其消失，然后即可独立地移动图层或者图层蒙版中的图像了。

8.4.7 载入图层蒙版中的选区

要载入图层蒙版中的选区，可以执行下列操作之一。

- 单击“属性”面板中的“从蒙版中载入选区”按钮 。
- 按住Ctrl键单击图层蒙版的缩览图。

8.4.8 应用与删除图层蒙版

应用图层蒙版，可以将图层蒙版中黑色区域对应的图像像素删除，白色区域对应的图像像素保留，灰色过渡区域所对应的部分图像像素删除以得到一定的透明效果，从而保证图像效果在应用图层蒙版前后不会发生变化。要应用图层蒙版，可以执行以下操作之一。

01 在“属性”面板底部单击“应用蒙版”按钮 。

02 执行“图层”|“图层蒙版”|“应用”命令。

03 在图层蒙版缩览图上单击鼠标右键，在弹出的菜单中选择“应用图层蒙版”命令。

如果不想对图像进行任何修改而直接删除图层蒙版，可以执行以下操作之一。

01 单击“属性”面板底部的“删除蒙版”按钮 。

02 执行“图层”|“图层蒙版”|“删除”命令。

03 选择要删除的图层蒙版，直接按 Delete 键也可以将其删除。

04 在图层蒙版缩览图中单击鼠标右键，在弹出的菜单中选择“删除图层蒙版”命令。

8.4.9 查看与屏蔽图层蒙版

在图层蒙版存在的状态下，只能观察到未被图层蒙版隐藏的部分图像，因此不利于对图像进行编辑。在此情况下，可以执行下面的操作之一，完成停用/启用图层蒙版的操作：

- 在“属性”面板中单击底部的“停用/启用蒙版”图标 即可，此时该图层蒙版缩览图中将出现一个红色的“×”，如图8.42所示，再次单击该图标，即可重新启用蒙版。
- 按住Shift键单击图层蒙版缩览图，暂时停用图层蒙版效果，如图8.43所示，再次按住Shift键，单击图层蒙版缩览图，即可重新启用蒙版效果。

图 8.42

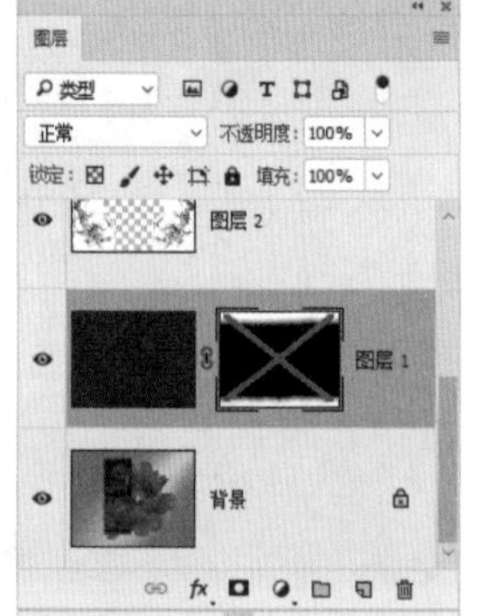

图 8.43

8.5 本章习题

8.5.1 选择题

1. 以下不可以设置“不透明度”参数的是：（ ）

A、画笔工具

B、图层

C、矩形选框工具

D、仿制图章工具

2. 当前图像中存在一个选区，按Alt键单击“添加图层蒙版”按钮 ，与不按Alt键单击“添加图层蒙版”按钮 ，则下列描述正确的是：（ ）

A、蒙版是反相的关系

B、前者无法创建蒙版，而后能够创建蒙版

C、前者添加的是图层蒙版，后者添加的是矢量蒙版

D、前者在创建蒙版后选区仍然存在，而后者在创建蒙版后选区不再存在

3. 若在图层上增加一个蒙版，当要单独移动蒙版时下面哪种操作是正确的：（ ）

A. 首先单击图层上的蒙版，然后选择移动工具就可以了

B. 首先单击图层上的蒙版，然后用移动工具拖拉

C. 首先要解除图层与蒙版之间的链接，然后选择移动工具就可以了

D. 首先要解除图层与蒙版之间的链接，再选择蒙版，然后选择移动工具就可以移动了

4. 以下可以添加图层蒙版的是：（ ）

A、图层组　　B、文字图层

C、形状图层　　D、背景图层

5. 下列关于图层蒙版的说法中，正确的是：（ ）

A、用画笔工具在图层蒙版上绘制黑色，图层上的像素就会被遮住

B、用画笔工具在图层蒙版上绘制白色，图层上的像素就会显示出来

C、用灰色的画笔工具在图层蒙版上涂抹，图层上的像素就会出现半透明的效果

D、图层蒙版一旦建立，就不能被修改

8.5.2 上机操作题

1. 打开随书所附光盘中的素材“第8章\习题1-素材1.psd”和“习题1-素材2.psd”，如图8.44所示，利用剪贴蒙版及混合模式功能，制作图8.45所示的效果。

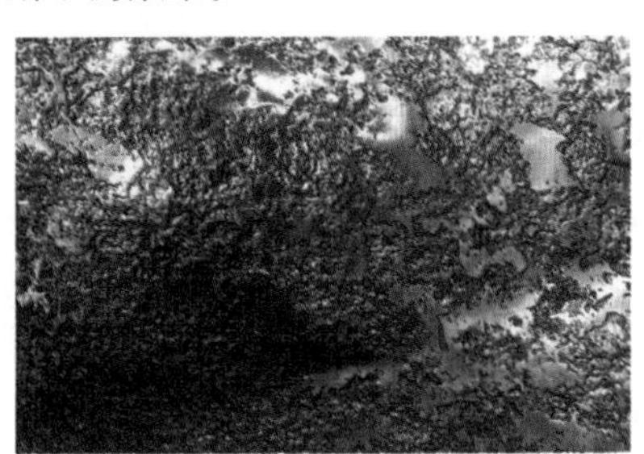

图 8.44

图 8.45

2. 打开随书所附光盘中的素材“第8章\习题2-素材.jpg”，如图8.46所示，利用混合模式合成提亮图像，得到图8.47所示的效果。

图 8.46

图 8.47

3. 打开随书所附光盘中的素材“第8章\习题3-素材.jpg”，如图8.48所示，利用混合模式合成降暗图像，得到图8.49所示的效果。

图 8.48

图 8.49

4. 打开随书所附光盘中的文件“第8章\习题4-素材1.psd”和“习题4-素材2.psd”，如图8.50所示，利用混合模式功能，得到图8.51所示的效果。

图 8.50

图 8.51

第9章 图层的特效处理功能

9.1 “图层样式”对话框概述

简单地说，“图层样式”就是一系列能够为图层添加特殊效果，如浮雕、描边、内发光、外发光、投影的命令。下面分别介绍一下各个图层样式的使用方法。

在“图层样式”对话框中共集成了10种各具特色的图层样式，但该对话框的总体结构大致相同，在此以图9.1所示的“斜面和浮雕”图层样式参数设置为例，讲解“图层样式”对话框的大致结构。

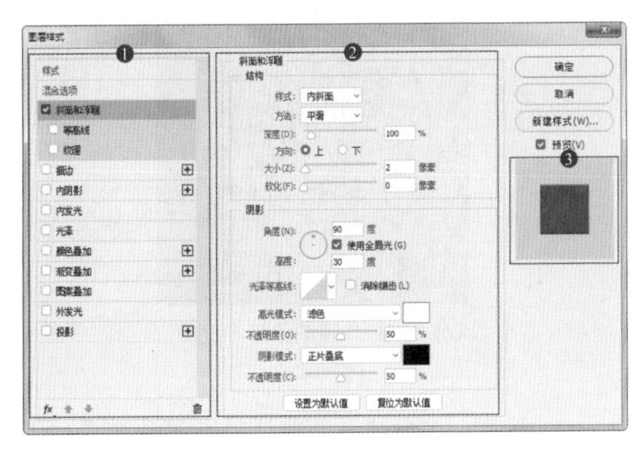

图 9.1

可以看出，“图层样式”对话框在结构上分为以下3个区域。

- 图层样式列表区：在该区域中列出了所有图层样式，如果要同时应用多个图层样式，只需要勾选图层样式名称左侧的选框即可；如果要对某个图层样式的参数进行编辑，直接单击该图层样式的名称，即可在对话框中间的选项区显示出其参数设置。用户还可以将其中部分图层样式进行叠加处理。
- 图层样式选区：在选择不同图层样式的情况下，该区域会即时显示出与之对应的参数设置。
- 图层样式预览区：在该区域中可以预览当前所设置的所有图层样式叠加在一起时的效果。
- 设置为默认值、复位为默认值：前者可以将当前的参数保存成为默认的数值，以便后面应用，而后者则可以复位到系统或之前保存过的默认参数。

值得一提的是，在Photoshop中，除了单个图层外，还可以为图层组添加图层样式，以满足用户多样化的处理需求。

9.2 图层样式功能详解

9.2.1 斜面和浮雕

执行“图层”|“图层样式”|“斜面和浮雕”命令，或者单击“图层”面板底部的“添加图层样式”按钮 fx，在弹出的菜单中选择“斜面和浮雕”命令，弹出“图层样式”对话框。使用“斜面和浮雕”图层样式，可以创建具有斜面或者浮雕效果的图像。

下面将以图9.2所示的图像及其中的图案为基础，讲解“斜面和浮雕”图层样式中各参数的功能。

图 9.2

■ 样式：选择其中的各选项，可以设置不同的效果。在此分别选择“外斜面”、“内斜面”、“浮雕效果”、“枕状浮雕”、“描边浮雕”等选项，各选项所对应的效果如图9.3所示。

(b) 选择“外斜面”选项

(c) 选择“内斜面”选项

(d) 选择“浮雕效果”选项

(e) 选择“枕状浮雕 ”选项

(f) 选择“ 描边浮雕 ”选项

图 9.3

> 提示：在选择“描边浮雕”选项时，必须同时添加“描边”图层样式，否则将不会得到任何浮雕效果。在当前的示例中，将“描边”图层样式效果设置为12像素的红色描边。

■ 方法：在其下拉菜单中可以选择“平滑”、“雕刻清晰”、“雕刻柔和”等选项，其对应的效果如图9.4所示。

(a) 选择“平滑”选项

(b) 选择“雕刻清晰”选项

(c) 选择“ 雕刻柔和 ”选项

图 9.4

■ 深度：控制“斜面和浮雕”图层样式的深度。数值越大，效果越明显。图9.5所示是分别设置数值为20%、100%时的对比效果。

(a) 设置“深度”数值为20%

(b) 设置“深度”数值为100%

图 9.5

- 方向：在此可以选择“斜面和浮雕”图层样式的视觉方向。如果单击“上”单选按钮，在视觉上呈现凸起效果；如果单击“下”单选按钮，在视觉上呈现凹陷效果。图9.6所示是分别单击这两个单选按钮后所得到的对比效果。

（a）单击“上”单选按钮

（b）单击“下”单选按钮

图 9.6

- 软化：此参数控制“斜面和浮雕”图层样式亮调区域与暗调区域的柔和程度。数值越大，则亮调区域与暗调区域越柔和。
- 高光模式、阴影模式：在这两个下拉菜单中，可以为形成斜面或者浮雕效果的高光和阴影区域选择不同的混合模式，从而得到不同的效果。如果单击右侧的色块，还可以在弹出的“拾色器（斜面和浮雕高光颜色）”对话框和“拾色器（斜面和浮雕阴影颜色）”对话框中为高光和阴影区域选择不同的颜色，因为在某些情况下，高光区域并非完全为白色，可能会呈现出某种色调；同样，阴影区域也并非完全为黑色。
- 光泽等高线：等高线是用于制作特殊效果的一个关键性因素。Photoshop提供了很多预设的等高线类型，只需要选择不同的等高线类型，就可以得到非常丰富的效果。另外，也可以通过单击当前等高线的预览框，在弹出的“等高线编辑器”对话框中进行编辑，直至得到满意的浮雕效果为止。图9.7所示为分别为两种不同等高线类型时的对比效果。

图 9.7

9.2.2 描边

使用“描边”图层样式，可以用“颜色”、“渐变”或者“图案”等3种类型为当前图层中的图像勾绘轮廓。

“描边”图层样式的参数释义如下。

- 大小：用于控制描边的宽度。数值越大，则生成的描边宽度越大。
- 位置：在其下拉菜单中可以选择“外部”、“内部”、“居中”等3种位置选项。选择“外部”选项，描边效果完全处于图像的外部；选择“内部”选项，描边效果完全处于图像的内部；选择“居中”选项，描边效果一半处于图像的外部，一半处于图像的内部。
- 填充类型：在其下拉菜单中可以设置描边的类型，包括“颜色”、“渐变”和“图案”3个选项。

可以使用描边图层样式来模拟金属的边缘，如图9.8所示为添加描边样式前后的效果对比。

(a)

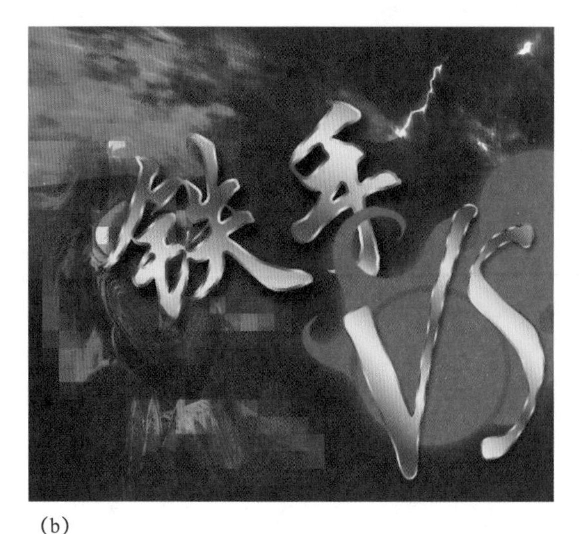

(b)

图 9.8

虽然使用上述任何一种图层样式，都可以获得非常丰富的效果，但在实际应用中通常同时使用数种图层样式。

9.2.3 内阴影

使用“内阴影”图层样式，可以为非背景图层添加位于图层不透明像素边缘内的投影，使图层呈凹陷的外观效果。

“内阴影”图层样式的参数释义如下。

- 混合模式：在其下拉菜单中可以为内阴影选择不同的混合模式，从而得到不同的内阴影效果。单击其右侧色块，可以在弹出的“拾色器（内阴影颜色）”对话框中为内阴影设置颜色。
- 不透明度：在此可以键入数值以定义内阴影的不透明度。数值越大，则内阴影效果越清晰。
- 角度：在此拨动角度轮盘的指针或者键入数值，可以定义内阴影的投射方向。如果选择了“使用全局光”选项，则内阴影使用全局设置；反之，可以自定义角度。
- 距离：在此键入数值，可以定义内阴影的投射距离。数值越大，则内阴影的三维空间效果越明显；反之，越贴近投射内阴影的图像。

图9.9所示为添加内阴影样式前的效果，如图9.10所示为添加内阴影样式后的效果。

图 9.9

图 9.10

9.2.4 外发光与内发光

使用“外发光”图层样式，可为图层增加发光效果。此类效果常用于具有较暗背景的图像中，以创建一种发光的效果。

使用“内发光”图层样式，可以在图层中增加不透明像素内部的发光效果。该样式的对话框与“外发光”样式相同。

“内发光”及“外发光”图层样式常被组合在一起使用，以模拟一个发光的物体。图9.11所示为添加图层样式前的效果，图9.12所示为添加“外发光”图层样式后的效果，图9.13所示为添加“内发光”图层样式后的效果。

图 9.11

图 9.12

图 9.13

9.2.5 光泽

使用“光泽”图层样式，可以在图层内部根据图层的形状应用投影，常用于创建光滑的磨光及金属效果。

图9.14所示为添加“光泽”图层样式前后的对比效果。

(a) 添加“光泽”图层样式前

(b) 添加“光泽”图层样式后

图 9.14

9.2.6 颜色叠加

选择“颜色叠加”图层样式，可以为图层叠加某种颜色。此图层样式的参数设置非常简单，在其中设置一种叠加颜色，并设置所需要的“混合模式”及“不透明度”即可。

9.2.7 渐变叠加

使用“渐变叠加”图层样式，可以为图层叠

加渐变效果。

“渐变叠加”图层样式较为重要的参数释义如下。

- 样式：在此下拉菜单中可以选择“线性”、“径向”、“角度”、“对称的”、“菱形”等5种渐变样式。
- 与图层对齐：在此选项被选中的情况下，渐变效果由图层中最左侧的像素应用至其最右侧的像素。

图9.15所示是为蝴蝶图像添加“渐变叠加”图层样式前后的对比效果。

(a) 添加“渐变叠加”图层样式前

(b) 添加“渐变叠加”图层样式后

图 9.15

9.2.8 图案叠加

使用“图案叠加”图层样式，可以在图层上叠加图案，其中的参数及选项与前面讲解的图层样式相似，故不再赘述。

图9.16所示是在艺术文字上叠加图案前后的对比效果。

(a) 添加“图案叠加”图层样式前

(b) 添加“图案叠加”图层样式后

图 9.16

9.2.9 投影

使用“投影”图层样式，可以为图层添加投影效果。

“投影”图层样式较为重要的参数释义如下。

- 扩展：在此键入数值，可以增加投影的投射强度。数值越大，则投射的强度越大。图9.17所示为其他参数值不变的情况下，“扩展”值分别为10和40情况下的“投影”效果。

图 9.17

- 大小：此参数控制投影的柔化程度的大小。数值越大，则投影的柔化效果越明显；反之，则越清晰。图9.18所示为其他参数值不变的情况下，"大小"值分别为0和15两种数值情况下的"投影"效果。

图 9.18

- 等高线：使用等高线可以定义图层样式效果的外观，其原理类似于"曲线"命令中曲线对图像的调整原理。单击此下拉列表按钮，将弹出图9.19所示的"等高线"列表，可在该列表中选择等高线的类型，在默认情况下Photoshop自动选择线性等高线。

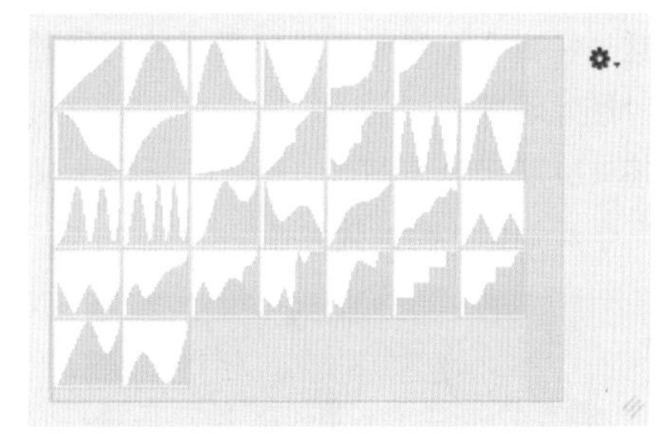

图 9.19

图9.20所示为在其他参数与选项不变的情况下，选择两种不同的等高线得到的效果。

图 9.20

9.3 “填充”不透明度与图层样式

与本书第8章中讲解的“不透明度”参数不同，图层的“填充”数值仅改变在当前图层中像素的填充数量，从而得到降低图像透明度的结果，这一特点在设置带有图层样式的图层的透明属性时最为明显。

图9.21所示为原图像，图9.22所示为其中的“福”字添加样式后的效果。

图 9.21

图 9.22

此时如果将该图层的“填充”数值设置为30%，将得到图9.23所示的效果。可以看出，此时图像中的黄色变淡了，但由图层样式产生的浮雕及光泽效果仍在。如果此处将“不透明度”数值设置为30%，将得到图9.24所示的效果。可以看出，包括图层样式在内的所有图像都已经变淡了，由此对比就不难看出“填充”数值的特点了。

图 9.23

图 9.24

9.4 图层样式的相关操作

9.4.1 显示或隐藏图层样式

图层样式是在图层对象之上的效果，与图层保持独立的显示状态。通过屏蔽图层样式，可以暂时隐藏应用于图层的样式效果。此类操作分为屏蔽某一个图层样式及屏蔽所有图层样式两种。

要屏蔽某一个图层样式，可以在“图层”面板中单击其左侧的按钮，以将其隐藏，如图9.25所示。也可以按住Alt键，单击“添加图层样式”按钮，在弹出的菜单中选择隐藏图层样式的命令。

要屏蔽某一个图层的所有图层样式，可以单击“图层”面板中该图层下方“效果”左侧的按钮，如图9.26所示。

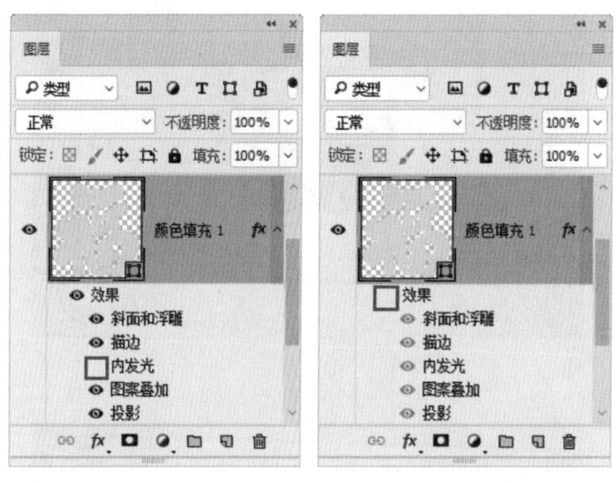

图 9.25　　图 9.26

> 提示：某些情况下，可以通过不断地屏蔽、显示某一种图层样式，来查看这种图层样式是否在整个效果中起到了应有的作用，从而判断是否应该使用这种图层样式。

9.4.2 复制、粘贴图层样式

如果两个图层需要设置相同的图层样式，可以通过复制与粘贴图层样式以减少重复性工作。要复制图层样式，可以按下述步骤进行操作。

01 在“图层”面板中选择包含要复制的图层样式的图层。

02 执行“图层”|“图层样式”|“拷贝图层样式”命令，或者在图层上单击鼠标右键，在弹出的菜单中选择“拷贝图层样式”命令。

03 在“图层”面板中选择需要粘贴图层样式的目标图层。

04 执行“图层”|“图层样式”|“粘贴图层样式”命令，或者在图层上单击鼠标右键，在弹出的菜单中选择“粘贴图层样式”命令。

除使用上述方法外，还可以按住Alt键将图层样式直接拖动至目标图层中，这样也可以起到复制图层样式的目的。若拖动的是“效果”则复制所有图层样式，如图9.27所示；若拖动的是某一个图层样式，则只复制该图层样式。

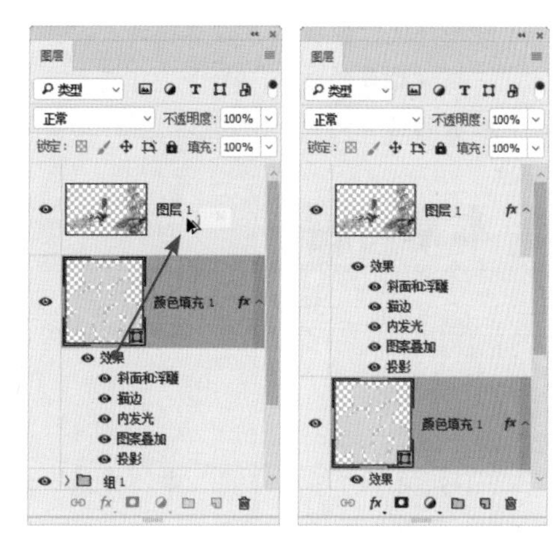

图 9.27

> 提示：此时如果没有按住Alt键直接拖动图层样式，则相当于将原图层中的图层样式剪切到目标图层中。

9.4.3 删除图层样式

删除图层样式是使图层样式不再发挥作用，同时可以降低图像文件的大小。

01 删除某个图层上的某一图层样式：在“图层”面板中将该图层样式选中，然后拖动至“删除图层”按钮上。还可以在图层上单击鼠标右键，在弹出的菜单中选择“清除图层样式”命令。

02 删除某个图层上的所有图层样式：可以在“图层”面板中选中该图层，并执行“图层”|“图层样式”|“清除图层样式”命令；也可以在“图层”面板中选择图层下方的“效果”栏，将其拖动至“删除图层”按钮上。

从Photoshop CC 2015开始，用户可以在“图层样式”对话框左侧的列表中删除图层样式，只保留要使用的样式即可，使得在查看和编辑图层样式时更为直观。

要删除图层样式，可以在“图层样式”对话框中执行以下操作之一。

- 选中要删除的图层样式，单击“删除图层样式”按钮即可。
- 单击“图层样式”对话框左下角的“添加图层样式”按钮fx，在弹出的菜单中选择“删除隐藏的效果”命令，可将当前所有未用的图层样式删除。

9.5 本章习题

9.5.1 选择题

1. 下列关于“图层样式”中“光照”参数的说法中，正确的是：（ ）

A、光照角度是固定的

B、光照角度可任意设定

C、光线照射的角度只能是60度、120度、240度或300度

D、光线照射的角度只能是0度、90度、180度或270度

2. 若在“投影”图层样式对话框中，选中“使用全局光”选项，并设置“角度”数值为15，则默认情况下，下面哪些图层样式的角度也会随之变化？（ ）

A、外发光　　B、内阴影

C、斜面和浮雕　　D、内发光

3. 下面关于不透明度与填充不透明度的描述中，正确的是：（ ）

A、不透明度将对图层中的所有像素起作用

B、填充不透明度只对图层中填充像素起作用，对图层样式不起作用。

C、不透明度不会影响到图层样式

D、填充不透明度不会影响到图层样式

4. 以下可以添加图层样式的是：（ ）

A、图层组　　B、形状图层

C、文字图层　　D、普通图层

9.5.2 上机题

1. 打开随书所附光盘中的素材“第9章\习题1-素材.psd”，如图9.28所示。试通过创建一个渐变填充图层，并编辑其中的渐变属性，制作得到图9.29所示的效果。

图 9.28

图 9.29

2. 打开随书所附光盘中的素材“第9章\习题2-素材.psd”，如图9.30所示，试制作得到图9.31所示的发光效果。

图 9.30

图 9.31

3. 打开随书所附光盘中的素材“第9章\习题3-素材.psd”，如图9.32所示，试制作得到图9.33所示的效果。

图 9.32

图 9.33

第10章 特殊图层详解

10.1 填充图层

10.1.1 填充图层简介

填充图层是一类非常简单的图层。使用此类图层，可以创建“纯色”、“渐变”或者“图案”等3类填充图层。

单击“图层”面板底部的“创建新的填充或调整图层”按钮，在其下拉菜单中选择一种填充类型，在弹出的对话框中设置参数，即可在目标图层之上创建一个填充图层。

> 提示：填充图层在本质上与普通图层并无太大区别，因此也可以通过改变图层的混合模式或者不透明度、为图层添加蒙版、将其应用于剪切图层等操作获得不同的效果。

10.1.2 创建实色填充图层

单击“图层”面板底部的“创建新的填充或调整图层”按钮，在弹出的菜单中选择“纯色”命令，然后在弹出的“拾色器（纯色）”对话框中选择一种填充颜色，即可创建颜色填充图层，效果图10.1所示。

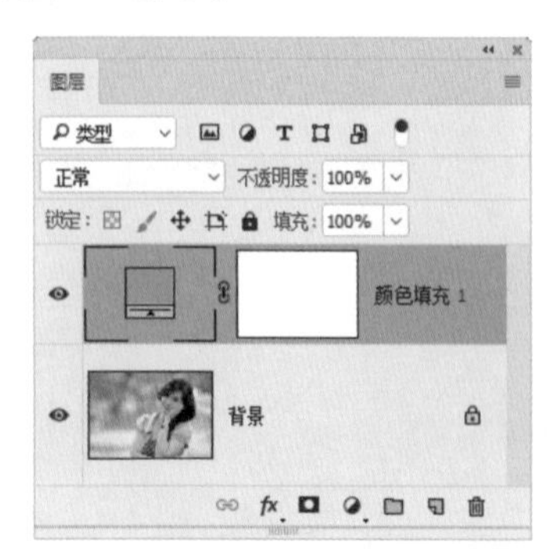

图 10.1

此填充图层的特点是当需要修改其填充颜色时，只需双击其图层缩览图，在弹出的“拾色器（纯色）”对话框中选择一种新的颜色即可。

10.1.3 创建渐变填充图层

单击“图层”面板底部的“创建新的填充或调整图层”按钮，在弹出的菜单中选择“渐变”命令，弹出图10.2所示的“渐变填充”对话框。

图 10.2

在“渐变填充”对话框中选择一种渐变，并设置适当的“角度”及“缩放”等数值，然后单击“确定”按钮退出对话框，即可得到渐变填充图层。

图10.3所示为原图像。图10.4所示是添加了渐变填充图层并设置适当的图层属性后得到的效果，图10.5所示是对应的“图层”面板。

图 10.3

图 10.4

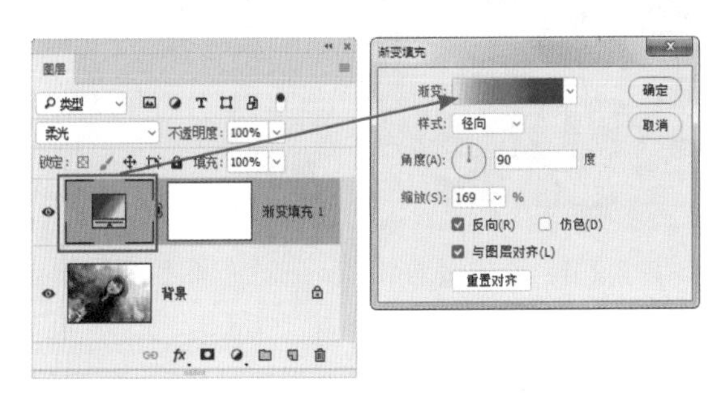

图 10.5

创建渐变填充图层的好处在于修改其渐变样式的便捷性，编辑时只需要双击渐变填充图层的图层缩览图，即可再次调出“渐变填充”对话框，然后修改其参数即可。

10.1.4 创建图案填充图层

单击“图层”面板底部的“创建新的填充或调整图层”按钮◉.，在弹出的菜单中选择“图案”命令，即可弹出图10.6所示的“图案填充”对话框。

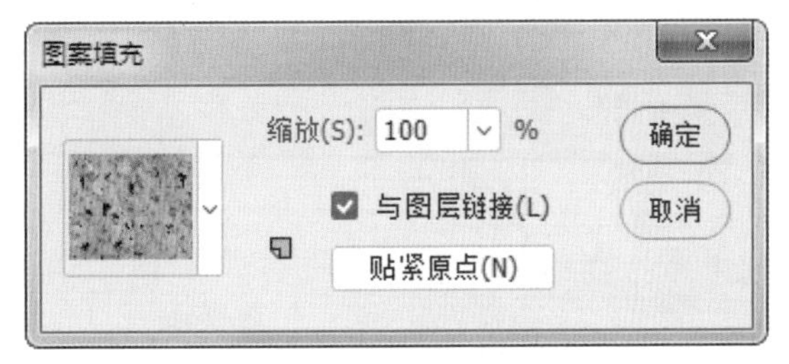

图 10.6

完成图案选择及参数设置等操作后，单击“确定”按钮，即可在目标图层上方创建图案填充图层。

图10.7所示为原图像。图10.8所示是使用一个特殊的图案进行填充，并适当设置图层属性后的效果，图10.9所示是对应的“图层”面板。

图 10.7

图 10.8

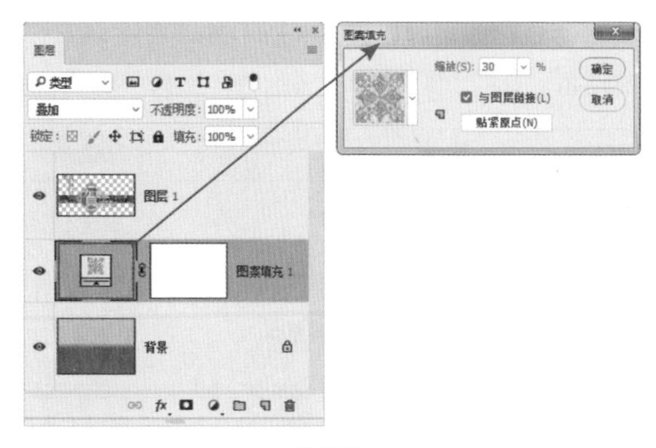

图 10.9

要修改图案填充图层的参数，双击其图层缩览图，调出“图案填充”对话框，修改完毕后单击“确定”按钮退出对话框即可。

10.1.5 栅格化填充图层

对于颜色、渐变及图案等3种填充图层来说，除了具有其各自的图层参数外，几乎是不可以再对其进行其他编辑的（如直接应用图像调整命令或者滤镜命令等），此时就可以将填充图层栅格化，以便于进行深入的编辑操作。

栅格化填充图层的操作非常简单，只需要选择要栅格化的填充图层，然后执行下面的方法之一即可。

01 在要栅格化的图层名称上单击鼠标右键，在弹出的菜单中选择“栅格化图层”命令。

01 选择要栅格化的图层，然后执行“图层”|“栅格化”|“填充内容”命令。

10.2 调整图层

10.2.1 无损调整的原理

通过“调整”面板可以创建调整图层，调整图层产生的照片调整效果，不会直接对某个图层的像素本身进行修改，所有的修改内容都是在调整图层内体现，因而可以非常方便地进行反复修改，且不会对原图像的质量和内容造成任何损失。

以下图10.10所示的效果及其“图层”面板为例，是使用了“色相/饱和度”和“自然饱和度”两个调整图层，实现改变色彩并提高色彩饱和度的处理。

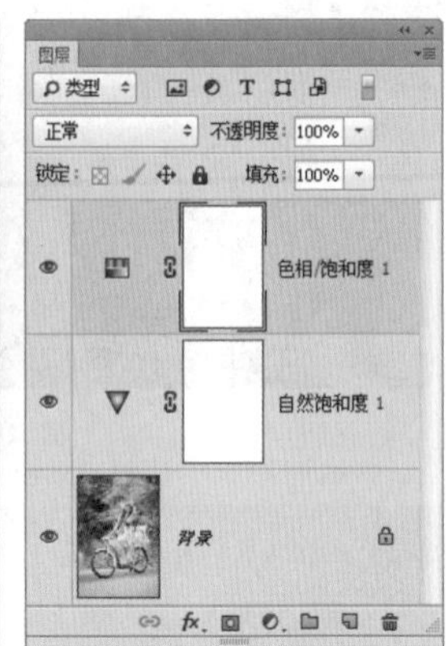

图 10.10

图10.11所示是通过修改两个调整图层的参数后，改变了颜色后的效果。

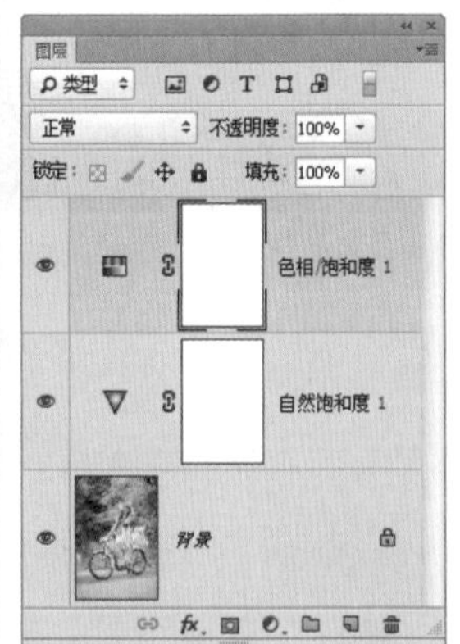

图 10.11

图10.12所示是删除两个调整图层后，所有的调整效果消失，显示出未调整前的原始照片。

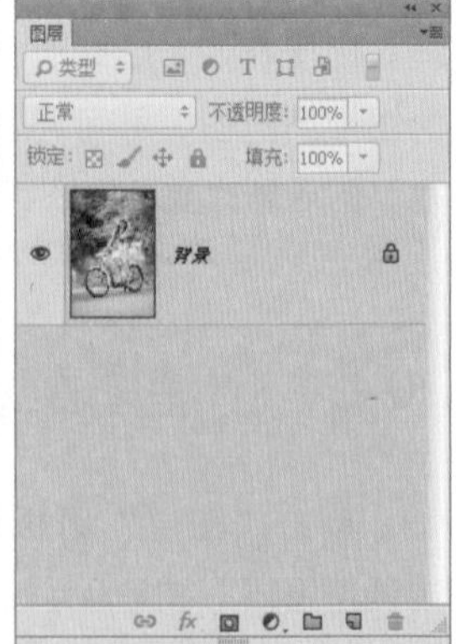

图 10.12

通过上面的示例，已经可以了解到调整图层无损调整的原理，下面来讲解其相关操作及使用技巧。

10.2.2 调整图层简介

调整图层是图像处理过程中经常用到的功能，从功能上来说，它与“图像”|“调整”子菜单中的“图像调整”命令的功能是完全相同的，只不过它以一个图层的形式存在，从而更便于我们进行编辑和调整。具体来说，调整图层具有以下特点。

1. 可编辑参数

调整图层最大的特点之一就是可以反复编辑其参数，这对于我们在尝试调整图像时非常方便。

2. 无损调整

通过调整图层处理得到的照片效果，不会直接对某个图层的像素本身进行修改，所有的修改内容都是在调整图层内体现，因而可以非常方便地进行反复修改，且不会对原图像的质量和内容造成任何损失。

以图10.13所示的效果及其“图层”面板为例，是使用了“色相/饱和度”和“自然饱和度”两个调整图层，实现改变色彩并提高色彩饱和度的处理。

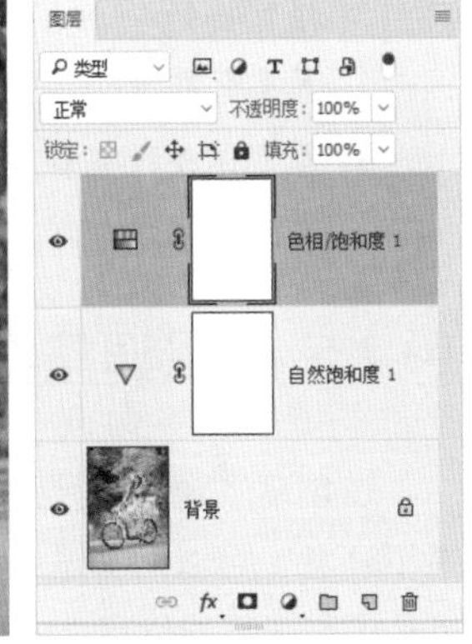

图 10.13

图10.14所示是通过修改两个调整图层的参数后，改变了颜色后的效果。

图 10.14

图10.15所示是删除两个调整图层后，所有的调整效果消失，显示出未调整前的原始照片。

图 10.15

通过上面的示例，已经可以了解到调整图层无损调整的原理，下面来讲解其相关操作及使用技巧。

3. 可设置图层属性

上面已经提到过，调整图层是一个图层，因此我们可以对它应用很多对普通图层进行的操作。除了最基本的复制、删除等操作外，还可以根据需要，为调整图层设置混合模式、添加蒙版、设置不透明度等，因此在调整过程中，更是极大地方便了对调整效果的控制。

4. 可调整多个图层

在使用调整命令调整图像时，每次只能对一个图层中的图像进行调整，而调整图层则可以对所有其下方图层中的图像进行调整。当然，如果仅需要调整某个图层中的图像，那么可以在调整图层与该图层之间创建剪贴蒙版。

10.2.3 “调整”面板简介

“调整”面板的作用就是在创建调整图层时，将不再通过调整对话框设置参数，而是转为在此面板中。在没有创建或选择任意一个调整图层的情况下，选择“窗口”|“调整”命令即可调出“调整”面板。

在选中或创建了调整图层后，即可在“属性”面板中显示相应的参数，如图10.16所示。图10.17所示是在选择了“黑白”调整图层时的面板状态。

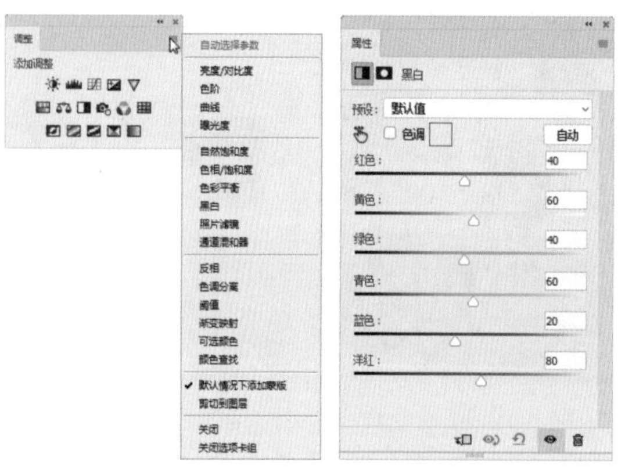

图 10.16　　图 10.17

在此状态下，面板中的按钮功能解释如下。

- “创建剪贴蒙版”按钮：单击此按钮，可以在当前调整图层与下面的图层之间创建剪贴蒙版，再次单击则取消剪贴蒙版。
- “预览最近一次调整结果”按钮：按住此按钮，可以预览本次编辑调整图层参数时，最初始与刚刚调整完参数时的状态对比。
- “复位”按钮：单击此按钮，则完全复位到该调整图层默认的参数状态。
- “图层可见性”按钮：单击此按钮，可以控制当前所选调整图层的显示状态。
- “删除此调整图层”按钮：单击此按钮，并在弹出的对话框中单击“是”按钮，可以删除当前所选的调整图层。
- “蒙版”按钮：单击此按钮，将进入选中的调整图层的蒙版编辑状态。此面板能够提供用于调整蒙版的多种控制参数，使操作者可以轻松修改蒙版的不透明度、边缘柔化度等属性，并可以方便地增加矢量蒙版、反相蒙版，或者调整蒙版边缘等。

使用“属性”面板可以对蒙版进行如羽化、反相及显示/隐藏蒙版等操作，具体的操作将在下一章做讲解。

10.2.4 创建调整图层

在Photoshop中，可以采用以下方法创建调整图层。

- 选择“图层”|“新建调整图层”子菜单中的命令，此时将弹出图10.18所示的对话框，这与创建普通图层时的“新建图层”对话框基本相同，单击“确定”按钮退出对话框，即可得到一个调整图层。

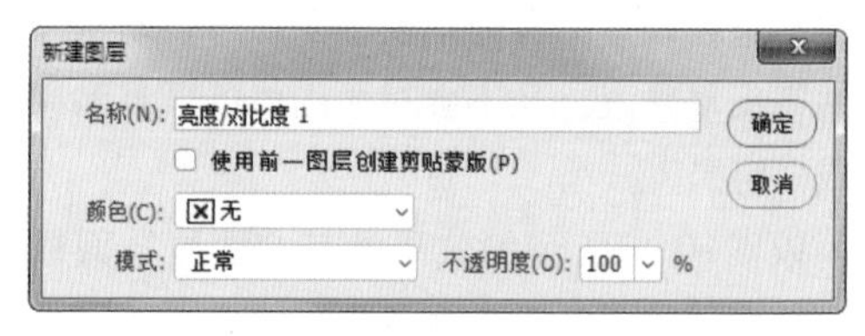

图 10.18

- 单击“图层”面板底部的“创建新的填充或调整图层”按钮，在弹出的菜单中选择需要的命令，然后在“属性”面板中设置参数即可。
- 在“调整”面板中单击各个图标，即可创建对应的调整图层。

10.2.5 编辑调整图层

在创建了调整图层后，如果对当前的调整效果不满意，可以对其进行修改直至满意为止，这也是调整图层的优点之一。

要重新设置调整图层中所包含的命令参数，可以先选择要修改的调整图层，再双击调整图层的图层缩览图，即可在“属性”面板中调整其参数。

> 提示：如果用户当前已经显示了“属性”面板，则只需要选择要编辑参数的调整图层，即可在面板中进行修改。如果用户添加的是“反相”调整图层，则无法对其进行调整，因为该命令没有任何参数。

另外，调整图层也是图层的一种，因此还可以根据需要，为其设置混合模式、不透明度、图层蒙版等属性。

10.3 智能对象

在前面的讲解中已经了解到，图层是图像的载体，而每个图层都只能装载一幅图像。智能对象图层则不同，它可以像每个PSD格式图像文件一样装载多个图层的图像，从这一点来说，它与图层组的功能有些相似，即都用于装载图层。不同的是，智能对象图层是以一个特殊图层的形式来装载这些图层的。

10.3.1 智能对象的基本概念及特点

图10.19所示的图层“金鸡贺岁”就是一个智能对象图层。从外观上看，智能对象图层最明显的特殊之处就在于其图层缩览图右下角的标志。

在编辑智能对象图层的内容时，会将其中的内容显示于一个新的图像文件中，可以像编辑其他图像文件那样，在其中进行新建或者删除图层、调整图层的颜色、设置图层的混合模式、添加图层样式、添加图层蒙版等操作。图10.20所示就是智能对象“金鸡贺岁”中包括的大量图层。

图 10.19

图 10.20

除了位图图像外，智能对象包括的内容还可以是矢量图形。也正是由于智能对象图层的特殊性，它也拥有其他图层所不具备的优点：

- 无损缩放：如果在Photoshop中对图像进行频繁的缩放，会引起图像信息的损失，最终导致图像变得越来越模糊。但如果我们将一个智能对象在100%比例范围内进行频繁缩放，则不会使图像变得模糊，因为我们并没有改变外部的子文件的图像信息。当然，如果我们将智能对象放大超过100%，仍然会对图像的质量有影响，其影响效果等同于直接将图像进行放大。
- 支持矢量图形：我们可以使用AI、EPS等格式的矢量素材图形，帮助我们提高作品的质量。而使用这些格式的图形时，最好的选择就是使用智能对象，即将矢量图形以智能对象的形式粘贴至Photoshop中，在不改变矢量图形内容的情况下，还可以保留其原有的矢量属性，以便于返回至矢量软件中进行编辑。

- 智能滤镜：所谓的智能滤镜，是指对智能对象图层应用滤镜，并保留滤镜的参数，以便于随时进行编辑、修改。
- 记录变形参数：在将图层转换为智能对象的情况下，选择“编辑”|“变换”|“变形”命令进行的所有变形处理，都可以被智能对象记录下来，以便于进行编辑和修改。
- 便于管理图层：当我们面对一个较复杂的Photoshop文件时，可以将若干个图层保存为智能对象，从而降低Photoshop文件中图层的复杂程度，使我们更便于管理并操作Photoshop文件。

10.3.2 创建链接式与嵌入式智能对象

从Photoshop CC 2015开始，创建的智能对象可分为新增的“链接式”与传统的“嵌入式”。下面分别讲解其操作方法。

1. 链接与嵌入的概念

在学习链接式与嵌入式智能对象之前，用户应该先了解对象的链接与嵌入的概念。

链接式智能对象会保持智能对象与原图像文件之间的链接关系，其好处在于当前的图像与链接的文件是相对独立的，可以分别对它们进行编辑处理，但缺点就是，链接的文件一定要一直存在，若移动了位置或删除，则在智能对象上会提示链接错误，如图10.21所示，导致无法正确输出和印刷。

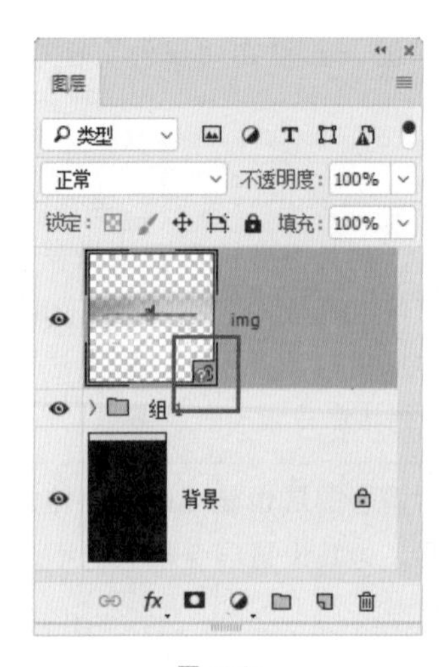

图 10.21

相对较为保险的方法，就是将链接的对象嵌入到当前文档中，虽然这样做会导致增加文件的大小，但由于图像已经嵌入，因此无需担心链接错误等问题。在有需要时，也可以将嵌入的对象取消嵌入，将其还原为原本的文件。

2. 创建嵌入式智能对象

可以通过以下方法创建嵌入式智能对象。

- 选择“文件”|“置入嵌入的智能对象”命令。
- 使用“置入”命令为当前工作的Photoshop文件置入一个矢量文件或位图文件，甚至是另外一个有多个图层的Photoshop文件。
- 选择一个或多个图层后，在“图层”面板中选择“转换为智能对象”命令或选择“图层”|“智能对象”|“转换为智能对象”命令。
- 在Illustrator软件中复制矢量对象，然后在Photoshop中粘贴对象，在弹出的对话框中选择“智能对象”选项，单击“确定”按钮退出对话框即可。
- 使用“文件”|“打开为智能对象”命令，将一个符合要求的文件直接打开成为一个智能对象。
- 从外部直接拖入到当前图像的窗口内，即可将其以智能对象的形式嵌入到当前图像中。

通过上述方法创建的智能对象均为嵌入式，此时，即使外部文件被编辑，其修改也不会反映在当前图像中。图10.22所示为原图像，图10.23所示是对应的“图层”面板。选择除图层“背景”以外的所有图层，然后执行“图层”|“智能对象”|“转换为智能对象”命令，此时的“图层”面板如图10.24所示。

图 10.22

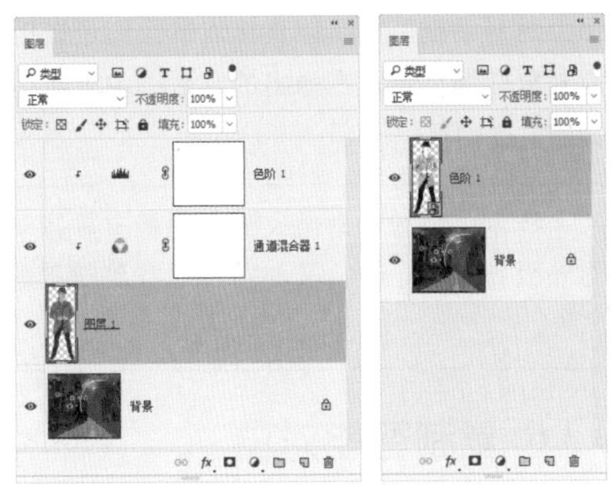

图 10.23　　　　图 10.24

3. 创建链接式智能对象

链接式智能对象是从Photoshop CC 2015开始才有的一项功能，它可以将一个图像文件以链接的形式置入到当前图像中，从而成为一个链接式智能对象，其特点就在于，若要创建链接式的智能对象，可以选择“文件”|“置入链接的智能对象”命令，在弹出的对话框中打开要处理的图像即可。以图10.25所示的素材为例，图10.26是在其中以链接的方式置入一个图像文件后的效果，及其对应的“图层”面板，该图层的缩略图上会显示一个链接图标。

图 10.25

图 10.26

10.3.3 编辑智能对象的源文件

智能对象的优点是能够在外部编辑智能对象的源文件，并使所有改变反映在当前工作的Photoshop文件中。要编辑智能对象的源文件，可以按照以下步骤操作。

- 直接双击智能对象图层。
- 执行“图层”|“智能对象”|“编辑内容”命令。
- 在“图层”面板菜单中选择“编辑内容”命令，弹出提示对话框。直接单击“确定”按钮，进入智能对象的源文件中。

在源文件中进行修改操作，执行“文件”|“存储”命令保存所做的修改，然后关闭此

文件即可，所做的修改将反映在智能对象中。

以上的智能对象编辑操作，适用于嵌入式与链接式智能对象。值得一提的是，对于链接式智能对象，除了上述方法外，也可以直接编辑其源文件，在保存修改后图像文件中的智能对象会自动进行更新。

10.3.4 转换嵌入式与链接式智能对象

在Photoshop中，嵌入式与链接式智能对象是可以相互转换的，下面分别来讲解其具体操作方法。

1. 将嵌入式智能对象转换为链接式

要将嵌入式的智能对象转换为链接式的智能对象，可以执行以下操作之一。

- 选择“图层”|“智能对象”|“转换为链接对象”命令。
- 在智能对象图层的名称上单击鼠标右键，在弹出的菜单中选择“转换为链接对象”命令。

执行上述任意一个操作后，在弹出的对话框中选择文件保存的名称及位置，然后保存即可。

2. 将链接式智能对象转换为嵌入式

若要将链接式智能对象转换为嵌入式，可以执行以下操作之一。

- 选择“图层”|“智能对象”|“嵌入链接的智能对象”命令。
- 在智能对象图层的名称上单击鼠标右键，在弹出的菜单中选择“嵌入链接的智能对象”命令。

执行上述任意一个操作后，即可嵌入所选的智能对象。

3. 嵌入所有的智能对象

若要将当前图像文件中所有的链接式智能对象转换为嵌入式，可以选择“图层”|“智能对象”|“嵌入所有链接的智能对象”命令。

10.3.5 解决链接式智能对象的文件丢失问题

如前所述，链接式对象的缺点之一，就是可能会出现链接的图像文件丢失的问题，并在打开该图像文件时，会弹出类似图10.27所示的对话框，询问是否进行修复处理。

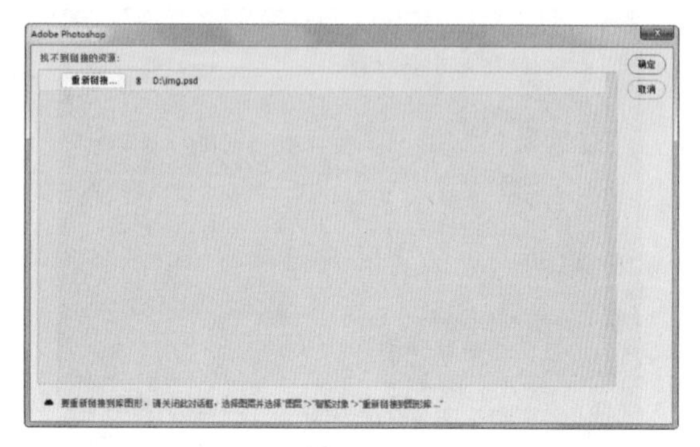

图 10.27

单击对话框中的“重新链接”按钮，在弹出的对话框中重新指定链接的文件即可；若是已经退出上述对话框，则可以直接双击丢失了链接的智能对象的缩略图，在弹出的对话框中重新指定链接的文件即可。

> 提示：将智能对象文件与图像文件置于同一级目录下，在打开时可自动找到链接的文件。

10.3.6 复制智能对象

可以在Photoshop文件中对智能对象进行复制以创建一个新的智能对象。新的智能对象可以与原智能对象处于一种链接关系，也可以是一种非链接关系。

如果两者保持一种链接关系，则无论修改两个智能对象中的哪一个，都会影响到另一个；反之，如果两者处于非链接关系，则之间没有相互影响的关系。

如果希望新的智能对象与原智能对象处于一种链接关系，可以执行下面的操作。

01 打开随书所附光盘中的文件“第10章\10.3.6-素材.psd”，选择智能对象图层。

02 执行“图层”|“新建”|“通过拷贝的图层”命令，也可以直接将智能对象图层拖动至“图层”面板底部的“创建新图层”按钮 上。

图10.28所示就是按照上面讲解的方法，复制多个智能对象图层并对其中的图像进行缩放及适当排列后所得到的效果。

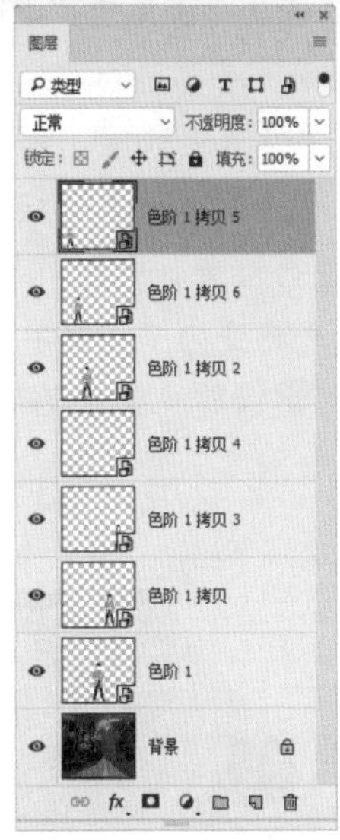

图 10.28

如果希望新的智能对象与原智能对象处于一种非链接关系，可以执行下面的操作。

01 选择智能对象图层。

02 执行“图层”|“智能对象”|“通过拷贝新建智能对象”命令。

这种复制智能对象的好处就在于复制得到的智能对象虽然在内容上都是相同的，但它们却都相对独立，此时如果编辑其中一个智能对象的内容，其他以此种方式复制得到的智能对象不会发生变化；而使用前面一种方法复制得到的智能对象，在修改其中一个智能对象的内容后，则所有相关的智能对象都会发生相同的变化。

10.3.7 栅格化智能对象

由于智能对象具有许多编辑限制，因此如果希望对智能对象进行进一步编辑（如使用滤镜命令对其进行操作等），则必须要将其栅格化，即转换成为普通的图层。

选择智能对象图层后，执行“图层”|“智能对象”|“删格化”命令，即可将智能对象图层转换成为普通图层。

10.4 3D图层

自Photoshop CS3新增了3D功能后，之后的每个版本中，3D功能都明显地让人感觉到其逐步完善、功能逐渐强大的事实。在Photoshop CC 2017中，在原有的强大功能基础上，又大大地简化并优化了3D对象的编辑与处理流程，使之更为丰富和强大。

10.4.1 3D图层基础操作

1. 启用图形处理器

在Photoshop CC 2017中，至少要在Windows 7 64位系统下，并启用了图形处理器功能，才可以使用3D功能。可以选择“编辑”|“首选项”|“性能”命令，在弹出的对话框右下方，选中“使用图形处理器”选项。若“使用图形处理器”选项显示为灰色不可用状态，则可能是电脑的显卡不支持此功能，用户可尝试更新显卡的驱动程序。

2. 认识3D图层

3D图层属于一类非常特殊的图层，为了便于与其他图层区别开来，其缩览图上存在一个特殊的标识，另外，根据设置的不同，其下方还有不等数量的贴图列表，如图10.29所示。

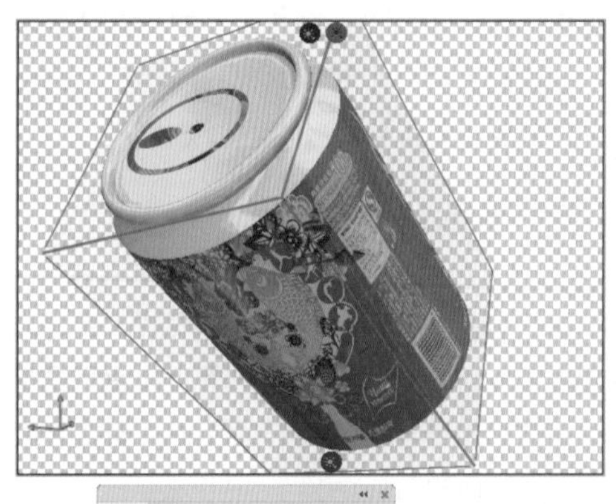

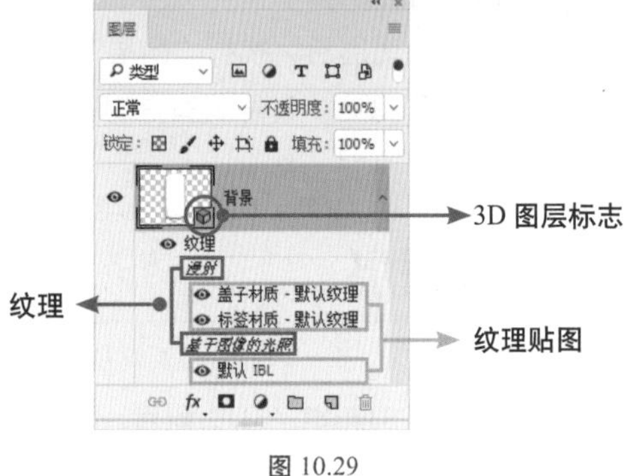

图 10.29

3. 了解3D面板

3D面板是3D模型的控制中心，选择“窗口”|“3D”命令，或在“图层”面板中双击某3D图层的缩览图，都可以显示图10.30所示的3D面板。

图 10.30

默认情况下，3D面板选中的是顶部的“整个场景”按钮，此时会显示每一个选中的3D图层中3D模型的网格、材质和光源，还可以在此面板对这些属性进行灵活的控制。

在大多数情况下，应该保持按钮被按下，以显示整个3D场景的状态，从而在面板上方的列表中单击不同的对象时，能够在“属性”面板中显示该对象的参数，以方便对其进行控制。

4. 渲染3D模型

在创建及编辑3D模型的过程中，此时无论是模型的质量、光线的准确性，以及模型的阴影等，都不会显示出来，一切只为了以最快的速度预览模型的大致效果，在此品质下，模型边缘常常会带有较多的锯齿，对于高品质的图像及光影等效果，需要在渲染后才可以显示出最终的效果。

要渲染3D模型，可以在选中要渲染的3D图层后，在“属性”面板底部单击“渲染”按钮，即开始根据所设置的参数进行渲染。

高品质的渲染速度较慢，因此在进行渲染时，如果发现已经了解了渲染结果，可以随时按Esc键停止进行渲染，此时“3D”面板中的“渲染”按钮将变为“恢复渲染”按钮，单击此按钮即可继续前一次的渲染结果。例如图10.31所示就是分别渲染至不同品质下的3种效果对比。

图10.31

提示：当对3D模型的参数进行了任意设置时，则“恢复渲染”按钮将重新变为“渲染”按钮，即无法再继续上一次的结果进行渲染。

5. 栅格化3D模型

3D图层是一类特殊的图层，在此类图层中，无法进行绘画等编辑操作，要应用的话，必须将此类图层栅格化。

选择“图层”|“栅格化”|“3D”命令，或直接在此类图层中右击鼠标，在弹出的快捷菜单中选择“栅格化”命令，均可将此类图层栅格化。

10.4.2 创建3D模型

Photoshop提供了创建3D模型的多种方法，主要包括从外部导入、创建3D明信片，以及创建预设3D形状等，下面将分别介绍它们的使用方法。

1. 从外部导入3D模型

如果拥有一些3D资源或自己会使用一些三维软件，可以将这些软件制作的模型导出成为3DS、DAE、FL3、KMZ、U3D、OBJ等格式，然后使用下面的方法将其导入至Photoshop中使用。

- 选择“文件”|“打开”命令，在弹出的对话框中直接打开三维模型文件，即可导入3D模型。
- 选择“3D”|“从3D文件新建图层”命令，在弹出的对话框中打开三维模型文件，即可导入3D模型。

2. 创建3D明信片

使用“明信片”命令可以将平面图像转换为3D明信片两面的贴图材料，该平面图层也相应地被转换为3D图层。

以图10.32所示的素材为例，图10.33所示是执行“3D”|“从图层新建网格”|“明信片”命令，并在3D空间内进行旋转后的效果。

图10.32

图10.33

3. 创建预设3D形状

要创建预设的3D形状，可以执行“3D” | “从图层新建网格” | “网格预设”子菜单中的命令，以创建新的3D模型（如锥形、立方体或者圆柱体等），并在3D空间中移动此3D模型、更改其渲染设置、添加灯光，或者将其与其他3D图层合并等，如图10.34所示。

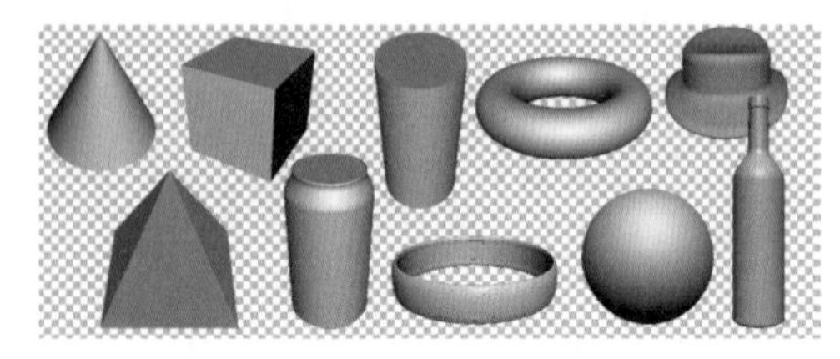

图 10.34

> 提示：要创建3D模型，应该在“图层”面板中选择一个2D图层。如果选择“3D”图层，则无法执行“3D” | “从图层新建网格” | “网格预设”命令。

4. 深度映射3D网格

执行“3D” | “从图层新建网格” | “深度映射到”子菜单中的命令，或在没有选择普通图层的情况下，在“3D”面板中也可以执行“从灰度创建3D网格”命令，然后在下面的下拉菜单中选择合适的选项，再单击“创建”按钮，即可将平面图像映射成为3D模型，其原理是将一幅平面图像的灰度信息映射成3D物体的深度映射信息，从而通过置换生成深浅不一的3D立体表面，下面是基本操作步骤。

01 打开随书所附光盘中的文件“第 10 章\10.4.2-4- 素材 .jpg”，如图 10.35 所示，将其确定为要转换成为 3D 对象的图层。

图 10.35

02 执行“图像” | “模式” | “灰度”命令，或执行“图像” | “调整” | “黑白”命令，将图像调整为灰度效果（此操作可以跳过）。

03 执行“3D” | “从图层新建网格” | “深度映射到”命令，然后执行如下所述的各网格选项命令，图 10.36 所示是执行“平面”命令得到的效果。

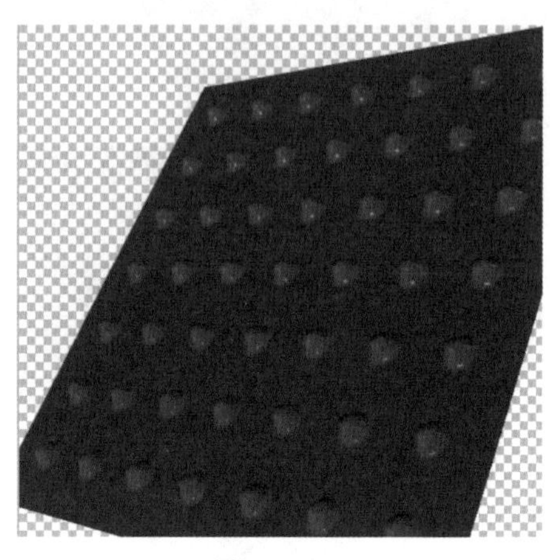

图 10.36

- 平面：将深度映射数据应用于平面表面。
- 双面平面：创建两个沿中心轴对称的平面，并将深度映射数据应用于两个平面。
- 圆柱体：从垂直轴中心向外应用深度映射数据。
- 球体：从中心点向外呈放射状应用深度映射数据。

5. 创建凸出模型

创建凸出模型功能最大的特点就在于，支持从“文字”图层、普通图层、选区，以及路径等对象上创建模型，使创建模型的工作更加丰富、易用。

在依据不同的对象创建模型时，也需要当前所选中的图层或当前画布中显示了相应的对象，如要依据路径创建模型，则当前应显示一条或多条封闭路径。

以图10.37所示的图像为例，其选区在“通道”面板中，按住Ctrl键单击“Alpha1”的缩览图载入的选区，此时选择图层“浪漫七夕”，并执行“3D” | “从当前选区创建3D凸出”命令，

或在“3D”面板的“源”下拉列表中选择“当前选区”选项，并在面板中选择“3D凸出”选项，单击“创建”按钮后，即可以当前的选区为轮廓、以当前图层中的图像为贴图，创建一个3D模型。默认情况下，即可生成一个凸出模型，图10.38所示是适当调整了其光源属性后的效果，及对应的“图层”与“3D”面板。

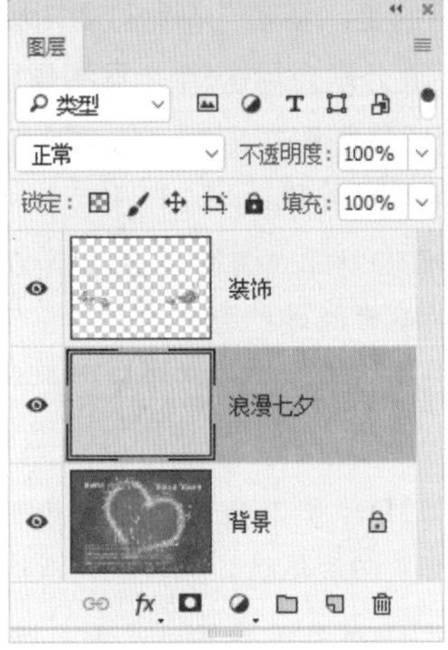

图 10.37

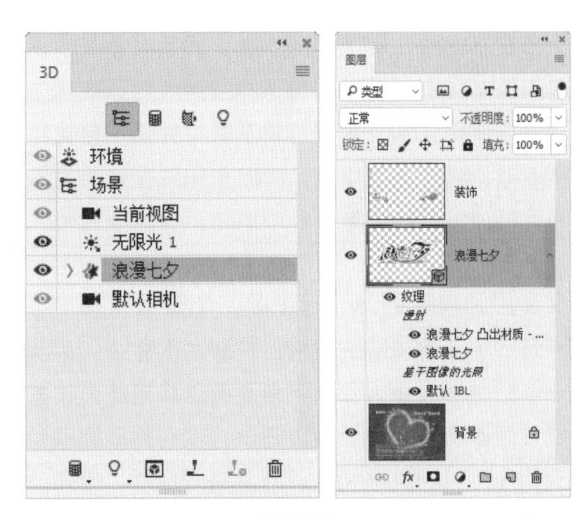

图 10.38

另外，从Photoshop CS6开始，可以从“文字”图层创建凸出模型，输入并设置文字的基本属性，然后执行“3D”|“从所选图层创建3D凸出”命令即可。或者也可以使用文本工具刷黑选中文字的情况下，单击其工具选项栏上的3D按钮，从而快速将文字转换为3D模型。

10.4.3 编辑3D模型

Photoshop提供了针对3D模型进行编辑的多个工具，主要包括3D轴、模型编辑工具，以及参数精确设置模型等，下面将分别介绍它们的使用方法。

1. 使用3D轴编辑模型

3D轴用于控制3D模型，使用3D轴可以在3D空间中移动、旋转、缩放3D模型。要显示3D轴，需要在选择移动工具的情况下，在“3D”面板中选择“场景”或“网格”，并在其中选择一个要编辑的网格即可，如图10.39所示。

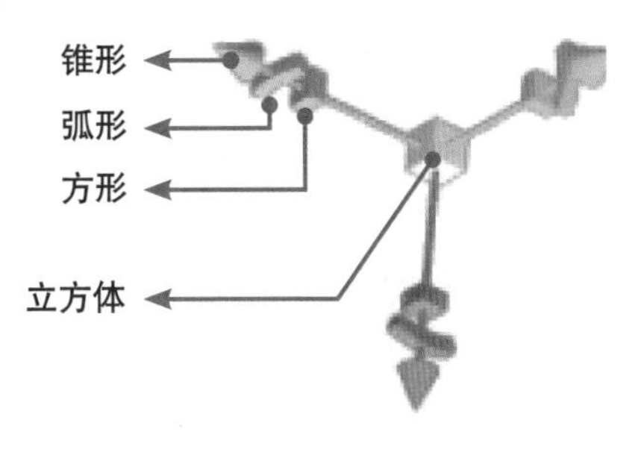

图 10.39

在3D轴中，红色代表X轴，绿色代表Y轴，蓝色代表Z轴。

要使用3D轴，将光标移至轴控件处，使其高亮显示，然后进行拖动，根据光标所在控件的不同，操作得到的效果也各不相同，详细操作如下所述。

- 要沿着X、Y或Z轴移动3D模型，将光标放在任意轴的锥形，使其高亮显示，拖动鼠标左键即可以任意方向沿轴拖动，状态如图10.40所示。

图 10.40

- 要旋转3D模型，单击3D轴上的弧线，围绕3D轴中心沿顺时针或逆时针方向拖动圆环，拖动过程显示的旋转平面指示旋转的角度。
- 要沿轴压缩或拉长3D模型，则将光标放在3D轴的方形上，左右拖动即可。
- 要缩放3D模型，则将光标放在3D轴中间位置的立方体上，向上或向下拖动。

2. 使用工具调整模型

除了使用3D轴调整模型外，还可以使用工具调整模型进行调整。在选择移动工具以及任意一个3D图层后，移动工具选项栏右侧的3D工具将被激活，如图10.41所示。

图 10.41

在使用时，可以在“3D”面板中选择“场景”或“网格”，并在其中选择一个要编辑的网格，然后使用工具即可进行相应的调整。若在3D面板中选择的是“场景”，此时将对模型整体进行调整。下面分别介绍这5个工具的作用。

- 旋转3D对象工具：拖动此工具可以将对象进行旋转。
- 滚动3D对象工具：此工具以对象中心点为参考点进行旋转。
- 拖动3D对象工具：此工具可以移动对象的位置。
- 滑动3D对象工具：此工具可以将对象向前或向后拖动，从而放大或缩小对象。
- 缩放3D对象工具：此工具将仅调整3D对象的大小。

10.4.4 3D网格

简单地说，3D网格代表了当前3D图层中这个模型是由哪些独立的对象组合而成。要对网格进行操作，可以在3D面板顶部单击“网格”按钮，使3D面板仅显示当前3D物体的网格。

以Photoshop提供的立体环绕模型为例，默认提供了一个立体环绕网格，如图10.42所示。

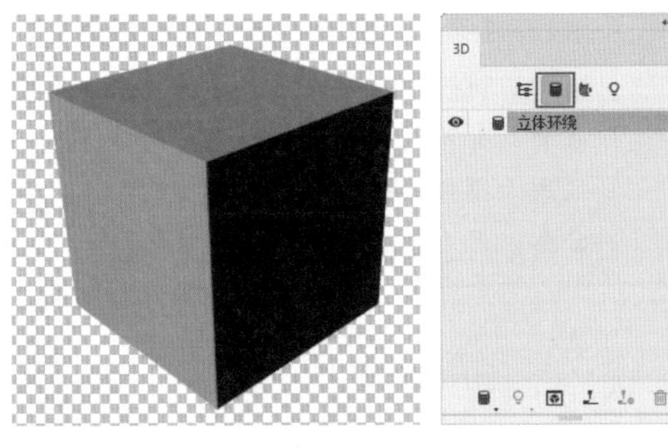

图 10.42

图10.43所示是从三维软件中导出的模型，都是由非常复杂的网格组成的。

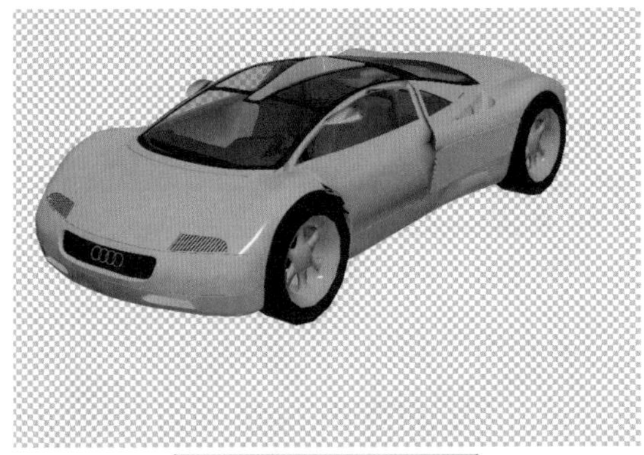

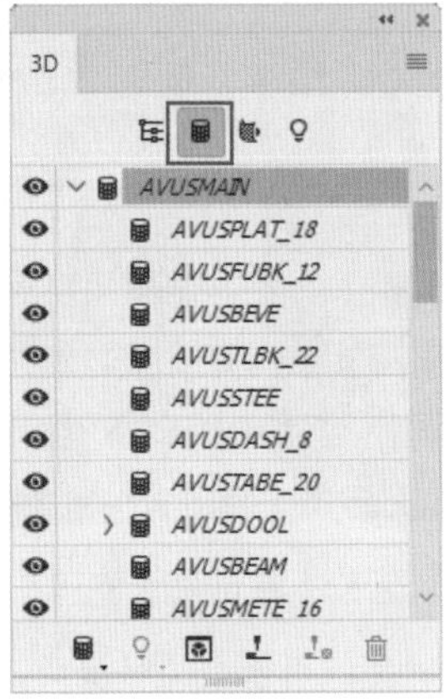

图 10.43

对于各个3D网格，用户可根据需要对其进行选择、重命名、显示/隐藏及删除等操作，其方法与图层功能基本相同，故不再详细讲解。

10.4.5 材质与纹理

材质是指当前3D模型中可设置贴图的区域，一个模型中可以包含多个材质，而且每个材质又可以设置12种纹理，且这些纹理中的大部分可以设置相应的图像内容，即纹理贴图。

综合调整12种纹理属性，就能够使不同的材质展现出千变万化的效果，下面分别进行介绍。

- 漫射：这是最常用的纹理映射，可以定义3D模型的基本颜色，如果为此属性添加了漫射纹理贴图，则该贴图将包裹整个3D模型，如图10.44所示。

图 10.44

- 镜像：定义镜面属性显示的颜色。
- 发光：此处的颜色指由3D模型自身发出的光线的颜色。
- 环境：设置在反射表面上可见的环境光颜色，该颜色与用于整个场景的全局环境色相互作用。
- 闪亮：低闪亮值（高散射）产生更明显的光照，而焦点不足。高反光度（低散射）产生较不明显、更亮、更耀眼的高光，此参数通常与“粗糙度”组合使用，以产生更多光洁的效果。
- 反射：控制3D模型对环境的反射强弱，需要通过为其指定相对应的映射贴图以模拟对环境或其他物体的反射效果。图10.45所示是设置了“环境”纹理贴图，并将“反射”值分别设置20、50时的效果。

> 提示：这里提到的“环境”是指“属性”面板右下角的参数。

图 10.45

- 粗糙度：定义来自灯光的光线经表面反射折回到人眼中的光线数量。数值越大则表示模型表面越粗糙，产生的反射光就越少；反之，数值越小，则表示模型表面越光滑，产生的反射光也就越多。此参数常与“闪亮”参数搭配使用，图10.46所示为不同的参数组合所取得的不同效果。

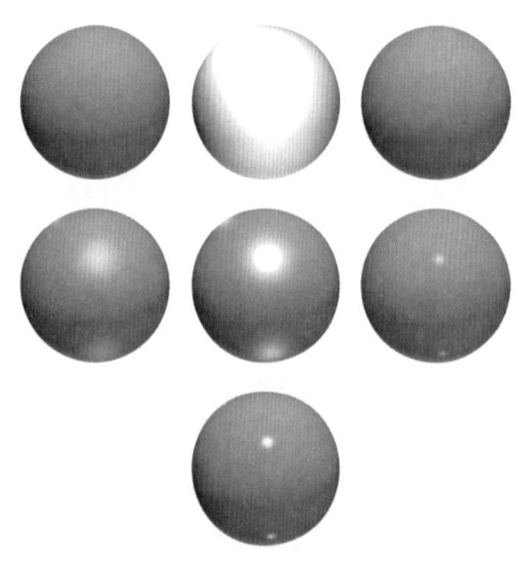

0%/0%　100%/0%　0%/100%
50%/50%　100%/50%　50%/100%
100%/100%

图 10.46

- 凹凸：在材质表面创建凹凸效果，此属性需要借助于凹凸映射纹理贴图。凹凸映射纹理贴图是一种灰度图像，其中较亮的值创建凸出的表面区域，较暗的值创建平坦的表面区域。下面将在前面添加了“漫射”贴图的基础上，为“标签材质”设置“凹凸”纹理贴图，并通过调整参数，如图10.47所示，图10.48所示是分别调整不同的数值时得到的效果，可以看出，模型表面具有不同程度的凸凹感。此方法也可以用于模拟各种质地较为坚硬的物体，如金属、岩石等。

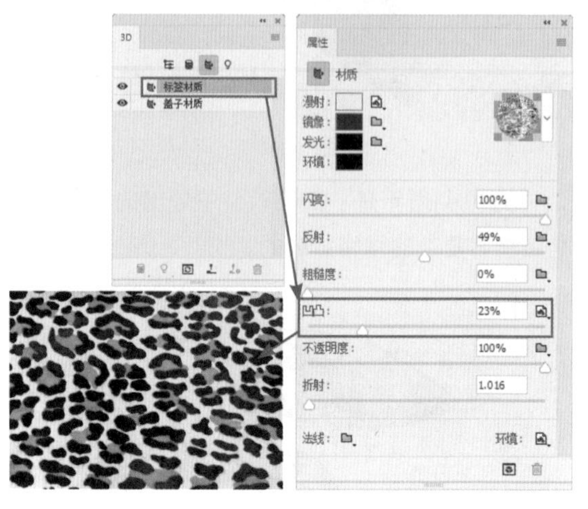

图 10.47

图 10.48

- 不透明度：用于定义材质的不透明度，数值越大，3D模型的透明度越高。而3D模型不透明区域则由此参数右侧的贴图文件决定。贴图文件中的白色使3D模型完全不透明，而黑色则使其完全透明，中间的过渡色可取得不同级别的不透明度。图10.49所示是将盖子材质的“不透明度”数值分别设置为0和70%时的效果。

图 10.49

- 折射：可以设置折射率。
- 法线：像凹凸映射纹理一样，法线映射用于为3D模型表面增加细节。与基于灰度图像的凹凸纹理不同，法线映射基于RGB图像，每个颜色通道的值代表模型表面上正常映射的X、Y和Z分量。法线映射可使多边形网格的表面变得平滑。
- 环境：环境映射模拟将当前3D模型放在一个有贴图效果的球体内，3D模型的反射区域中能够反映出环境映射贴图的效果。图10.50所示为易拉罐“标签材质”设置的“环境”纹理贴图，图10.51所示为易拉罐的瓶身部分获得金属效果前后的对比图。

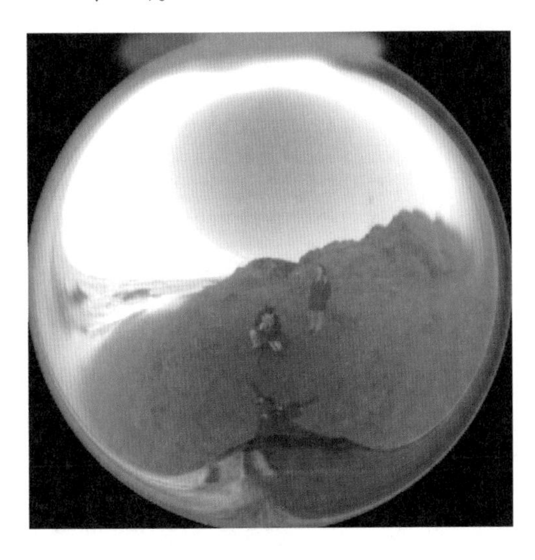

图 10.50

图 10.51

要为某一个纹理新建一个纹理贴图，可以按下面的步骤进行操作。

01 在“属性”面板中单击要创建的纹理类型右侧的“编辑纹理”按钮。

02 在弹出的菜单中执行“新建纹理”命令。

03 在弹出的对话框中，输入新映射贴图文件的名称、尺寸、分辨率和颜色模式，然后单击“确定”按钮。

04 此时新纹理的名称会显示在“材质”面板中纹理类型的旁边。该名称还会添加到“图层”面板 3D 图层下的纹理贴图列表中。

若要打开、载入或删除纹理贴图，也可以按照上述步骤中第1步的方法，在弹出的菜单中执行相应的命令即可。

10.4.6 3D光源

在Photoshop中不仅可以利用导入3D模型时模型自带的光源，还可以用全新的方式创建3类不同的光源，包括无限光、聚光灯、点光。

1. 显示光源

在Photoshop 中，可以在“3D”面板中单击“光源”按钮，使“3D”面板仅显示当前3D模型的光源。图10.52所示为一个3D模型，图10.53所示为其光源显示情况及对应的“属性”面板。

图 10.52

图 10.53

2. 添加光源

Photoshop提供了3类光源类型。

- 点光发光的原因类似于灯泡，向各个方向均匀发散式照射。
- 聚光灯照射出可调整的锥形光线，类似于影视作品中常见的探照灯。
- 无限光类似于远处的太阳光，从一个方向平面照射。

要添加光源，可以单击“3D”面板中的“将新光照添加到场景”按钮，然后在弹出的菜单中选择一种要创建的光源类型即可。图10.54所示分别为添加了这3种光源后的渲染效果。

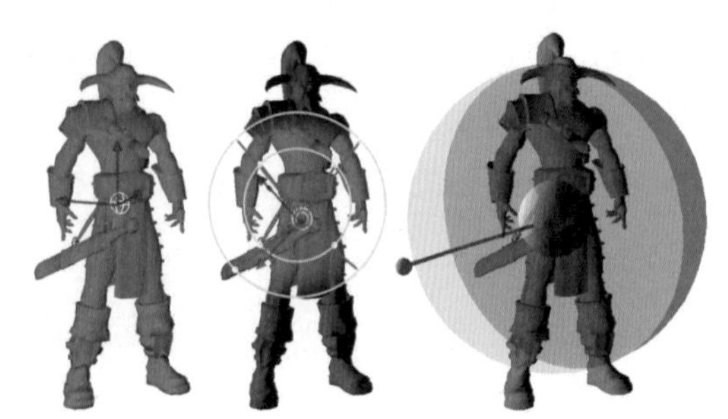

图 10.54

3. 删除光源

要删除光源，可在“3D”面板上方的光源列表中选择要删除的光源，然后单击面板底部的“删除”按钮即可。

10.5 本章习题

10.5.1 选择题

1. 下列可以在Photoshop中创建的填充图层是：（ ）

A、纯色

B、渐变

C、图案

D、花纹

2. 以下关于调整图层的描述错误的是：（ ）

A、可通过创建“曲线”调整图层或者通过“图像”|“调整”|“曲线”菜单命令对图像进行色彩调整，两种方法都对图像本身没有影响，而且方便修改

B、调整图层可以在“图层”面板中更改透明度

C、调整图层可以在“图层”面板中更改图层混合模式

D、调整图层可以在“图层”面板中添加矢量蒙版

3. 在复制智能对象图层时，若不希望原图层与拷贝图层之间有关系，则下列方法错误的是：（ ）

A、在智能对象图层的名称上单击鼠标右键，在弹出的菜单中选择“通过拷贝新建智能对象”命令

B、按Ctrl+J键

C、将智能对象图层拖至“创建新图层”按钮上

D、按住Alt键将智能对象图层拖至“创建新图层”按钮上

4. 下面关于调整图层特性的说法中，正确的是（ ）

A、调整图层是用来对图像进行色彩编辑，并不影响图像本身

B、调整图层可以通过调整不透明度、选择不同的图层混合模式来达到特殊的效果

C、调整图层可以删除，且删除后不会影响原图像

D、选择任何一个“图像”|“调整”弹出菜单中的色彩调整命令都可以生成一个新的调整图层

5. 下列无法在Photoshop中创建的3D对象是（ ）

A、明信片

B、体积

C、锥形

D、树形

6. 下列可以显示3D面板的方法有：（ ）

A、选择“窗口”|“3D”命令。

B、双击3D图层的缩览图。

C、按F3键

D、按F4键

7. 下列可以创建的网格预设有：（ ）

A、帽子

B、金字塔

C、全景球体

D、球体

8. 在Photoshop中，可以为3D对象设置（ ）

A、灯光

B、纹理

C、渲染参数

D、阴影

10.5.2 上机题

1. 打开随书所附光盘中的素材“第10章\习题1-素材.psd”，如图10.55所示。试通过创建一个渐变填充图层，并编辑其中的渐变属性，制作得到图10.56所示的效果。

图 10.55

图 10.56

2. 打开随书所附光盘中的素材“第10章\习题2-素材.psd”，如图10.57所示。将其中的“图层1”和“图层2”转换为智能对象，并结合混合模式、图层蒙版功能，制作得到图10.58所示的效果。

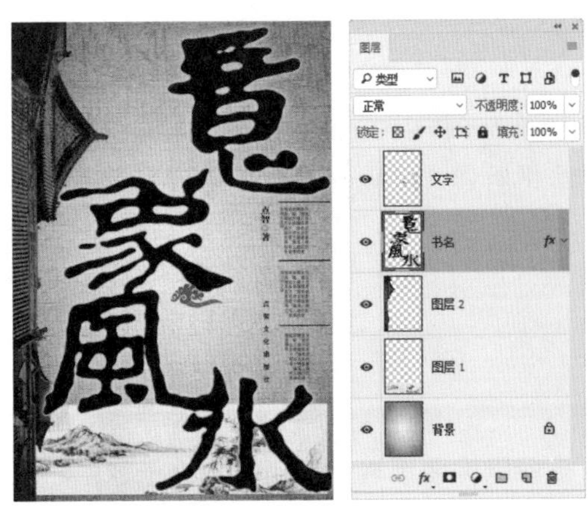

图 10.57

图 10.58

3. 打开随书所附光盘中的素材“第10章\习题3-素材.psd”，如图10.59所示，结合本章介绍的制作 3D文字的方法，制作得到图10.60所示的效果。

图 10.59

图 10.60

第11章 输入与编辑文字

11.1 输入文字

11.1.1 输入横/直排文字

Photoshop具有很强的文字处理能力，用户不仅可以很方便地制作出各种精美的艺术效果字，甚至可以在Photoshop中进行适量的排版操作。本节先从输入文字开始，讲解Photoshop中输入与编辑文字的相关知识。

输入文字的工作可以利用任何一种输入法完成。由于文字的字体和大小决定其显示状态，因此需要恰当地设置文字的字体、字号。

输入水平或垂直文字的方法基本相同，下面以输入水平文字为例，讲解其操作方法：

图 11.2

图 11.3

01 打开随书所附光盘中的文件“第 11 章\11.1.1-素材.jpg”，在工具箱中选择横排文字工具 T。

02 在横排文字工具选项栏中设置参数，如图 11.1 所示。

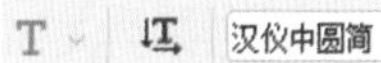
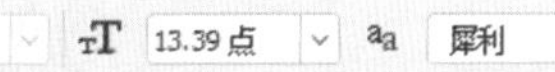

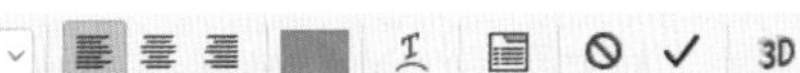

图 11.1

03 使用横排文字工具 T 在画布中要放置文字的位置处单击，插入一个文字光标，效果如图 11.2 所示，在光标后面键入要添加的文字，效果如图 11.3 所示。

04 如果在键入文字时希望文字出现在下一行，可以按 Enter 键，使文字光标出现在下一行，效果如图 11.4 所示，然后再键入其他文字，效果如图 11.5 所示。

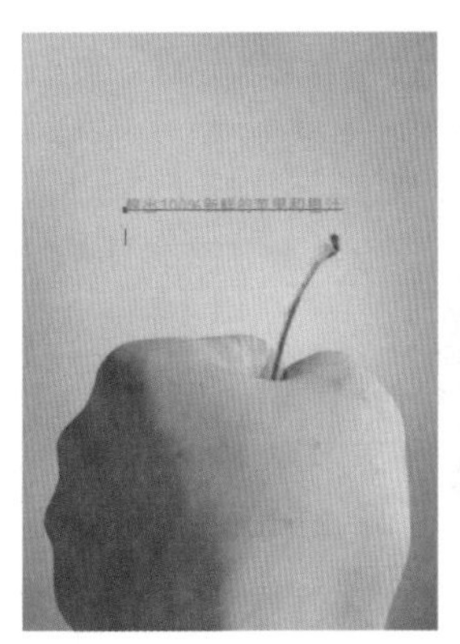

图 11.4

图 11.5

05 对于已经键入的文字，可以在文字间插入文字光标，再按 Enter 键将一行文字打断成为两行。如果在一行文字的不同位置多次执行此操作，则可以得到多行文字，效果如图 11.6 所示。

06 如果希望将两行文字连接成为一行，可以通过在上一行文字最后插入文字光标，并按 Delete 键来完成。图 11.7 所示为将两行文字“决定”及“生存价值”连接成为一行文字后的效果。

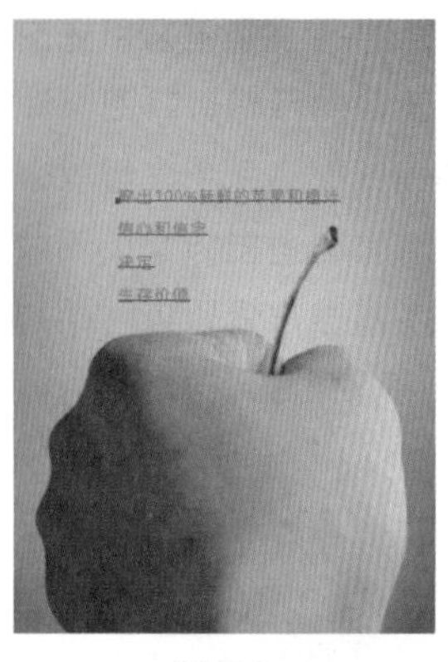

图 11.6

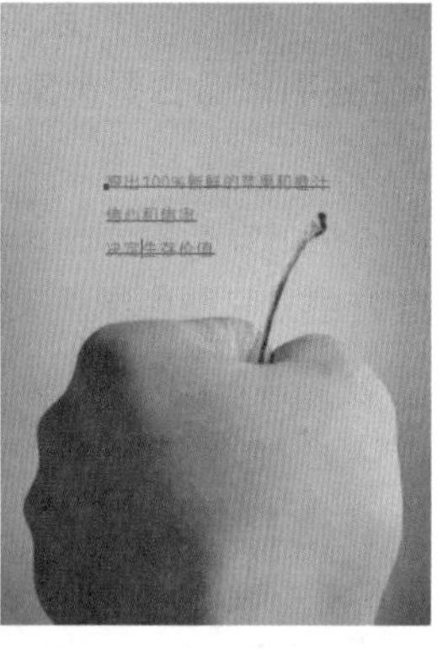

图 11.7

07 完成输入后，单击工具选项栏中的“提交所有当前编辑”按钮✓，确认已键入的文字；若单击“取消所有当前编辑”按钮⊘，则可以取消文字键入操作。若按 Esc 键，此时将弹出提示框，询问在输入文字时，按 Esc 键执行的功能，此处的设置将应用于以后所有的操作。

11.1.2 转换横排文字与直排文字

在需要的情况下，可以相互转换水平文字及垂直文字的排列方向，其操作步骤如下。

01 打开随书所附光盘中的文件“第 11 章\13.1.2-素材 .psd”。

02 利用横排文字工具 T 或直排文字工具 IT 输入文字。

03 确认在工具箱中选择一种文字工具。

04 执行下列操作中的任意一种，即可改变文字方向。

- 单击工具选项栏中的“切换文本取向”按钮，可以转换水平及垂直排列的文字。
- 执行“文字”|“取向”|“垂直”命令，将文字转换成为垂直排列。
- 执行“文字”|“取向”|“水平”命令，将文字转换成为水平排列。
- 选择要转换的文字图层，在其图层名称上单击鼠标右键，在要弹出的菜单中选择“垂直”命令或者“水平”命令。

例如，在单击“更改文字方向”按钮后，以图11.8所示素材为例，图11.9所示是将直排文字转换为横排文字后的效果。

图 11.8

图 11.9

11.1.3 输入点文字

点文字及段落文字是文字在Photoshop中存在的两种不同形式，无论用哪一种文字工具创建的文字都将以这两种形式之一存在。

点文字的文字行是独立的，即文字行的长度随文字的增加而变长，且不会自动换行，如果需要换行必须按Enter键。

01 打开随书所附光盘中的文件“第 11 章 \11.1.3-素材 .psd”。

02 使用横排文字工具 T. 在画布中单击，插入文字光标，效果如图 11.10 所示。

图 11.10

03 在工具选项栏、“字符”面板或者“段落”面板中设置文字属性。

04 在文字光标后面键入所需要的文字后，单击“提交所有当前编辑”按钮 ✓ 以确认操作，图 11.11 所示为点文字效果。

图 11.11

11.1.4 输入段落文字

段落文字与点文字的不同之处在于文字显示的范围由一个文本框界定，当键入的文字到达文本框的边缘时，文字就会自动换行；当调整文本框的边框时，文字会自动改变每一行显示的文字数量以适应新的文本框。输入段落文字可以按以下操作步骤进行。

01 打开随书所附光盘中的文件“第 11 章 \11.1.4-素材 .jpg”。

02 选择横排文字工具 T. 或直排文字工具 IT.。

03 在页面中拖动光标，创建一个段落文字定界框，文字光标显示在定界框内，如图 11.12 所示。

04 在工具选项栏的“字符”面板和“段落”面板中设置文字选项。

05 在文字光标后输入文字，如图 11.13 所示，单击提交所有当前编辑按钮 ✓ 确认。

图 11.12

图 11.13

第一次创建的段落文字定界框未必完全符合要求，因此，在创建段落文字的过程中或创建段落文字后要对文字定界框进行编辑。编辑定界框可以按以下操作步骤进行。

01 打开随书所附光盘中的文件“第 11 章\11.1.5-素材 .jpg”。

02 用文字工具在页面的文字中单击插入光标，此时定界框如图 11.14 所示。

03 将光标放在定界框的句柄上，待光标变为双向箭头时拖动，就可以缩放定界框，如图 11.15 所示。如果在拖动光标时按住 Shift 键，可保持定界框按比例调整。

图 11.14

图 11.15

04 将光标放在定界框的外面，待光标变为弯曲的双向箭头时拖动，就可以旋转定界框，如图 11.16 所示。按住 Shift 键并拖动，可将旋转限制为按 15° 的增量进行。要更改旋转中心，按住 Ctrl 键拖动中心点到新位置。

05 要斜切定界框，按 Ctrl+Shift 键，待光标变为双向小箭头时拖动句柄即可，如图 11.17 所示。

图 11.16

图 11.17

11.1.5 相互转换点文字及段落文字

点文字和段落文字也可以相互转换，在转换时执行下列操作中的任意一种即可。

- 执行“文字”|“转换为点文本”命令，或者执行“文字”|“转换为段落文本”命令。
- 选择要转换的文字图层，在其图层名称上单击鼠标右键，要弹出的菜单中选择“转换为点文本”命令，或者“转换为段落文本”命令。

11.1.6 输入特殊字形

Photoshop从CC 2015版本开始支持字形功能，从而可以更容易地输入各种特殊符号或文字等特殊字形。选择“窗口” | “字形”命令显示

“字形”面板后，在要输入的位置插入光标，然后双击要插入的特殊字形即可。

用户还可以在字体类别下拉列表中，选择要显示的特殊字形分类，如图11.18所示。

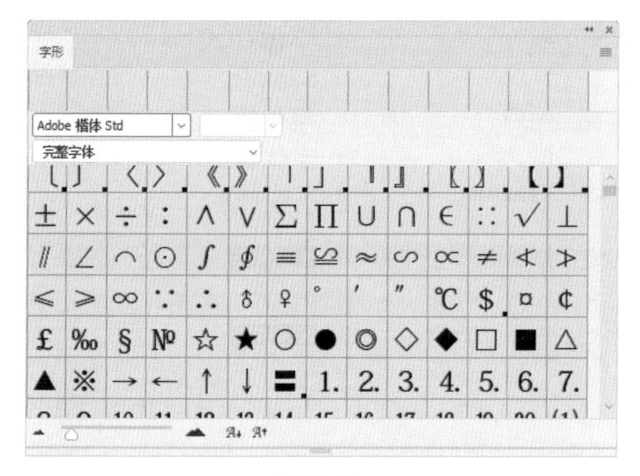

图 11.18

11.2 设置文本的字符属性

在前面讲解输入文字时，已经提到可以在工具选项栏中设置字符的字体、字号等属性，但这仅仅是一小部分常用的属性，更多的参数可以在“字符”面板中进行设置，在Photoshop CC 2017中，选中文字图层后还可以在“属性”面板中设置常用参数，此外，还可以通过“字符样式”对字符属性进行统一的修改和控制。

11.2.1 SVG字体简介

在本书第7章讲解“复制SVG”功能时，已经介绍了SVG格式的特性，而SVG字体正是基于其特性而开发的一类字体，除此之外，比较常见的字体类型还有TrueType、OpenType、WOFF等，在Photoshop的字体下拉列表中，就可以看到对应的标识，如图11.19所示，其中的 Tr 表示TrueType类型字体，O 表示OpenType类型字体，SVG 表示SVG类型字体，它可以支持非常丰富的色彩、渐变，因而可以获得极为丰富的文字效果。

图 11.19

EmojiOne就是Photoshop自带的一个SVG字体，该字体包含了大量类似表情包、图标的内容，在应用此字体后，将显示“字形”面板，其中包含了近2000个字形，如图11.20所示。

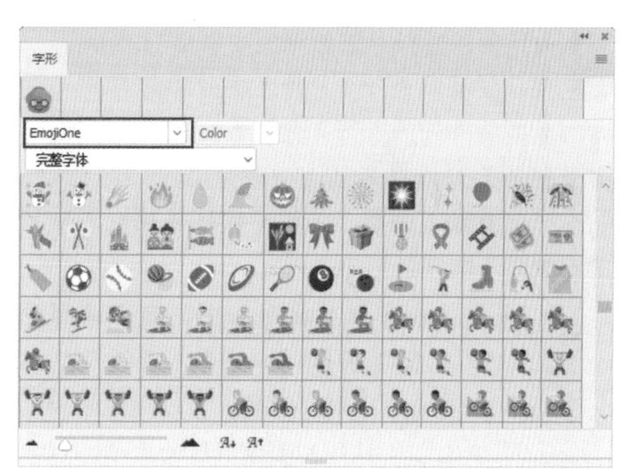

图 11.20

11.2.2 设置字符属性

前面已经提到，可设置字符属性的方式有很多，但“字符”面板中包含的参数是最全面的，因此下面将以该面板为例，讲解其中各参数的作用。

首先，要显示“字符”面板，可以按照以下方法操作。

- 执行“窗口”|“字符”命令。
- 在输入文本状态下，按Ctrl+T键。
- 执行“文字”|“面板”|“字符面板”命令。

"字符"面板的使用方法如下所述。

01 在"图层"面板中双击要设置文字格式的文字图层的图层缩览图，或者利用文字工具在画布中的文字上双击，选择当前文字图层中要进行格式化的文字。

02 单击工具选项栏中的"切换字符和段落面板"按钮，弹出图 11.21 所示的"字符"面板。

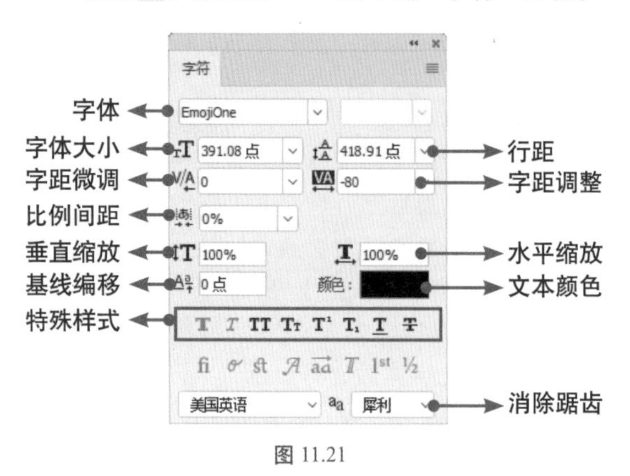

图 11.21

03 在"字符"面板中设置需要改变的参数，然后单击工具选项栏中的"提交所有当前编辑"按钮✓确认即可。

下面介绍"字符"面板中比较常用而且重要的参数对于文字的影响。

- 字体：在字体下拉列表中，可以选择电脑中安装的字体，如图11.22所示。从Photoshop CC 2015开始，可以通过顶部的"筛选"下拉列表选择不同的选项，以黑体、艺术、手写、衬线、无衬线等字体分类；单击"显示Typekit中的字体"按钮，可以只显示从Typekit网站添加的字体；单击"显示收藏字体"按钮★，可以只显示被设置为"收藏"的字体（在字体左侧单击☆图标，使之变为★即可收藏字体，再次单击即可取消收藏）；单击"显示相似字体"按钮≈，可以根据当前字体的特点，自动筛选出相似的字体；单击"从Typekit添加字体"按钮，可以访问Typekit网站，并在其中选择并同步字体至本地计算机中。若打开的图像文件缺失字体，将弹出类似图11.23所示的对话框，在其中可以自动在Typekit网站中查找匹配的字体，用户也可以在缺失字体后面的下拉列表中，选择本地的字体进行替换。

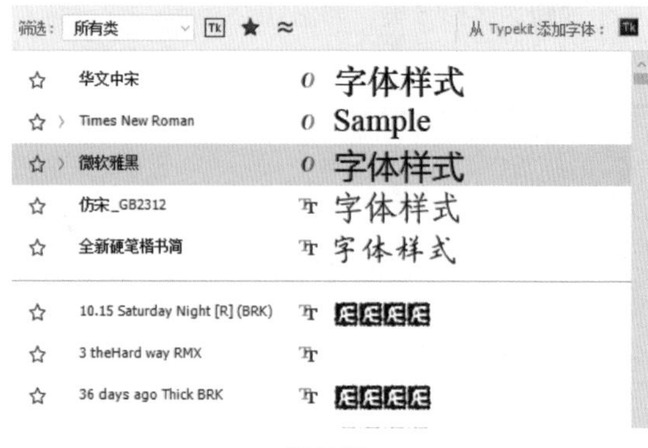

图 11.22

图 11.23

> 提示：对于已经打开的图像文件，用户可选择"文字"|"解析缺失字体"命令，调出上述对话框。

- 垂直缩放、水平缩放：设置文字水平或者垂直缩放的比例。选择需要设置比例的文字，在或者数值框中键入百分数，即可调整文字的水平缩放或者垂直缩放的比例。如果数值大于100%，文字的高度或者宽度增大；如果数值小于100%，文字的高度或者宽度缩小。图11.24所示为原文字效果。图11.25所示为在数值框中键入150%后的效果。

图 11.24

图 11.25

- 字距调整：选择需要调整的文字，在数值框中键入数值，或者在其下拉菜单中选择合适的数值，即可设置字符之间的距离。正值扩大字符的间距；负值缩小字符的间距。图11.26所示为原文字效果。图11.27所示为通过在数值框中键入数值调整文字间距后得到的效果。

图 11.26

图 11.27

- 行距：在数值框中键入数值，或者在其下拉菜单中选择一个合适的数值，即可设置两行文字之间的距离。数值越大，行间距越大。图11.28所示是为同一段文字应用不同行间距后的效果。

图 11.28

- 颜色：单击此色块，在弹出的“拾色器（文本颜色）”对话框中可以设置字体的颜色。
- 比例间距：此数值控制了所有选中文字的间距。数值越大，间距越大。图11.29所示是设置不同文字间距的效果。

图 11.29

- 基线偏移：此参数仅用于设置选中文字的基线值。正值使基线向上移；负值使基线向下移。图11.30所示为原文字效果与调整字体大小及基线位置后的对比效果。

(a) 原文字效果

(b) 调整字体大小及基线位置后的效果

图 11.30

- 消除锯齿：在此下拉菜单中选择一种消除锯齿的方法。例如在选择“锐利”选项时，字体的边缘很清晰；在选择“平滑”选项时，字体的边缘很光滑。

11.2.3 字符样式

从Photoshop CS6开始，为了满足多元化的排版需求而加入了字符样式功能，它相当于对文字属性设置的一个集合，并能够统一、快速地应用于文本中，且便于进行统一编辑及修改。

要设置和编辑字符样式，首先要选择“窗口”|“字符样式”命令，以显示“字符样式”面板。

1. 创建字符样式

要创建字符样式，可以在“字符样式”面板中单击“创建新的字符样式”按钮，即可按照默认的参数创建一个字符样式，如图11.31所示。

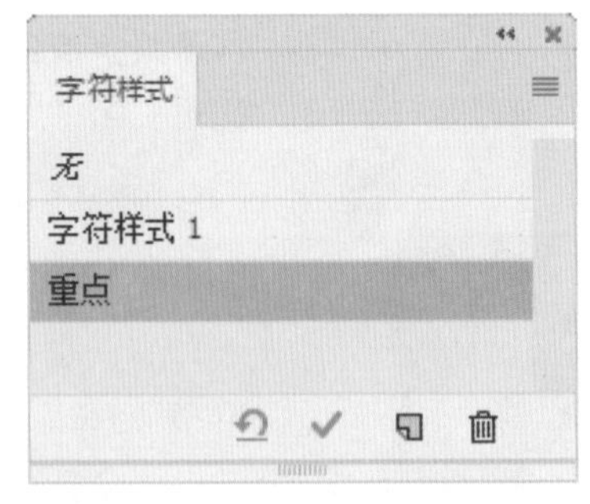

图 11.31

若是在创建字符样式时，刷黑选中了文本内

容，会按照当前文本所设置的格式创建新的字符样式。

2. 编辑字符样式

在创建了字符样式后，双击要编辑的字符样式，即可弹出图11.32所示的对话框。

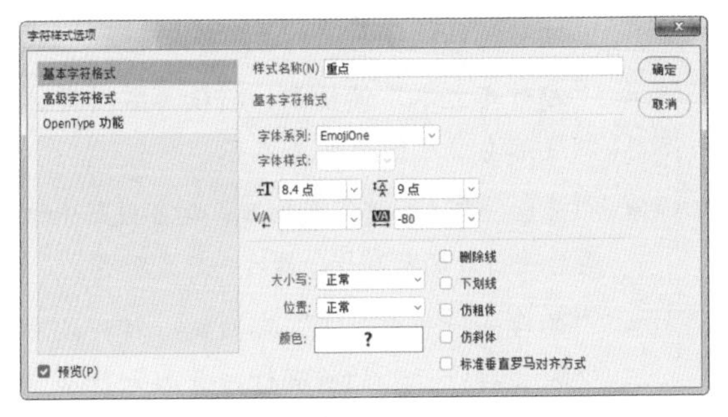

图 11.32

在“字符样式选项”对话框中，在左侧可以选择“基本字符格式”、“高级字符格式”及“OpenType功能”等3个选项，在右侧的对话框中，可以设置不同的字符属性。

3. 应用字符样式

当选中一个文字图层时，在“字符样式”面板中单击某个字符样式，可为当前文字图层中所有的文本应用字符样式。若是刷黑选中文本，则字符样式仅应用于选中的文本。

4. 覆盖与重新定义字符样式

在创建字符样式以后，若当前选择的文本中，含有与当前所选字符样式不同的参数，则该样式上会显示一个“+”，如图11.33所示。

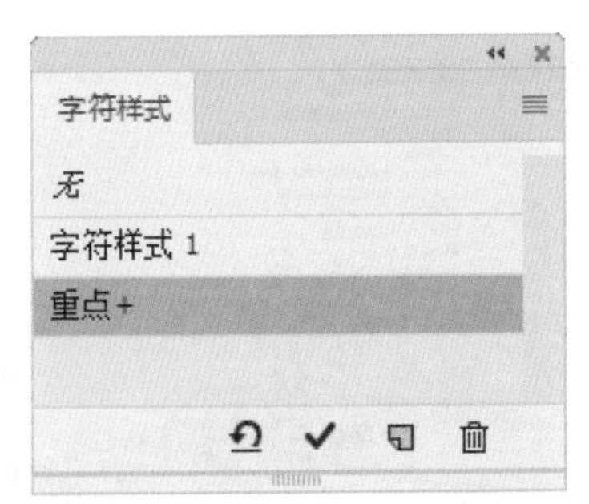

图 11.33

此时，单击“清除覆盖”按钮，可以将当前字符样式所定义的属性，应用于所选的文本中，并清除与字符样式不同的属性；若单击“通过合并覆盖重新定义字符样式”按钮✓，可以依据当前所选文本的属性，将其更新至所选中的字符样式中。

5. 复制字符样式

要创建一个与某字符样式相似的新字符样式，可以选中该字符样式，然后单击“字符样式”面板中上角的面板按钮≡，在弹出的菜单中选择“复制样式”命令，即可创建一个所选样式的拷贝，如图11.34所示。

图 11.34

6. 载入字符样式

要调用某PSD格式文件中保存的字符样式，可以单击“字符样式”面板右上角的面板按钮≡，在弹出的菜单中选择“载入字符样式”命令，在弹出的对话框中选择包含要载入的字符样式的PSD文件即可。

7. 删除字符样式

对于无用的字符样式，可以选中该样式，然后单击“字符样式”面板底部的“删除当前字符样式”按钮，在弹出的对话框中单击“是”按钮即可。

11.3 设置文本的段落属性

“段落”面板主要用于为大段文本设置对齐方式和缩进等属性。与字符属性类似，它也可以通过多种方式进行设置，并可以通过设置段落样式，对大量段落进行统一的属性设置。

11.3.1 设置段落属性

下面将以参数最为全面的“段落”面板为例，讲解段落参数的功能。

首先，要显示“段落”面板，可以按照以下方法操作：

- 执行“窗口”|“段落”命令。
- 在输入文本状态下，按Ctrl+M键。
- 执行“文字”|“面板”|“段落面板”命令。

“段落”面板的使用方法如下。

1. 对齐文字

单击“字符”面板中的“段落”标签，或者执行“窗口”|“段落”命令，在默认情况下显示图11.35所示的“段落”面板，在此可以为段落文字设置对齐方式、段前间距值等属性。如果选择直排文字工具或者直排文字蒙版工具，则“段落”面板如图11.36所示。

图 11.35

图 11.36

> 提示：也可以通过执行“文字”|“面板”|“段落面板”命令打开“段落”面板。

如果要为某一个文字段落设置格式，使用文字工具在此段落中单击以插入光标，即可设置光标所在段落的属性。如果要设置多个文字段落，可以使用文字工具选择这些段落中的文字。如果未选择文字工具，但选择了“图层”面板中的某一个文字图层，则能够设置该图层中所有文字段落的属性。

单击“段落”面板上方的“对齐方式”按钮，可以将选中的段落文字以相应的方式对齐。如果选择水平排列的文字段落，可以设置的对齐方式如下。

- “左对齐文本”按钮：将段落左对齐，但段落右端可能会参差不齐。
- “居中对齐文本”按钮：将段落水平居中对齐，但段落两端参差不齐。
- “右对齐文本”按钮：将段落右对齐，但段落左端可能会参差不齐。
- “最后一行左对齐”按钮：对齐段落中除最后一行外的所有行，最后一行左对齐。
- “最后一行居中对齐”按钮：对齐段落中除最后一行外的所有行，最后一行居中对齐。
- “最后一行右对齐”按钮：对齐段落中除最后一行外的所有行，最后一行右对齐。
- “全部对齐”按钮：强制对齐段落中的所有行。

图11.37所示是分别应用水平居中对齐与左对齐后的效果。

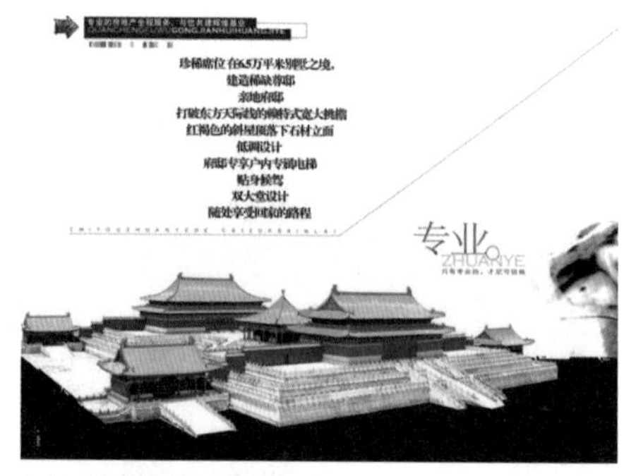

(a) 水平居中对齐

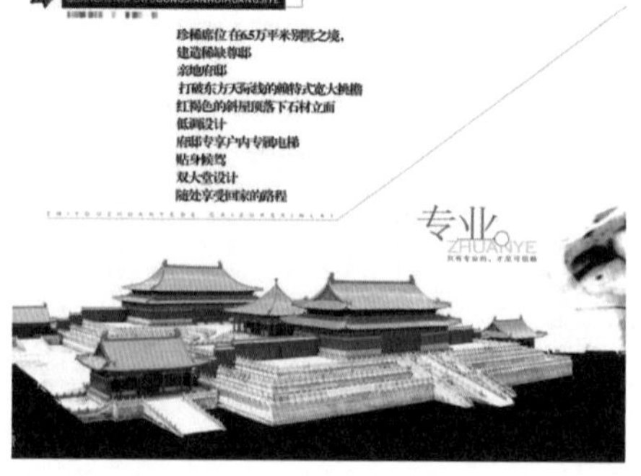

(b) 左对齐

图 11.37

图11.38所示是分别应用垂直居中对齐及顶对齐的效果。

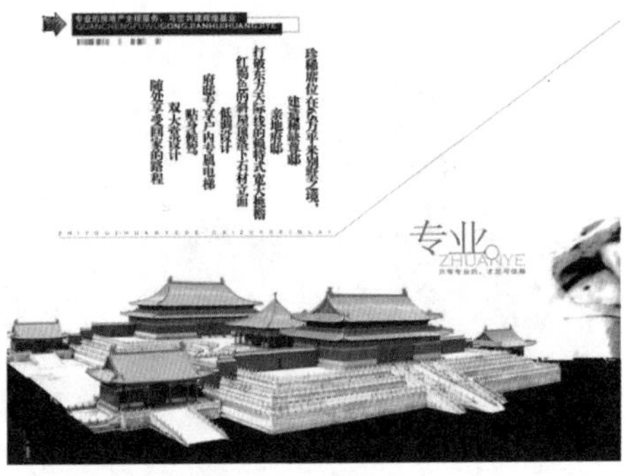

(a) 垂直居中对齐

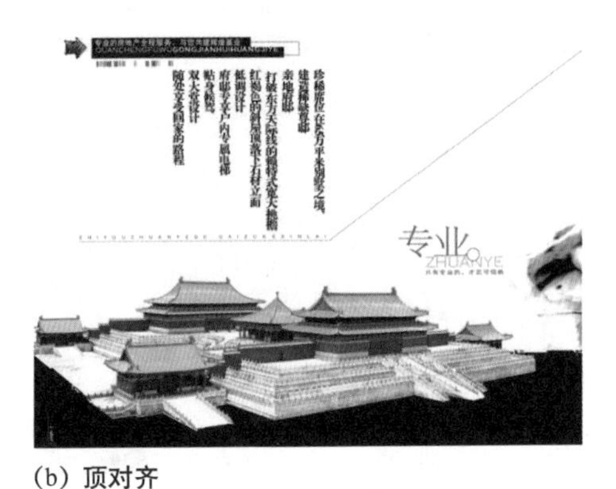

(b) 顶对齐

图 11.38

2. 缩进段落

利用“段落”面板中的缩进参数，可以设置段落文字与文本框的距离。缩进只影响选中的段落，因此可以为不同的段落设置不同的缩进。

- 左缩进：键入数值以设置段落左端的缩进。对于垂直文字，该选项控制从段落顶端的缩进。
- 右缩进：键入数值以设置段落右端的缩进。对于垂直文字，该选项控制从段落底部的缩进。
- 首行缩进：键入数值以设置段落文字首行的缩进。

3. 更改段落间距

对于同一图层中的文字段落，可以根据需要设置它们的间距。选择需要更改段落间距的文字，在“段前添加空格”和“段后添加空格”数值框中键入数值，即可设置上下段落间的距离。

图11.39(a)所示为原文字效果。图11.39(b)所示为设置一定段落间距后所得到的效果。

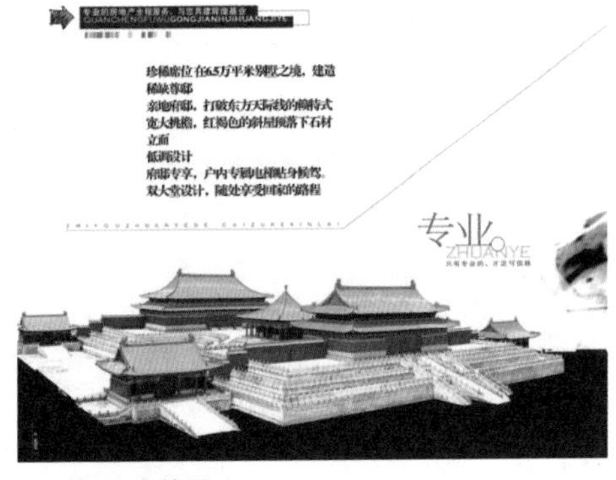

(a) 原文字效果

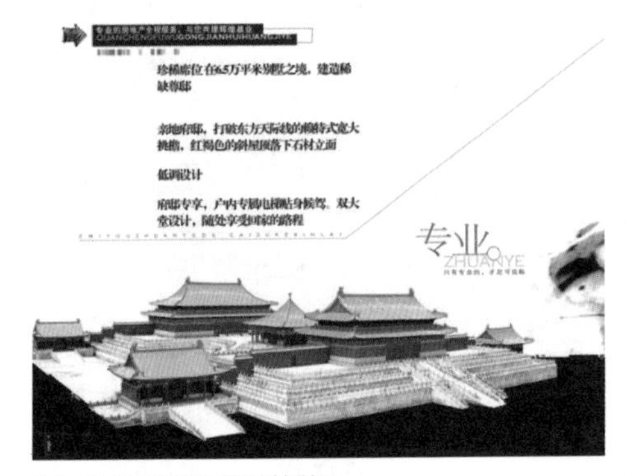

(b) 设置段落间距后的效果

图 11.39

11.3.2 段落样式

从Photoshop CS6开始，为了便于在处理多段文本时控制其属性而新增了段落样式功能，包含了对字符及段落属性的设置。要设置和编辑字符样式，首先要选择“窗口”|“段落样式”命令，以显示“段落样式”面板，如图11.40所示。

在编辑段落样式的属性时，将弹出图11.41所示的对话框，在左侧的列表中选择不同的选项，然后在右侧设置不同的参数即可。图11.42所示设计作品中的文字即为应用“段落样式”面板制作而成。

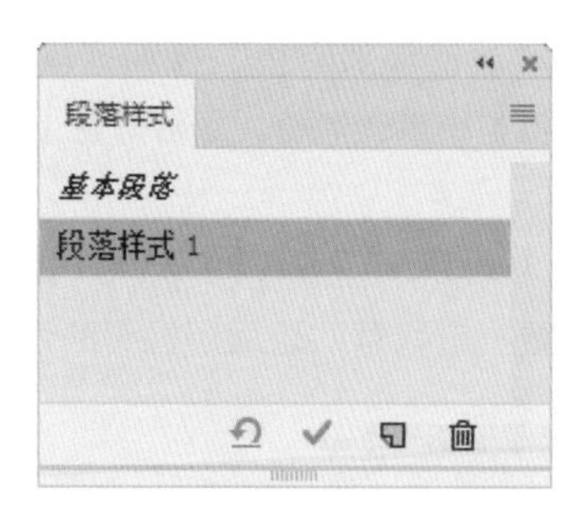

图 11.40

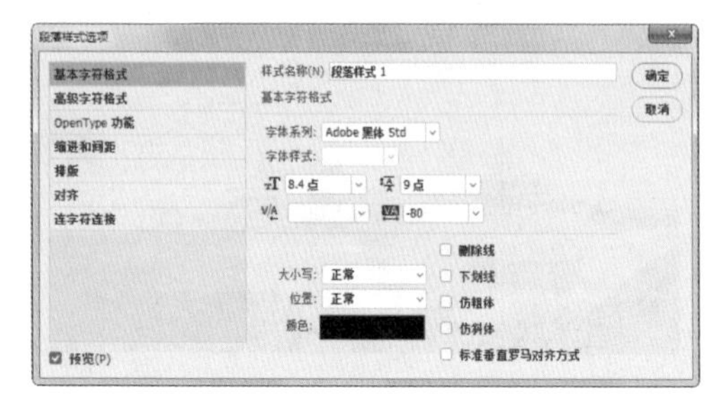

图 11.41

图 11.42

> 提示：当同时对文本应用字符样式与段落样式时，将优先应用字符样式中的属性。

11.4 转换文字属性

创建的文字将作为独立的文字图层在图像中存在，为使图像效果更加美观，可以将文字图层转换为普通图层、形状图层或路径，以应用更多Photoshop功能，创建更绚丽的效果。

11.4.1 将文字转换为路径

执行“文字”|“创建工作路径”命令，可以由文字图层得到与其文字外形相同的工作路径，图11.43所示为从文字图层生成的路径。用户可在此基础上，对其进行描边等处理。

(a) 文字效果

(b) 从文字图层生成的路径

图 11.43

11.4.2 将文字转换为形状

执行“文字”|“转换为形状”命令，可以将文字转换为与其轮廓相同的形状，图11.44所示为转换为形状前后的“图层”面板。

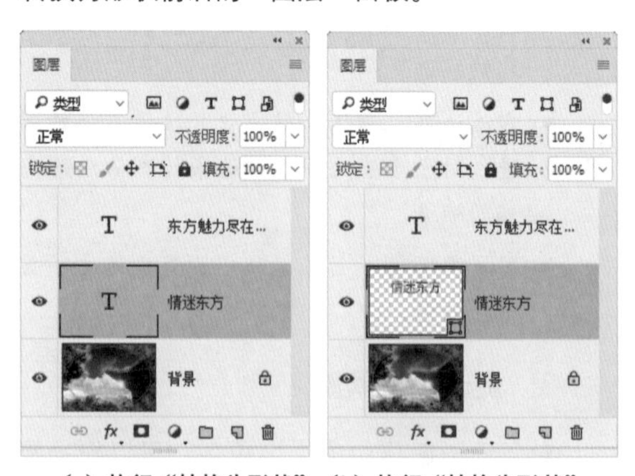

(a) 执行“转换为形状”命令前　(b) 执行“转换为形状”命令后

图 11.44

11.4.3 将文字转换为图像

如果希望在文字图层中进行绘图或者使用图像调整命令、滤镜命令等对文字图层中的文字进行编辑，可以执行“文字”|“栅格化文字”命令，将文字图层转换为普通图层。

11.5 制作异型文字

11.5.1 沿路径绕排文字

利用Photoshop提供的将文字绕排于路径的功能，能够将文字绕排于任意形状的路径，实现以前只能够在矢量软件中实现的文字曲线排列的设计效果。使用这一功能，可以将文字绕排成为一条引导阅读者目光的流程线，使阅读者的目光跟随设计者的意图流动。

1. 制作沿路径绕排文字的效果

下面以为一款宣传广告增加绕排效果为例，讲解如何制作沿路径绕排的文字。

01 打开随书所附光盘中的文件“第 11 章\11.5.1-素材 .jpg”，如图 11.45 所示。

图 11.45

02 使用钢笔工具 沿着圆圈图像的弧度绘制 1 条图 11.46 所示的路径。

图 11.46

03 使用横排文字工具 T. 在路径上单击，以插入文本光标，如图 11.47 所示，输入需要的文字，如图 11.48 所示。

图 11.47

图 11.48

04 单击工具选项栏中的“提交所有当前编辑”按钮 ✓ 确认，得到的效果如图 11.49 所示，此时的“路径”面板如图 11.50 所示。

图 11.49

图 11.50

2. 在路径上移动或翻转文字

可以随意移动或者翻转在路径上排列的文字，其方法如下。

01 选择直接选择工具 或者路径选择工具 。

02 将工具放置在绕排于路径的文字上，直至鼠标指针转换为 形状。

03 拖动文字，即可改变文字相对于路径的位置，效果如图 11.51 所示。

移动后的效果

反向绕排的效果

图 11.51

> 提示：如果当前路径的长度不足以显示全部文字，在路径末端的小圆圈将显示为 ⊕ 形状。

3. 更改路径绕排文字的属性

当文字已经被绕排于路径后，仍然可以修改文字的各种属性，包括字号、字体、水平或者垂直排列方式等。其方法如下。

01 在工具箱中选择文字工具，将沿路径绕排的文字选中。

02 在“字符”面板中修改相应的参数即可，图 11.52 所示为更改文字属性后的效果。

除此之外，还可以通过修改绕排文字路径的曲率、锚点的位置等来修改路径的形状，从而影响文字的绕排效果，如图11.53所示。

图 11.52

图 11.53

11.5.2 区域文字

通过在路径内部输入文字，可以制作异形文本块效果。下面讲解与此相关的知识与操作技能。通过在路径中键入文字以制作异形文本块的具体步骤如下。

01 打开随书所附光盘中的文件“第 11 章\11.5.2-素材.jpg”，选择钢笔工具 ，并在其工具选项栏中选择“路径”选项，在画布中绘制一条图 11.54 所示的路径。

图 11.54

02 在工具箱中选择横排文字工具 T.，在工具选项栏中设置适当的字体和字号，将鼠标指针放置在绘制的路径中间，直至鼠标指针转换为 形状。

03 在 状态下，用鼠标指针在路径中单击（不要单击路径本身），从而插入文字光标，此时路径被虚线框包围。

04 在文字光标后键入所需要的文字，效果如图 11.55 所示。

图 11.55

在制作图文绕排效果时，路径的形状起到了关键性的作用，因此要得到不同形状的绕排效果，只需要绘制不同形状的路径即可。

11.6 课后练习

11.6.1 选择题

1. 下列说法中，无法改变文本颜色的是：（ ）

A、选中文本并在工具选项栏中设置颜色

B、对当前文本图层执行“色相/饱和度”命令

C、使用调整图层

D、使用“颜色叠加”图层样式

2. 要为文本设置字符、段落属性，可以使用：（ ）

A、字符样式　　B、段落样式

C、对象样式　　D、文字样式

3. 为字符设置“基线偏移”的作用是？（ ）

A、调节段落前后的位置

B、调节字符的左右位置

C、调节字符的上下位置

D、调节字符在各方向上的位置

4. 对于文本，下列操作不能实现的是：（ ）

A、为个别字符应用不同的色彩

B、为文本设置字号

C、为文本设置渐变填充

D、为个别字符设置不同大小

5. 下列关于修改文字属性的说法中，正确的是：（ ）

A、可以修改文字的颜色

B、可以修改文字的内容，如加字或减字

C、可以修改文字大小

D、将文字图层转换为像素图层后，可以改变文字字体

6. Photoshop中文字的属性可以分为哪两部分：（ ）

A、字符　　　　B、段落

C、区域　　　　D、路径

7. 要将文字图层栅格化，可以：（ ）

A、在文字图层上单击鼠标右键，在弹出的菜单中选择“栅格化文字”命令

B、选择“图层”|“栅格化文字”命令

C、按住Alt键双击文字图层的名称

D、按住Alt键双击文字图层的缩览图

8. Photoshop中将文字转换为形状的方法是？（ ）

A、“文字——转换为形状”命令

B、按Ctrl+Shift+O键

C、在要转的文字图层上单击鼠标右键，在弹出的菜单中选择“转换为形状”命令

D、按Alt+Shift+O键

11.6.2 上机操作题

1. 打开随书所附光盘中的文件“第11章\习题1-素材.psd”，如图11.56所示，在其中输入文字并设置适当的文字属性及图层样式，得到如图11.57所示的效果。

图 11.56

图 11.57

2. 打开随书所附光盘中的文件“第11章\习题2-素材.psd”，如图11.58所示。输入段落文本，并将其格式化为类似图11.59所示的状态。

图 11.58

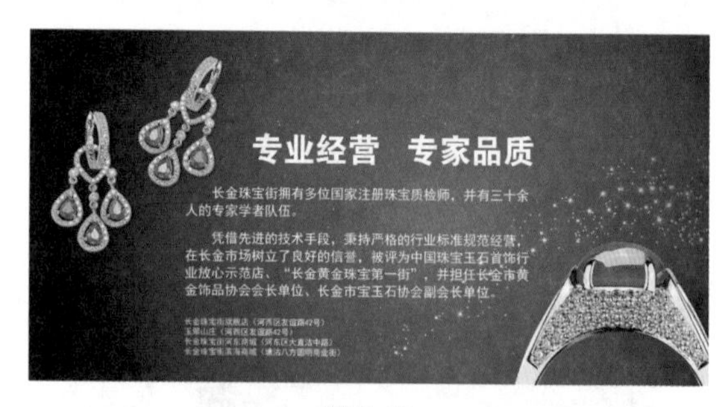

图 11.59

3. 使用上一步中输入并格式化的文字，在其中为部分文字进行特殊属性，直至得到图11.60所示的效果。

图 11.60

第12章　特殊滤镜应用详解

12.1　滤镜库

滤镜库是一个集成了Photoshop中绝大部分命令的集合体，除了可以帮助用户方便地选择和使用滤镜命令外，还可以通过命令滤镜层来为图像同时叠加多个命令。

值得一提的是，在Photoshop CC 2017中，默认情况下并没有显示出所有的滤镜，需要选择“编辑”|“首选项”|“增效工具”命令，在弹出的对话框中选择“显示滤镜库的所有组和名称”选项，显示出所有的滤镜。下面将对滤镜库进行详细的讲解。

12.1.1　认识滤镜库

“滤镜库”的最大特点在于其提供了累积应用滤镜的功能，即在此对话框中可以对当前操作的图像应用多个相同或者不同的滤镜，并将这些滤镜得到的效果叠加起来，从而获得更加丰富的效果。

图12.1所示为原图像及应用了“颗粒”滤镜后又应用了“扩散亮光”滤镜得到的效果，这两种滤镜效果产生了叠加效应。

(a) 原图像

(b) 应用“颗粒”和“扩散亮光”滤镜

图 12.1

执行“滤镜”|“滤镜库”命令，即可应用此命令进行滤镜叠加，图12.2所示为此命令在应用过程中的对话框。

图 12.2

使用此命令的关键在于对话框右下方标有滤镜命令名称的滤镜效果图层。下面讲解与滤镜效果图层有关的知识与操作技能。

12.1.2　滤镜层的相关操作

滤镜效果图层的操作和图层一样灵活。

1. 添加滤镜效果图层

要添加滤镜效果图层，可以在选区的下方单击“新建效果图层”按钮，此时所添加的新滤镜效果图层将延续上一个滤镜效果图层的滤镜命令及其参数。

01 如果需要使用同一滤镜命令以增强该滤镜的效果，无需改变此设置，通过调整新滤镜效果图层上的参数，即可得到满意的效果。

02 如果需要叠加不同的滤镜命令，可以选择该新增的滤镜效果图层，在命令选区中选择新

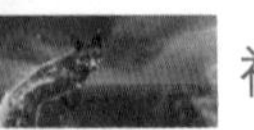

的滤镜命令，选区中的参数将同时发生变化，调整这些参数，即可得到满意的效果。

03 如果使用两个滤镜效果图层仍然无法得到满意的效果，可以按照同样的方法再新增滤镜效果图层，并修改命令或者参数，以累积使用滤镜命令，直至得到满意的效果。

2. 改变滤镜效果图层的顺序

滤镜效果图层的优点不仅在于能够叠加滤镜效果，还可以通过修改滤镜效果图层的顺序，改变应用这些滤镜所得到的效果。

图12.3所示的预览效果为按右侧顺序叠加3个滤镜命令后所得到的效果。图12.4所示的预览效果为修改这些滤镜效果图层的顺序后所得到的效果，可以看出当滤镜效果图层的顺序发生变化时，所得到的效果也不相同。

图 12.3

图 12.4

3. 隐藏及删除滤镜效果图层

如果希望查看在某一个或者某几个滤镜效果图层添加前的效果，可以单击该滤镜效果图层左侧的👁图标将其隐藏起来，图12.5所示为隐藏两个滤镜效果图层的对应效果。

对于不再需要的滤镜效果图层，可以将其删除。要删除这些图层，可以通过单击将其选中，然后单击“删除效果图层”按钮🗑。

图 12.5

12.2 液化

利用“液化”命令，可以通过交互方式推、拉、旋转、反射、折叠和膨胀图像的任意区域，使图像变换成所需要的艺术效果，在照片处理中，常用于校正和美化人物形体。在Photoshop CC 2017中，进一步强化了该命令的功能，增加了人脸识别功能，从而更方便、精确地对人物面部轮廓及五观进行修饰。

选择“滤镜”|“液化”命令即可调出其对话框，如图12.6所示。

图 12.6

12.2.1 工具箱

工具箱是“液化”命令中的重要功能，几乎所有的调整都是通过其中的各个工具实现的，其功能介绍如下。

- 向前变形工具：在图像上拖动，可以使图像的像素随着涂抹产生变形。
- 重建工具：扭曲预览图像之后，使用此工具可以完全或部分地恢复更改。
- 平滑工具：这是Photoshop CC 2017中新增的一个工具。当对图像作了大幅的调整时，可能产生其边缘线条不够平滑的问题，使用此工具进行涂抹，即可让边缘变得更加平滑、自然。例如图12.7所示是对人物腰部进行收缩处理的结果，图12.8所示是使用此工具进行平滑处理后的效果。

图 12.7

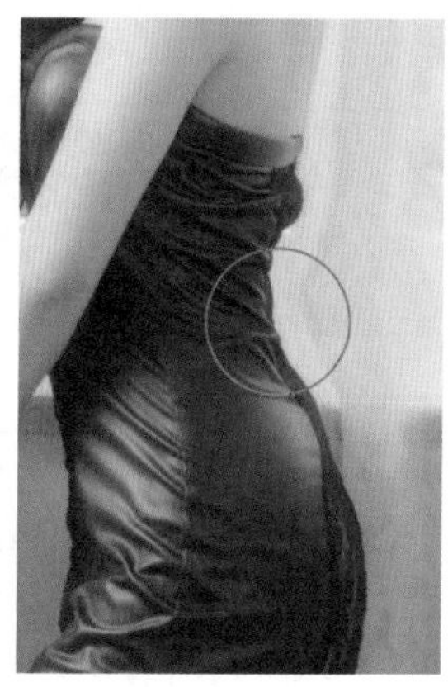

图 12.8

- 顺时针旋转扭曲工具：使图像产生顺时针旋转效果。按住Alt键操作，则可以产生逆时针旋转效果。
- 褶皱工具：使图像向操作中心点处收缩从而产生挤压效果。按住Alt键操作时，可以实现膨胀工具膨胀效果。
- 膨胀工具：使图像背离操作中心点从而产生膨胀效果。按住Alt键操作时，可以实现相反的膨胀效果。
- 左推工具：移动与涂抹方向垂直的像素。具体来说，从上向下拖动时，可以将左侧的像素向右侧移动，如图12.9所示；反之，从下向上移动时，可以将右侧的像素向左侧移动，如图12.10所示。

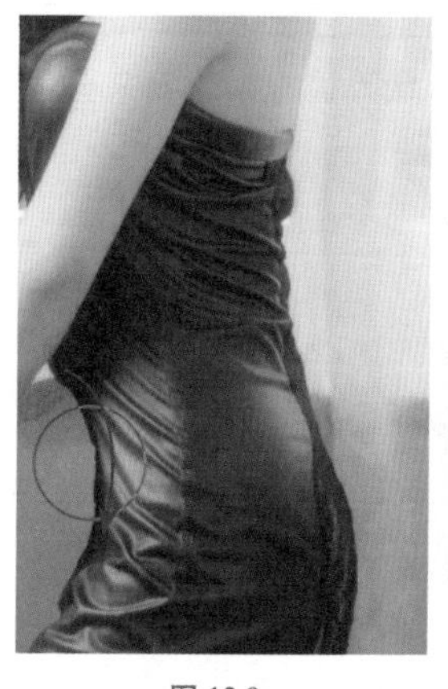

图 12.9

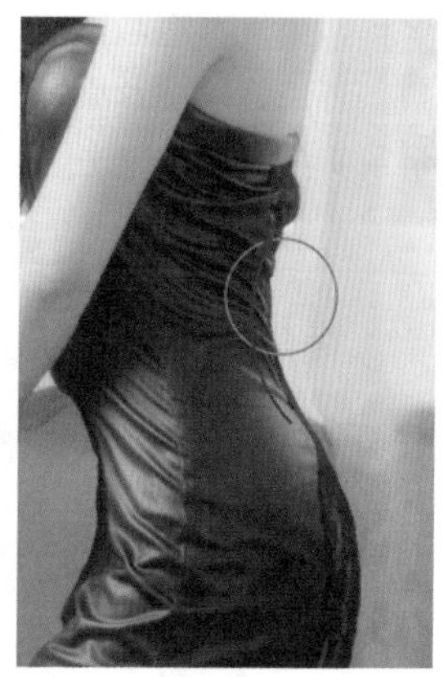

图 12.10

- 冻结蒙版工具：用此工具拖过的范围被保护，以免被进一步编辑。
- 解冻蒙版工具：解除使用冻结工具所冻结的区域，使其还原为可编辑状态。
- 脸部工具：此工具是Photoshp CC 2017中新增的、专用于对面部轮廓及五官进行处理的工具，以快速实现调整眼睛大小、改变脸形、调整嘴唇形态等处理。其功能与右侧“人脸识别液化”区域中的参数息息相关，因此将其合至本章12.2.3节一并讲解。

12.2.2 画笔工具选项

此区域中的重要参数解释如下。

- 大小：设置使用上述各工具操作时，图像受影响区域的大小。
- 浓度：设置对画笔边缘的影响程度。数值越大，对画笔边缘的影响力就越大。
- 压力：设置使用上述各工具操作时，一次操作影响图像的程度大小。
- 固定边缘：这是Photoshop CC 2017中新增的选项，选中后可避免在调整文档边缘的图像时，导致边缘出现空白。

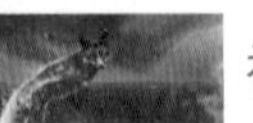

12.2.3 人脸识别液化

此区域是Photoshop CC 2017中新增的，也是“液化”命令最为重大的一次升级，用户可以通过此命令对识别到的一张或多张人脸，进行眼睛、鼻子、嘴唇及脸部形状等调整，下面来分别讲解其具体操作方法。

1. 关于人像识别

首先，人脸识别液化作为Photoshop CC 2017中新增的重要功能，可以更方便地对人物进行液化处理，但作为首次发布的功能，尚不够强大和完善，经过实际测试对正面人脸基本能够实现100%的成功识别，即使有头发、帽子少量遮挡或小幅的侧脸，也可以正确识别，如图12.11所示。

(a) 仰视人脸

(b) 头发遮挡及小侧脸

(c) 戴眼镜

图 12.11

但如果头部做出扭转、倾斜、大幅度的侧脸或过多遮挡等，则有较大概率无法检测出人脸，如图12.12所示。

(a) 扭转

(b) 倾斜

(c) 遮挡过多

图 12.12

另外，当照片尺寸较小时，由于无法提供足够的人脸信息，因此较容易出现无法检测人脸或检测错误。以图12.13所示的照片为例，在原始照片尺寸下，可以正确检测出人脸。

图 12.13

图12.14所示是将照片尺寸缩小为原图的30%左右，再次检测人脸时，出现了错误。

图 12.14

除了尺寸外，人脸检测的成功率还与脸部的对比有关，若对比小，则不容易检测成功；反之，对比明显、五官清晰，则更容易检测到。如图12.15所示的照片中，人物皮肤比较明亮、白皙，五官的对比较小，因此无法检测到人脸；而图12.16所示是适当压暗并增加对比后的效果，此时就成功检测到了人脸。

图 12.15

图 12.16

综上，在使用“液化”命令中的人脸识别功能时，首先需要正确识别出人脸，然后才能利用各项功能进行丰富的调整，若无法识别人脸，则只能手动处理了。下面来分别讲解对五官及脸形进行处理的方法，这些都是建立在正确识别人脸基础上的。

2. 人脸识别液化的基本用法

在正确识别人脸后，可在“人脸识别液化 ”区域的“选择脸部”下拉列表中选择要液化的人脸，然后分别在下面调整眼睛、鼻子、嘴唇、脸面形状参数，或使用脸部工具即可进行调整，如图所示。

▼ 人脸识别液化
选择脸部：脸部 #1　复位(R)　全部
▶ 眼睛
▶ 鼻子
▶ 嘴唇
▶ 脸部形状

图 12.17

在对人脸进行调整后，单击“复位”按钮，可以将当前人脸恢复为初始状态；单击“全部”按钮，则将照片中所有对人脸的调整恢复为初始状态。

3. 眼睛

展开“眼睛”区域的参数，可以看到共包含了5个参数，每个参数又分为两列，其中左列用于调整左眼，右列用于调整右眼。若选中二者之间的链接按钮，则可以同时调整左眼和右眼，如图所示。

图 12.18

下面将结合脸部工具，讲解“眼睛”区域中各参数的作用。

- 眼睛大小：此参数可以缩小或放大眼睛。在使用脸部工具时，将光标置于要调整的眼睛上，会出现相应的控件，拖动右上方的方形控件，即可改变眼睛的大小。向眼睛内部拖动可以缩小，向眼睛外部拖动可以增大，如图12.19所示。

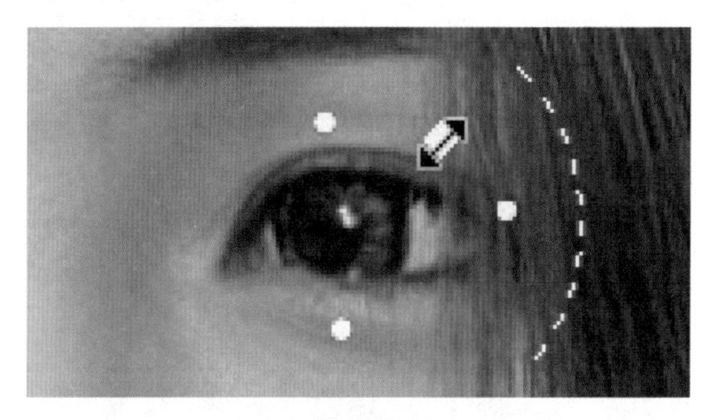

图 12.19

- 眼睛高度：此参数可以调整眼睛的高度。在使用脸部工具时，可以拖动眼睛上方或下方的圆形控件，以增加眼睛高度，如图12.20所示。向眼睛外部拖动是增加高度，向眼睛内部拖动是减少高度。

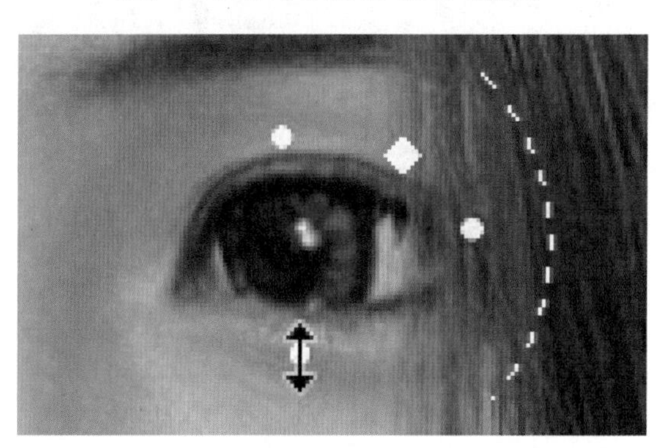

图 12.20

- 眼睛宽度：此参数可以调整眼睛的宽度。在使用脸部工具时，可以拖动眼睛右侧的圆形控件（若是左眼，则该控件位于眼睛左侧），以增加眼睛宽度，如图12.21所示。向眼睛外部拖动是增加宽度，向眼睛内部拖动是减少宽度。

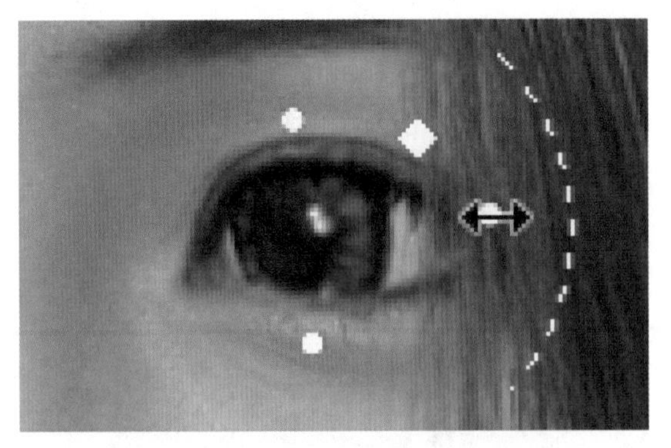

图 12.21

- 眼睛斜度：此参数可调整眼睛的角度。在使用脸部工具时，可以拖动眼睛右侧的弧线控件（若是左眼，则该控件位于眼睛左侧），如图12.22所示，以实现改变眼睛角度的目的。

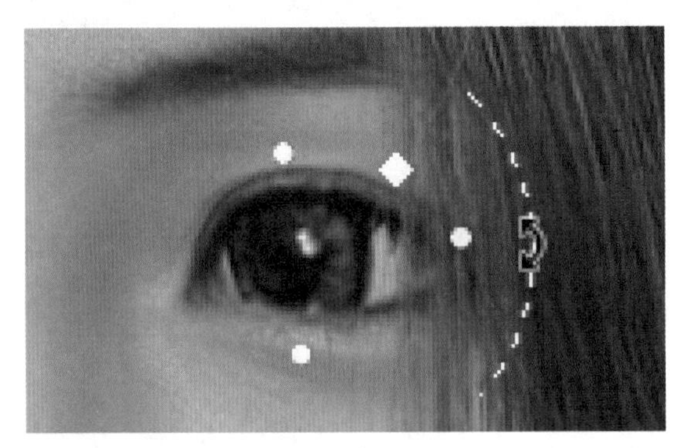

图 12.22

- 眼睛距离：此参数可以调整左右眼之间的距离，向左侧拖动可以缩小二者的距离，向右侧拖动则增大二者的距离。在使用脸部工具时，可以将光标置于控件左侧空白处（若是左眼，则位置在眼睛右侧），如图12.23所示，拖动即可改变眼睛的位置。

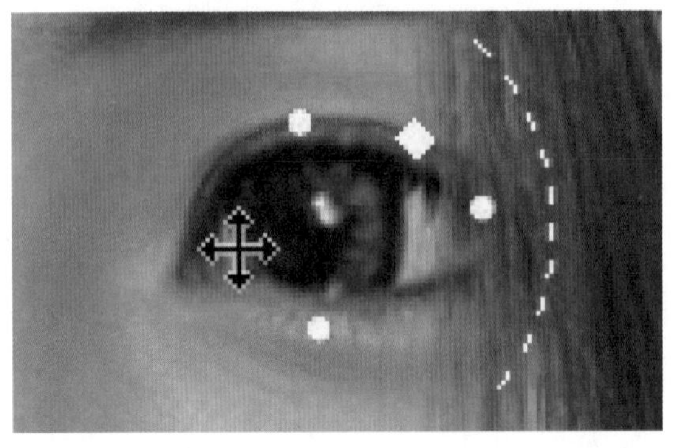

图 12.23

4. 鼻子

展开“鼻子”区域的参数，其中包含了对鼻子高度和宽度的调整参数，如图12.24所示。

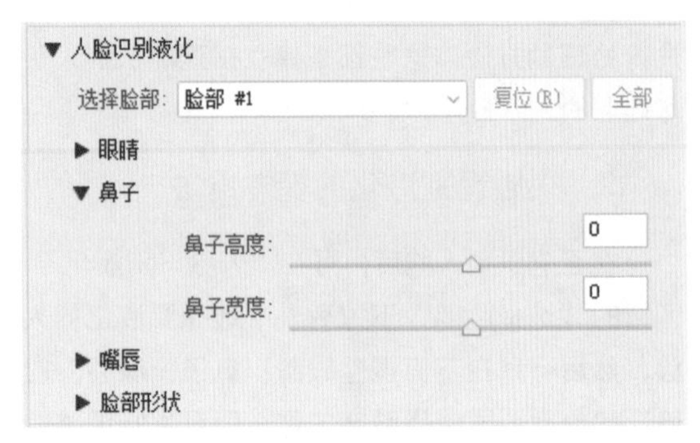

图 12.24

下面将结合脸部工具，讲解“鼻子”区域中各参数的作用。

- 鼻子高度：此参数可以调整鼻子的高度。在使用脸部工具时，拖动中间的圆形控件，如图12.25所示，即可改变鼻子的高度，图12.26所示是提高鼻子后的效果。

图 12.25

图 12.26

- 鼻子宽度：此参数可以调整鼻子的宽度。在使用脸部工具时，拖动左右两侧的圆形控件，如图12.27所示，即可改变鼻子的宽度，图12.28所示是缩小笔者宽度后的效果。

图 12.27

图 12.28

5. 嘴唇

展开“嘴唇”区域的参数，其中包含了调整微笑效果，以及对上下嘴唇、嘴唇宽度与高度的调整参数，如图12.29所示。

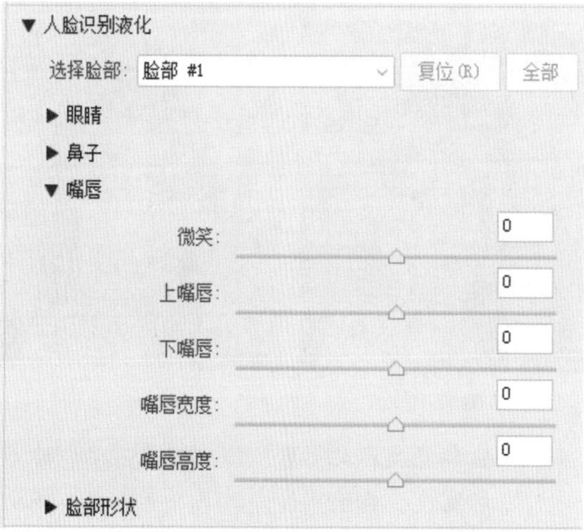

▼ 人脸识别液化
选择脸部：脸部 #1 复位(R) 全部
▶ 眼睛
▶ 鼻子
▼ 嘴唇
微笑：0
上嘴唇：0
下嘴唇：0
嘴唇宽度：0
嘴唇高度：0
▶ 脸部形状

图 12.29

下面将结合脸部工具，讲解“鼻子”区域中各参数的作用。

- 微笑：此参数可以增加或消除嘴唇的微笑效果。更直观地说，其实就是改变嘴角上翘的幅度。在使用脸部工具时，可以拖动两侧嘴角的弧形控件，以增加或减少嘴角上翘的幅度，如图12.30所示，图12.31所示是提高嘴角后的效果。

图 12.30

图 12.31

- 上/下嘴唇：这两个参数可以分别改变上嘴唇和下嘴唇的厚度。在使用脸部工具时，可以分别拖动嘴唇上下方的弧形控件，以改变嘴唇的厚度，如图12.32所示，图12.33所示是调整嘴唇厚度后的效果。

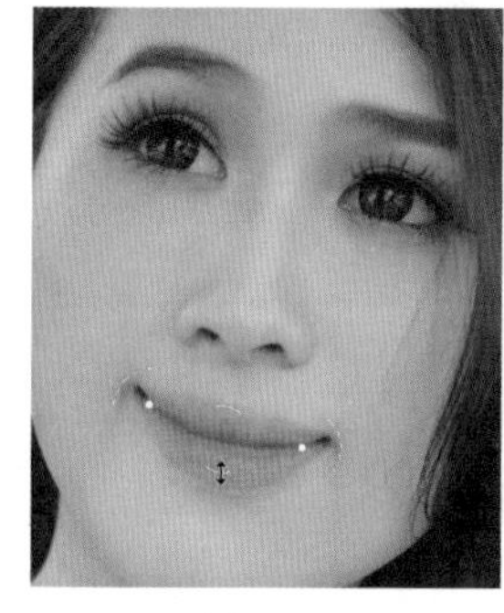

图 12.32

图 12.33

- 嘴唇宽度/高度：这两个参数与前面讲解的调整眼睛的宽度和高度相似，只是此用于调整嘴唇而已。在使用脸部工具时，可以拖动嘴唇左右两侧的圆形控件，即可改变嘴唇的宽度，如图12.34所示。但无法通过控件改变嘴唇的高度。图12.35所示是改变嘴唇宽度后的效果。

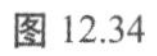

图 12.34

图 12.35

6. 脸部形状

展开“脸部形状”区域的参数，其中包含了对上额、下颌、下巴及脸部宽度的调整参数，如图12.36所示。

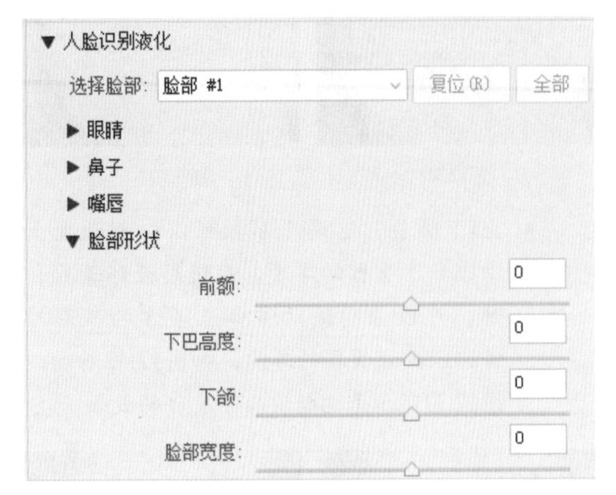

图 12.36

下面将结合脸部工具，讲解“脸部形状”区域中各参数的作用。

- 前额：调整此参数可以调整额头的大小。在使用脸部工具时，可以拖动顶部的圆形控件，以增大或缩小额头，如图12.37所示，图12.38所示是增大额头后的效果。

图 12.37

图 12.38

- 下巴高度：该参数可以改变下巴的高度。在使用脸部工具时，可以拖动底部的圆形控件，以增大或缩小额头，如图12.39所示，图12.40所示是缩小下巴后的效果。

图 12.39

图 12.40

- 下颌：该参数可以改变下颌的宽度。在使用脸部工具时，可以拖动左下方或右下方的圆形控件，以调整两侧的下颌宽度，如图12.41所示。要注意的是，左右两侧下颌只能同步调整，无法单独单一侧。图12.42所示是缩小下颌后的效果。

图 12.41

图 12.42

- 脸部宽度：此参数可以调整左右两侧脸部的宽度。在使用脸部工具时，可以拖动左右两侧的圆形控件，以增加或减少脸部的宽度，如图12.43所示。要注意的是，左右两侧的脸部宽度只能同步调整，无法单独单一侧。图12.44所示是缩小脸部宽度后的效果。

图 12.43

图 12.44

12.2.4 载入网格选项

在使用“液化”滤镜对图像进行变形时，可以在此区域中单击“存储网格”按钮，将当前对图像的修改存储为一个文件，当需要时可以单击“载入网格”命令将其重新载入，以便于进行再次编辑。单击“载入上次网格”按钮，则可以载入最近一次使用的网格。

12.2.5 视图选项

在此区域可以设置液化过程中的辅助显示功能，各选项的功能解释如下。

- 显示参考线：这是Photoshop CC 2017中新增的选项，可以显示在图像中创建的参考线。
- 显示面部叠加：这是Photoshop CC 2017中新增的选项，当成功检测到人脸时，会在视图中显示一个类似括号形态的控件，如图12.45所示。

图 12.45

- 显示图像：选择此复选框，在对话框预览窗口中显示当前操作的图像。
- 显示网格：选择此复选框，在对话框预览窗口中显示辅助操作的网格。并可以在下方设置网格的大小及颜色。
- 显示蒙版：选中此选项后，将可以显示使用冻结蒙版工具绘制的蒙版，并可以在下方设置蒙版的颜色；反之，取消选中此选项后，会隐藏蒙版。
- 显示背景：选中此选项，以当前文档中的某个图层作为背景，并可以在下方设置其显示方式。

12.2.6 蒙版选项

蒙版选项区中的重要参数解释如下。

- 蒙版运算：在此列出了5种蒙版运算模式，包括“替换选区”、“添加到选区”、“从选区中减去”、“与选区交叉”及“反相选区”，其原理与路径运算基本相同，只不过此处是选区与蒙版之间的运算。
- 无：单击该按钮可以取消当前所有的冻结状态。
- 全部蒙住：单击该按钮可以将当前图像全部冻结。
- 全部反相：单击该按钮可以冻结与当前所选相反的区域。

12.2.7 画笔重建选项

画笔重建选区中的重要参数解释如下。

- 重建：单击此按钮，在弹出的对话框中设置参数，可以按照比例将其恢复为初始状态。
- 恢复全部：单击此按钮，将放弃所有更改而恢复至打开时的初始状态。

12.3 防抖

“防抖”滤镜专门用于校正拍照时相机不稳而产生的抖动模糊，从而在很大程度上，让照片恢复为更清晰、锐利的结果。但要注意的是，抖动模糊本身属于不可挽回的破坏性问题，因此在使用“防抖”滤镜后，也只能是起到挽救的作用，而无法重现无抖动情况下的真实效果，因此，读者在拍照时，还是应尽量保持相机稳定，以避免抖动模糊问题的出现。

以图12.46所示的照片为例，该照片就是在弱光的室内环境中拍摄，由于快门速度较低，而出现了抖动模糊的问题，选择“滤镜”|“锐化”|“防抖”命令后，将调出图12.47所示的对话框。

图 12.46

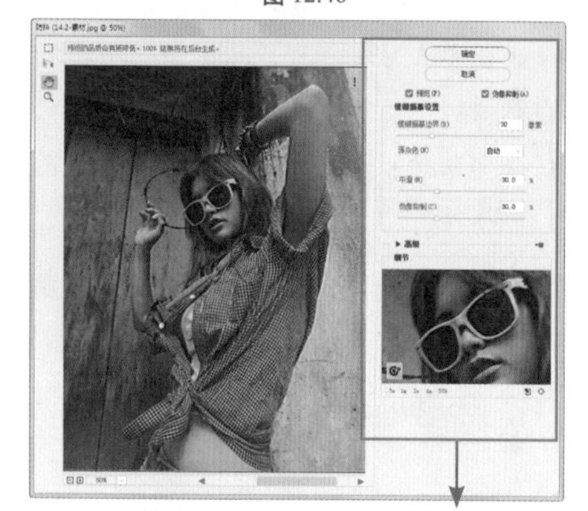

图 12.47

“防抖”对话框中的参数解释如下。

- 模糊描摹边界：此参数用于指定模糊的大小，可根据图像的模糊程度进行调整。
- 源杂色：在下拉菜单中可选择自动/低/中/高选项，指定源图像中的杂色数量，以便于软件针对杂色进行调整。
- 平滑：调整数值可减少高频锐化杂色。此数值越高，则越多的细节会被平滑掉，因此在调整时要注意平衡。
- 伪像抑制：伪像是指真实图像的周围会有一定的多余图像，尤其在使用此滤镜进行处理后，就有可能会产生一定数量的伪像，此时可以适当调整此参数进行调整。此数值为100% 时会产生原始图像，数值为0%时，不会抑制任何杂色伪像。
- 显示模糊评估区域：选中此选项后，将在中间区域显示一个评估控制框，可以调整此控制框的位置及大小，以用于确定滤镜工作时的处理依据。单击此区域右下方的“添加模糊描摹”按钮，可以创建一个新的评估控制框。在选中一个评估控制框时，单击“删除模糊描摹”按钮，可以删除该评估控制框。
- 细节：在此区域中，可以查看图像的细节内容，可以在此区域中拖动，以调整不同的细节显示。另外，单击在放大镜处增强按钮，可以对当前显示的细节图像进行进一步的增强处理。

图12.48所示就是使用此命令处理前后的局部效果对比。可以看出其校正效果还是非常明显的。

图 12.48

12.4 镜头校正

选择“滤镜”|“镜头校正”命令，弹出图12.49所示的对话框。此命令针对相机与镜头光学素质的配置文件，能够通过选择相应的配置文件，对照片进行快速的校正，这对于使用数码单反相机的摄影师而言无疑是极为有利的。

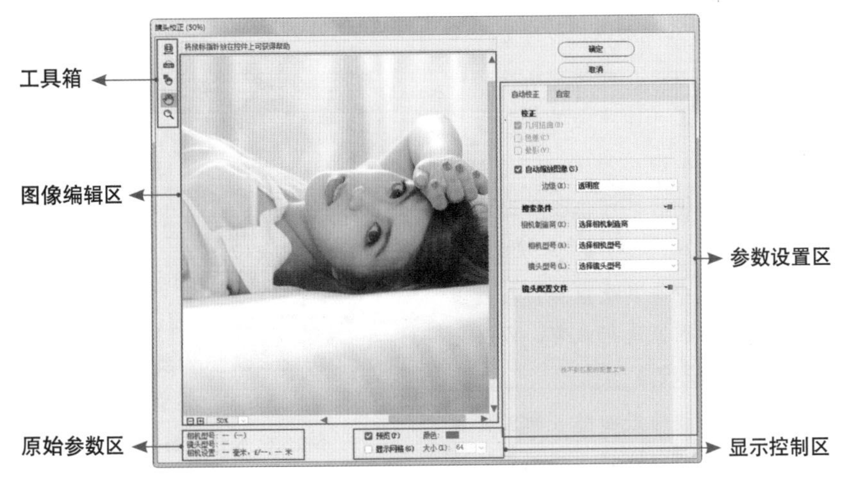

图 12.49

下面分别介绍对话框中各个区域的功能。

12.4.1 工具箱

工具箱中显示了用于对图像进行查看和编辑的工具，下面分别讲解主要工具的功能。

- 移去扭曲工具：使用该工具在图像中拖动，可以校正图像的凸起或凹陷状态。
- 拉直工具：使用此功能可以校正画面的倾斜。
- 移动网格工具：使用该工具可以拖动“图像编辑区”中的网格，使其与图像对齐。

12.4.2 图像编辑区

该区域用于显示被编辑的图像，还可以即时地预览编辑图像后的效果。单击该区域左下角的⊟按钮可以缩小显示比例，单击⊞按钮可以放大显示比例。

12.4.3 原始参数区

此处显示了当前照片的相机及镜头等基本参数。

12.4.4 显示控制区

该区域可以对“图像编辑区”中的显示情况进行控制。下面分别对其中的参数进行讲解。

- 预览：选择该复选框后，将在“图像编辑区”中即时观看调整图像后的效果，否则将一直显示原图像的效果。
- 显示网格：选择该复选框，则在“图像编辑区”中显示网格，以精确地对图像进行调整。
- 大小：在此输入数值可以控制“图像编辑区”中显示的网格大小。
- 颜色：单击该色块，在弹出的“拾色器”对话框中选择一种颜色，即可重新定义网格的颜色。

12.4.5 参数设置区——自动校正

选择“自动校正”选项卡，可以使用此命令内置的相机、镜头等数据做智能校正。下面分别对其中的参数进行讲解。

- 几何扭曲：选中此复选框后，可依据所选的相机及镜头，自动校正桶形或枕形畸变。
- 色差：选中此复选框后，可依据所选的相机及镜头，自动校正可能产生的紫、青、蓝等不同的边缘色差。
- 晕影：选中此复选框后，可依据所选的相机及镜头，自动校正在照片周围产生的暗角。
- 自动缩放图像：选中此复选框后，在校正畸变时，将自动对图像进行裁剪，以避免边缘出现镂空或杂点等。
- 边缘：当图像由于旋转或凹陷等原因出现位置偏差时，在此可以选择这些偏差的位置如何显示，其中包括“边缘扩展”、“透明度”、“黑色”和“白色”4个选项。
- 相机制造商：此处列举了一些常见的相机生产商供选择，如Nikon（尼康）、Canon（佳能）以及SONY（索尼）等。
- 相机/镜头型号：此处列举了很多主流相机及镜头供选择。
- 镜头配置文件：此处列出了符合上面所选相机及镜头型号的配置文件供选择，选择完成以后，就可以根据相机及镜头的特性自动进行几何扭曲、色差及晕影等方面的校正。

12.4.6 参数设置区——自定校正

如果选择“自定”选项卡，在此区域提供了大量用于调整图像的参数，可以手动进行调整，如图12.50所示。

图 12.50

下面分别对其中的参数进行讲解。

- 设置：在该下拉列表中可以选择预设的镜头校正调整参数。单击该项后面的管理设置按钮≡，在弹出的菜单中可以执行存储、载入和删除预设等操作。
- 移去扭曲：在此输入数值或拖动滑块，可以校正图像的凸起或凹陷状态，其功能与移去扭曲工具▦相同，但更容易进行精确的控制。
- 修复红/青边：在此输入数值或拖动滑块，可以去除照片中的红色或青色色痕。
- 修复绿/洋红边：在此输入数值或拖动滑块，可以去除照片中的绿色或洋红色痕。
- 修复蓝/黄边：在此输入数值或拖动滑块，可以去除照片中的蓝色或黄色色痕。
- 数量：在此输入数值或拖动滑块，可以减暗或提亮照片边缘的晕影，使之恢复正常。以图12.51所示的原图像为例，图12.52所示是修复暗角晕影后的效果。

图 12.51

图 12.52

- 中点：在此输入数值或拖动滑块，可以控制晕影中心的大小。
- 垂直透视：在此输入数值或拖动滑块，可以校正图像的垂直透视，图12.53所示就是校正前后的效果对比。

图 12.53

- 水平透视：在此输入数值或拖动滑块，可以校正图像的水平透视。
- 角度：在此输入数值或拖动表盘中的指针，可以校正图像的旋转角度，其功能与拉直工具相同，但更容易进行精确的控制。
- 比例：在此输入数值或拖动滑块，可以对图像进行缩小和放大。需要注意的是，当对图像进行晕影参数设置时，最好调整参数后单击“确定”按钮退出对话框，然后再次应用该命令对图像大小进行调整，以免出现晕影校正的偏差。

12.5 油画

使用“油画”滤镜可以快速、逼真地处理出油画的效果。以图12.54所示的图像为例，选择“滤镜”|“油画”命令即可调出图12.55所示的对话框。在Photoshop CC 2017中，该滤镜的功能没有变化，但界面做了大幅的改变，主要是将原来的预览区缩小并置于参数上方。

图 12.54

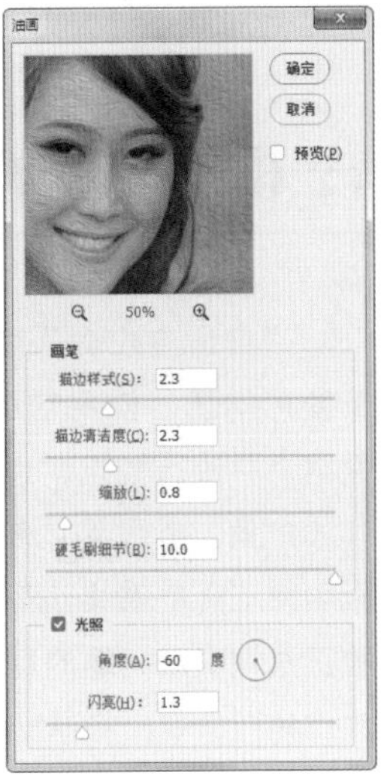

图 12.55

- 描边样式：控制油画纹理的圆滑程度。数值越大，则油画的纹理显得更平滑。
- 描边清洁度：控制油画效果表面的干净程序，数值越大，则画面越显干净，反之，数值越小，则画面中的黑色会整体显得笔触较重。
- 缩放：控制油画纹理的缩放比例。
- 硬毛刷细节：控制笔触的轻重。数值越小，则纹理的立体感就越小。
- 角度：控制光照的方向，从而使画面呈现出不同的光线从不同方向进行照射时的不同立体感。

- 闪亮：控制光照的强度。此数值越大，则光照的效果越强，得到的立体感效果也越强。

图12.56和图12.57所示是设置适当的参数后，处理得到的油画效果。

图 12.56

图 12.57

12.6 自适应广角

“自适应广角”命令专用于校正广角透视及变形问题，使用它可以自动读取照片的EXIF数据，并进行校正，也可以根据使用的镜头类型（如广角、鱼眼等）来选择不同的校正选项，配合约束工具和多边形约束工具的使用，达到校正透视变形问题的目的。选择“滤镜”|“自适应广角”命令，将弹出图12.58所示的对话框。

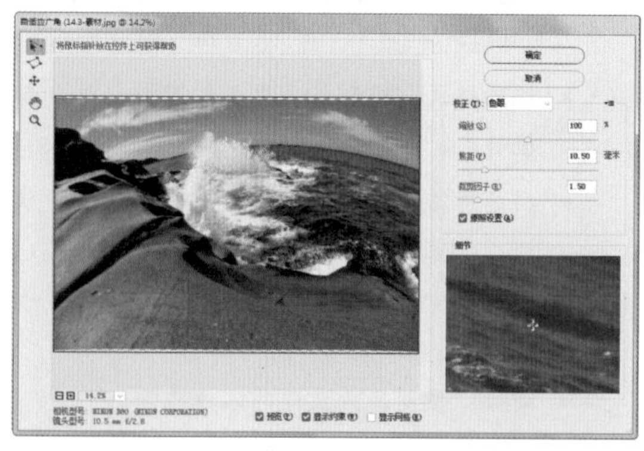

图 12.58

- 校正：在此下拉菜单中，可以选择不同的校正选项，包括“鱼眼”“透视”“自动”以及“完整球面”等4个选项，选择不同的选项时，下面的可调整参数也各有不同。
- 缩放：此参数用于控制当前图像的大小。当校正透视后，会在图像周围形成不同大小范围的透视区域，此时就可以通过调整“缩放”参数，来裁剪掉透视区域。
- 焦距：可以设置当前照片在拍摄时所使用的镜头焦距。
- 裁剪因子：可以调整照片裁剪的范围。
- 细节：在此区域中，将放大显示当前光标所在的位置，以便于进行精细调整。

除了右侧基本的参数设置外，还可以使用约束工具和多边形约束工具，针对画面的变形区域进行精细调整，前者可以绘制曲线约束线条进行校正，适用于校正水平或垂直线条的变形，后者可以绘制多边形约束线条进行校正，适用于具有规则形态的对象。

以图12.59所示的图像为例，图12.60所示是处理后的效果。

图 12.59

图 12.60

12.7 模糊画廊

从Photoshop CC 2015开始，建立了“模糊画廊”这一滤镜分类，其中包含了过往版本中增加的“场景模糊”、“光圈模糊”、“移轴模糊（早期版本称为倾斜偏移）”、“路径模糊”和“旋转模糊”共5个滤镜，本节就来分别讲解它们的使用方法。

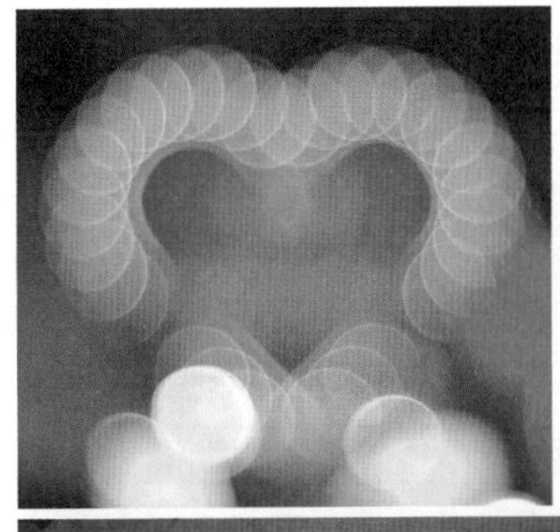

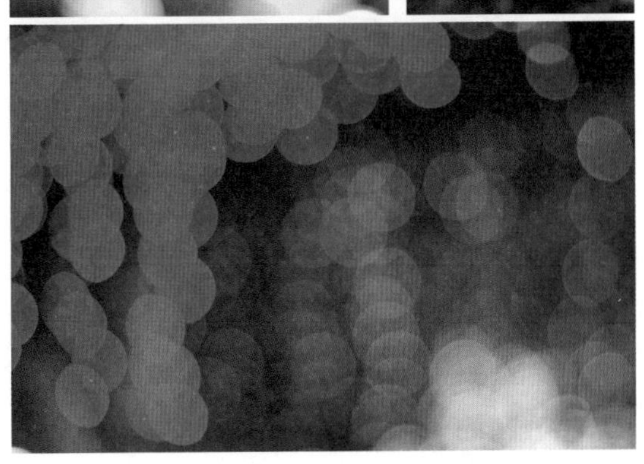

图 12.63

12.7.1 了解模糊画廊的工作界面

在选择“滤镜”|“模糊画廊”子菜单中的任意一个滤镜后，工具选项栏将变为图12.61所示的状态，并在右侧弹出“模糊工具”、“效果”、“动感效果”及“杂色”面板，如图12.62所示，其中“效果”面板仅适用于“场景模糊”、“光圈模糊”及“移轴模糊”滤镜，“动感效果”面板仅适用于新增的“路径模糊”和“旋转模糊”滤镜。

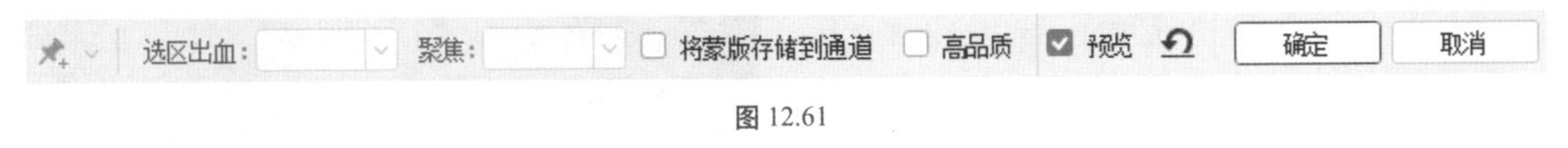

图 12.61

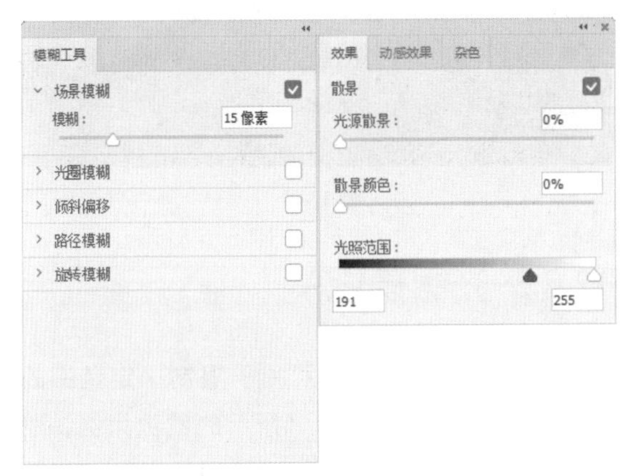

图 12.62

1. 在“模糊工具”面板中设置参数

在“模糊工具”面板中选择“场景模糊”滤镜后，可以为其设置“模糊”数值，该数值越大，则模糊的效果越强。

2. 在工具选项栏中设置参数

在选择“场景模糊”滤镜后，工具选项栏中参数的解释如下。

- 选区出血：应用“场景模糊”滤镜前绘制了选区，则可以在此设置选区周围模糊效果的过渡。
- 聚焦：此参数可控制选区内图像的模糊量。
- 将蒙版存储到通道：选中此复选框，将在应用“场景模糊”滤镜后，根据当前的模糊范围，创建一个相应的通道。
- 高品质：选中此复选框时，将生成更高品质、更逼真的散景效果。

12.7.2 场景模糊

使用“滤镜”|“模糊画廊”|“场景模糊”滤镜，可以通过编辑模糊控件，为画面增加模糊效果，通过适当的设置，还可以获得类似图12.63所示的光斑效果。

- “移去所有图钉按钮”：单击此按钮，可清除当前图像中所有的模糊控件。

3. 在“效果”面板中设置参数

“效果”面板中的参数解释如下。

- 光源散景：调整此数值，可以调整模糊范围中圆形光斑形成的强度。
- 散景颜色：调整此数值，可以改变圆形光斑的色彩。
- 光照范围：调整此参数下的黑、白滑块，或在底部输入数值，可以控制生成圆形光斑的亮度范围。

4. 在“杂色”面板中设置参数

从Photoshop CC 2015开始，增加了针对模糊画廊中所有滤镜的“杂色”面板，通过设置适当的参数，可以为模糊后的效果添加杂色，使之更为逼真，其参数解释如下。

- 杂色类型：在此下拉列表中，可以选择“高斯分布”、“平均分布”及“颗粒”选项，其中选择“颗粒”选项时，得到的效果更接近数码相机拍摄时自然产生的杂点。
- 数量：调整此数值，可设置杂色的数量。
- 大小：调整此数值，可设置杂色的大小。
- 粗糙度：调整此数值，可设置杂色的粗糙程度。此数值越大，则杂色越模糊、图像质量显得越低下；反之，则杂色越清晰、图像质量相对会显得更高。
- 颜色：调整此数值，可设置杂色的颜色。默认情况下，此数值为0，表示杂色不带有任何颜色。此数值越大，则杂色中拥有的色彩就越多，也就是俗称的“彩色噪点”。
- 高光：调整此数值，可调整高光区域的杂色数量。在摄影中，越亮的部分产生的噪点就越少，反之则会产生更多的噪点，因此适当调整此参数，以减弱高光区域的噪点，可以让画面更为真实。

将光标置于模糊控件的半透明白条位置，按住鼠标左键拖动该半透明白条，即可调整“场景模糊”滤镜的模糊数值。当光标状态为时，单击即可添加新的图钉。

以图12.64所示的照片为例，图12.65所示是利用“场景模糊”滤镜制作得到的逼真光斑效果。

图 12.64

图 12.65

12.7.3 光圈模糊

“光圈模糊”滤镜可用于限制一定范围的塑造模糊效果，以图12.66所示的图像为例，图12.67所示是选择“滤镜”|“模糊画廊”|“光圈模糊”命令后的调出的光圈模糊控件。

图 12.66

图 12.67

- 拖动模糊控件中心的位置，可以调整模糊的位置。
- 拖动模糊控件周围的4个圆形控件○，可以调整模糊渐隐的范围。若按住Alt键拖动某个圆形控件○，可单独调整其渐隐范围。
- 模糊控件外围的圆形控制框可调整模糊的整体范围，拖动该控制框上的4个圆点控件◦，可以调整圆形控制框的大小及角度。
- 拖动圆形控制框上的菱形控件◇，可以等比例绽放圆形控制框，以调整其模糊范围。

图12.68所示是编辑各个控制句柄及相关模糊参数后的状态，图12.69所示是确认模糊后的效果。

图 12.68

图 12.69

12.7.4 移轴模糊

使用的“倾斜偏移”滤镜，可用于模拟移轴镜头拍摄出的改变画面景深的效果。

以图12.70所示的素材为例，图12.71所示是选择“滤镜”|“模糊画廊”|“移轴模糊”命令，将在图像上显示出模糊控制线。

图 12.70

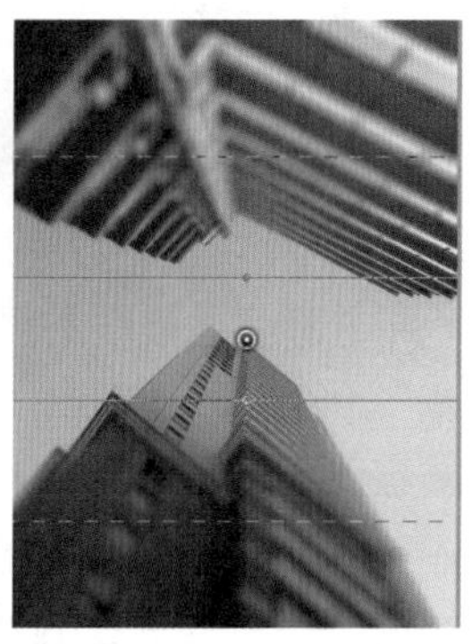

图 12.71

- 拖动中间的模糊控件，可以改变模糊的位置。

- 拖动上下的实线型模糊控制线，可以改变模糊的范围。
- 拖动上下的虚线型模糊控制线，可以改变模糊的渐隐强度。

12.7.5 路径模糊

使用“路径模糊”滤镜可以制作沿一条或多条路径运动的模糊效果，并可以控制形状和模糊量。以图12.72所示的图像为例，图12.73所示是增加路径模糊，并利用图层蒙版进行融合处理后的效果。

图 12.72

图 12.73

选择“滤镜”|“模糊画廊”|“路径模糊”命令后，“模糊工具”面板及“动感效果”面板中的参数如图12.74所示，且在默认情况下，画面变为图12.75所示的效果，用户可通过编辑其中的路径以改变模糊的轨迹。

图 12.74

图 12.75

拖动路径两端的圆形控制句柄，可以改变路径的起、止位置，拖动中心的小圆可改变路径的弧度，用户还可以在路径上的空白位置单击，以添加控制句柄，并进一步调整路径的形态，从而改变模糊的轨迹，如图12.76所示。

图 12.76

下面来分别讲解与“路径模糊”滤镜相关的参数。

1. 在“模糊工具”面板中设置参数

“模糊工具”面板中的“路径模糊”参数解释如下。

- 模糊类型：在此下拉列表中，可以选择“基本模糊”或“后帘同步闪光”两个选项，前者用于对图像进行模糊处理，后者会自动将模糊的效果与原图像进行混合，以模拟摄影后帘同步闪光时的拍摄效果。例如图12.77所示是在选择“基本模糊”选项时的效果，图12.78所示是选择“后帘同步闪光”选项时的效果。

图 12.77

图 12.78

- 速度：此参数可控制模糊的强度，数值越大，则模糊的效果越强烈。
- 锥度：此参数可以逐渐减弱模糊的效果。
- 居中模糊：选中此选项时，可通过以任何像素的模糊形状为中心创建稳定模糊。
- 终点速度：在选中路径两端的控制句柄时，此参数将被激活，它可以改变在路径两端方向上的模糊强度。

2. 设置“动感效果”面板中的参数

在前面的讲解中，选择模糊类型下拉列表中的“后帘同步闪光”选项时，就是以默认的数值调整“动感效果”面板中的参数，从而使模糊后的图像与原图像融合在一起，用户要根据需要，在其中调整“闪光灯强度”及“闪光灯闪光”数值，以调整得到不同的融合效果。

12.7.6 旋转模糊

使用“旋转模糊”滤镜可以为对象增加逼真的旋转模糊效果，其最典型的应用莫过于为汽车轮胎增加转动效果，以图12.79所示的照片为例，图12.80所示添加旋转模糊后的效果。

图 12.79

图 12.80

在应用“滤镜”|“模糊画廊”|“旋转模糊”命令后，将调出图所示的旋转模糊控件，其功能与前面讲解的光圈模糊控件基本相同，用户可根据需要调整其大小、圆度、从中心到边缘的过渡等，如图12.81所示，并在“模糊工具”面板

中调整“模糊角度”数值，即可为图像增加旋转模糊效果。

图 12.81

12.8 智能滤镜

使用智能滤镜除了能够直接对智能对象应用滤镜效果外，还可以对所添加的滤镜进行反复修改。下面讲解智能滤镜的使用方法。

12.8.1 添加智能滤镜

要添加智能滤镜，可以按照下面的方法操作。

01 选择要应用智能滤镜的智能对象图层，在“滤镜”菜单中选择要应用的滤镜命令，并设置适当的对话框参数。

02 设置完毕后，单击“确定”按钮退出对话框，生成一个对应的智能滤镜图层。

03 如果要继续添加多个智能滤镜，可以重复 1 ～ 2 的操作，直至得到满意的效果。

> 提示：如果选择的是没有参数的滤镜（如“查找边缘”、“云彩”等），则直接对智能对象图层中的图像进行处理，并创建对应的智能滤镜图层。

图12.82所示为原图像（素材图像为随书所附光盘中的文件“第15章\15.10.1-素材.psd”）及对应的“图层”面板。图12.83所示为在“滤镜库”对话框中选择了“绘图笔”滤镜，并调整适当参数后的效果，此时在原智能对象图层的下方多了一个智能滤镜图层。

图 12.82

图 12.83

可以看出，智能滤镜图层主要是由智能蒙版以及智能滤镜列表构成的。其中，智能蒙版主要是用于隐藏智能滤镜对图像的处理效果，而智能滤镜列表则显示了当前智能滤镜图层中所应用的滤镜名称。

12.8.2 编辑智能蒙版

智能蒙版的使用方法和效果与普通蒙版十分相似，可以用来隐藏滤镜处理图像后的图像效果，同样是使用黑色来隐藏图像，使用白色来显示图像，而灰色则产生一定的透明效果。

编辑智能蒙版同样需要先选择要编辑的智能蒙版，然后用画笔工具、渐变工具等工具（根据需要设置适当的颜色及画笔的大小和不透明度等）在蒙版上进行涂抹。

图12.84所示为在智能蒙版中制作黑白渐变后

得到的图像效果，及对应的“图层”面板。可以看出，上方的黑色导致了该智能滤镜的效果被完全地隐藏。

图 12.84

对于智能蒙版，同样可以进行添加或者删除的操作。在滤镜效果蒙版缩览图或者“智能滤镜”这几个字上单击鼠标右键，在弹出的菜单中选择“删除滤镜蒙版”或者“添加滤镜蒙版”命令，“图层”面板状态如图12.85所示；也可以执行“图层”|“智能滤镜”|“删除滤镜蒙版”命令及“添加滤镜蒙版”命令，这里的操作是可逆的。

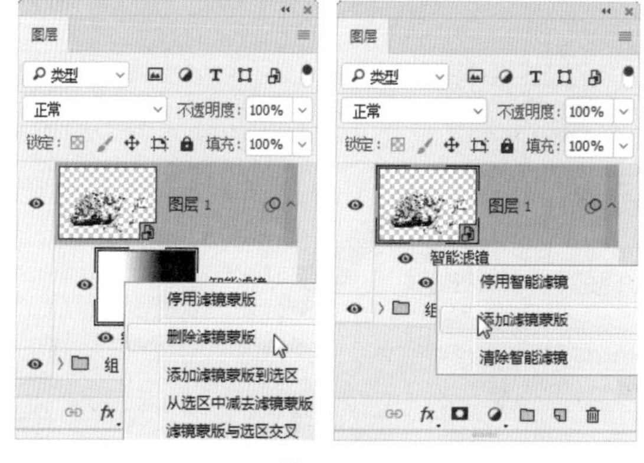

图 12.85

12.8.3 编辑智能滤镜

智能滤镜的一个优点在于可以反复编辑所应用的滤镜参数，直接在“图层”面板中双击要修改参数的滤镜名称即可进行编辑。另外，对于包含在“滤镜库”中的滤镜，双击后调出的是“滤镜库”对话框中，除了修改参数外，还可以选择其他滤镜，例如图12.86所示是选择“海报边缘”滤镜并设置参数后的效果。

图 12.86

12.8.4 停用/启用智能滤镜

停用或者启用智能滤镜可以分为两种操作，即对所有智能滤镜操作和对单独某个智能滤镜操作。

要停用所有智能滤镜，在所属的智能对象图层最右侧的图标上单击鼠标右键，在弹出的菜单中选择“停用智能滤镜”命令，即可隐藏所有智能滤镜生成的图像效果；再次在该位置处单击鼠标右键，在弹出的菜单中选择“启用智能滤镜”命令，即可显示所有智能滤镜生成的图像效果。

较为便捷的操作是直接单击智能蒙版前面的图标，同样可以显示或者隐藏全部的智能滤镜。

如果要停用或者启用单个智能滤镜，也可以参照上面的方法进行操作，只不过需要在要停用或者启用的智能滤镜名称上进行操作。

12.8.5 删除智能滤镜

对智能滤镜同样可以执行删除操作，直接在该滤镜名称上单击鼠标右键，在弹出的菜单中选择“删除智能滤镜”命令，或者将要删除的滤镜图层直接拖动至“图层”面板底部的“删除图层”按钮上。

如果要清除所有智能滤镜，则可以在“智能滤镜”这几个字上单击鼠标右键，在弹出的菜

单中选择“清除智能滤镜”命令，或者直接执行“图层”|“智能滤镜”|“清除智能滤镜”命令。

12.9 本章习题

12.9.1 选择题

1. 下列关于滤镜库的说法中正确的是：( )

A、在滤镜库中可以使用多个滤镜，并产生重叠效果，但不能重复使用单个滤镜多次

B、在滤镜库对话框中，可以使用多个滤镜重叠效果，改变这些效果图层的顺序，重叠得到的效果不会发生改变

C、使用滤镜库后，可以按Ctrl+F键重复应用滤镜库中的滤镜。

D、在“滤镜库”对话框中，可以使用多个滤镜重叠效果，当该效果层前的眼睛图标消失，单击“确定”按钮，该效果将不进行应用

2. “液化”命令的快捷键是( )。

A、Ctrl+X　　B、Ctrl+Alt+X

C、Ctrl+Shift+X　　D、Ctrl+Alt+Shift+X

3. 使用“液化”命令可以完成的处理有( )。

A、改变图像的形态

B、增大眼睛

C、扭曲图像

D、用蒙版隐藏多余图像

4. 在使用相机的广角端拍摄照片时，常会出现透视变形问题，下列可以校正该问题的是：( )

A、液化　　B、自适应广角

C、扭曲　　D、场景模糊

5. 关于文字图层执行滤镜效果的操作，下列哪些描述是正确的？( )

A、首先选择“图层”|“栅格化”|“文字”命令，然后选择任何一个滤镜命令

B、直接选择一个滤镜命令，在弹出的栅格化提示框中单击“是”按钮

C、必须确认文字图层和其他图层没有链接，然后才可以选择滤镜命令

D、必须使得这些文字变成选择状态，然后选择一个滤镜命令

12.9.2 上机操作题

1. 打开随书所附光盘中的文件“第12章\习题1-素材.jpg”，如图10.87所示。使用“光圈模糊”滤镜处理得到图10.88所示的效果。

图 12.87

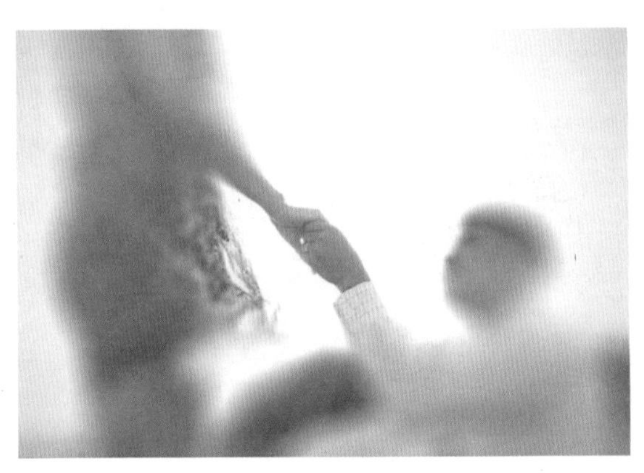

图 12.88

2. 打开随书所附光盘中的文件“第12章\习题2-素材.jpg”，如图10.89所示。使用“油画”滤镜处理得到图10.90所示的效果。

图 12.89

图 12.90

3. 打开随书所附光盘中的文件“第12章\1习题3-素材.jpg”，如图10.91所示。使用“场景模糊”滤镜处理得到图10.92所示的效果。

图 12.91

图 12.92

第13章 通道的运用

13.1 关于通道及“通道”面板

在Photoshop中要对通道进行操作，必须使用“通道”面板。执行“窗口”|“通道”命令即可显示“通道”面板，并可在其中对通道进行新建、删除、选择、隐藏等操作，其方法与图层功能基本相同，故不再详细讲解。

在Photoshop中，通道可以分为原色通道与Alpha通道、专色通道等3类，每一类通道都有其各自不同的功用与操作方法，下面分别对其进行讲解。

13.1.1 原色通道

简单地说，原色通道是保存图像颜色信息、选区信息等的场所。例如，CMYK模式的图像具有4个原色通道与一个原色合成通道。

其中，图像中青色像素分布的信息保存在原色通道“青色”中，因此当改变原色通道“青色”中的颜色信息时，就可以改变青色像素分布的情况；同样，图像中黄色像素分布的信息保存在原色通道“黄色”中，因此当改变原色通道“黄色”中的颜色信息时，就可以改变黄色像素分布的情况；其他两个构成图像的洋红像素与黑色像素分别被保存在原色通道“洋红”及“黑色”中，最终看到的就是由这4个原色通道所保存的颜色信息所对应的颜色组合叠加而成的合成效果。

而对于RGB模式的图像，则有3个用于保存原色像素（R、G、B）的原色通道，即“红”、“绿”、“蓝”，还有一个复合通道RGB，如图13.1所示。

图 13.1

而对于CMYK模式的图像，可以看到4个原色通道与一个复合通道CMYK显示于“通道”面板中，如图13.2所示。

图 13.2

13.1.2 Alpha通道

与原色通道不同，Alpha通道是用来存放选区信息的，包括选区的位置、大小、是否具有羽化值或者羽化程度的大小等。图13.3所示为一个图像中的Alpha通道。图13.4所示为通过此Alpha通道载入的选区。

图 13.3

图 13.4

13.1.3 专色通道

使用专色通道，可以在分色时输出第五块或者第六块甚至更多的色片，用于定义需要使用专色印刷或者处理的图像局部。

13.2 Alpha通道详解

在Photoshop 中，通道除了可以保存颜色信息外，还可以保存选区的信息，此类通道被称为Alpha通道。简单地说，在将选区保存为Alpha通道时，选区被保存为白色，而非选区被保存为黑色，如果选区具有不为0的羽化数值，则此类选区被保存为具有灰色柔和边缘的通道，这就是选区与Alpha通道之间的关系。

图13.5所示为原图像中的选区状态。图13.6所示为将其保存至通道后的状态。可以看出，原选区的形状与通道中白色区域的形状完全相同。

图 13.5

图 13.6

使用Alpha通道保存选区的优点，在于可以用绘图的方式对通道进行编辑，从而获得使用其他方法无法获得的选区，且可以长久地保存选区。

13.2.1 创建Alpha通道

Photoshop提供了多种创建Alpha通道的方法，可以根据实际情况进行选择。

1. 直接创建空白的Alpha通道

单击“通道”面板底部的“创建新通道”按钮，可以按照默认状态新建空白的Alpha通道，即当前通道为全黑色。

2. 从图层蒙版创建Alpha通道

当在“图层”面板中选择了一个具有图层蒙版的图层时，切换至“通道”面板，就可以在原色通道的下方看到一个临时通道，如图13.7所示。该通道与图层蒙版中的状态完全相同，此时可以将该临时通道拖动到“创建新通道”按钮上，将其保存为Alpha通道，如图13.8所示。

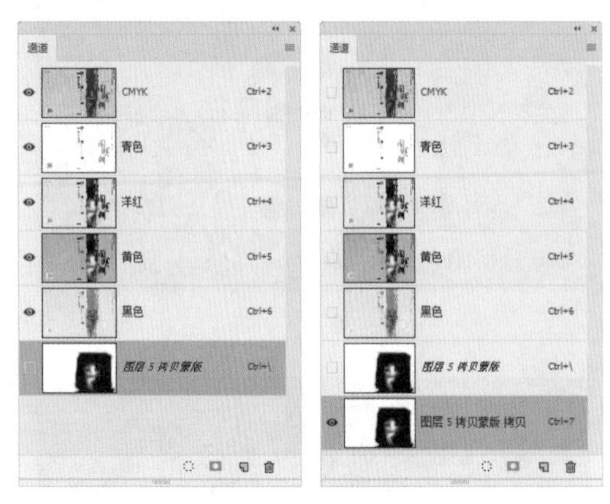

图 13.7　　图 13.8

3. 从选区创建同形状Alpha通道

在当前存在选区的情况下，单击“通道”面板底部的“将选区存储为通道”按钮可创建Alpha通道。另外，执行“选择”|“存储选区”命令，在弹出的对话框中根据需要设置新通道的参数并确定，即可将选区保存为通道。

13.2.2 通过Alpha通道创建选区的原则

当Alpha通道被创建后，可用绘图的方式对其进行编辑。例如，使用画笔工具绘图，使用选择类工具创建选区，然后填充白色或者黑色，还可以用矢量绘图类工具在Alpha通道中绘制标准的几何形状等。总之，所有在图层上可以应用的绘图手段在此都同样可用。

在编辑Alpha通道时需要掌握的原则如下。

（1）用黑色绘图可以减少选区。

（2）用白色绘图可以增加选区。

（3）用介于黑色与白色间的任意一级灰色绘图，可以获得不透明度值小于100%或者边缘具有羽化效果的选区。

图13.9所示为原通道状态，此时要制作一个斑点状的特殊选区，可以先对其进行模糊处理，再应用“彩色半调”滤镜，如图13.10所示。

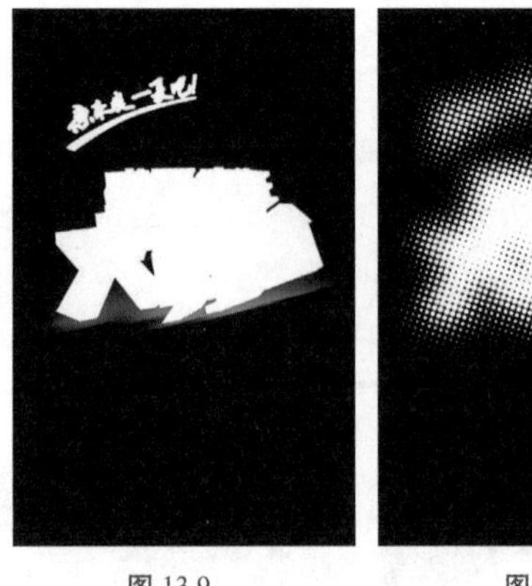

图 13.9　　图 13.10

图13.11所示为原图像，图13.12所示是将上述选区填充了颜色后，并置于原文字下方后的效果。

图 13.11　　图 13.12

由上面所举的示例不难看出，其最终目的是在通道中编辑出一个斑点状的特殊选区，但对于选区，是无法直接应用模糊、半调图案等命令的，因此就需要将其保存至通道中，成为一个黑白图像，再对这个黑白图像应用上述命令，处理后再重新将其转换为选区，从而达到制作斑点图像的目的。此外，抠选头发也是Alpha通道最常见的用途，在操作过程中，也充分利用了编辑通道的原则，读者可参见本章第12.4节的讲解。

在掌握编辑通道的原则后，可以使用更多、更灵活的命令与操作方法对通道进行操作。例如，可以在Alpha通道中应用图像调整命令，通过改变黑白区域的比例，从而改变选区的大小；也可以在Alpha通道中应用各种滤镜命令以得到形状特殊的选区；还可以通过变换Alpha通道来改变选区的大小等。

13.3 将通道作为选区载入

在操作时既可以将选区保存为Alpha通道，也可以将通道作为选区载入（包括原色通道与专色通道等）。在“通道”面板中选择任意一个通道，然后单击“通道”面板底部的“将通道作为选区载入”按钮，即可载入此Alpha通道所保存的选区。此外，也可以在载入选区的同时进行运算。

01 按住Ctrl键单击通道，可以直接调用此通道所保存的选区。

02 在选区已存在的情况下，按住Ctrl+Shift键单击通道，可以在当前选区中增加该通道所保存的选区。

03 在选区已存在的情况下，按住Alt+Ctrl键单击通道，可以在当前选区中减去该通道所保存的选区。

04 在选区已存在的情况下，按住Alt+Ctrl+Shift键单击通道，可以得到当前选区与该通道所保存的选区相重叠的选区。

按照上述方法也可以载入颜色通道中的选区。

13.4 混合颜色带

混合颜色带是Photoshop中的高级图层控制功能，使用此功能可以通过精确到像素级别的方式指定图像的显示与隐藏范围，其中包括对灰色及各颜色通道中的图像，分别进行明暗显示方面的控制功能。使用这种功能对图像进行混合，可以取得非常细腻、逼真、自然的混合效果，由于能够精确到像素级别控制图像的显示与隐藏范围，此功能也适用于对图像进行抠选操作，较适合用于抠选火焰及云彩等类型的图像。

通常情况下，选择要混合的图层，然后单击“添加图层样式”按钮fx，在弹出的菜单中选择“混合选项”命令即可调出其对话框，如图13.13所示，其中底部就是混合颜色带区域。

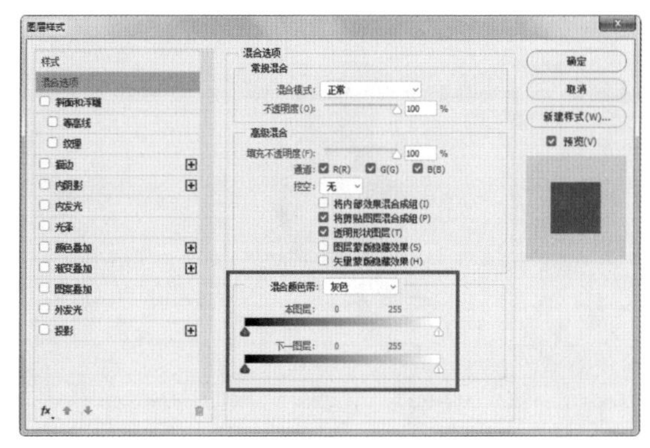

图13.13

下面对“混合颜色带”区域中各参数进行讲解。

13.4.1 混合颜色带下拉列表

在此下拉菜单中可以选择需要控制混合效果的通道，如果选择“灰色”则按全色阶及通道混合整幅图像。对于其他的选项，依据图像颜色模式的不同，也会有所变化，例如在RGB模式下，该下拉菜单中还会出现红、绿、蓝3个选项，如图13.14所示；如果在CMYK模式下，则会出现青色、洋红、黄色和黑色4个选项。

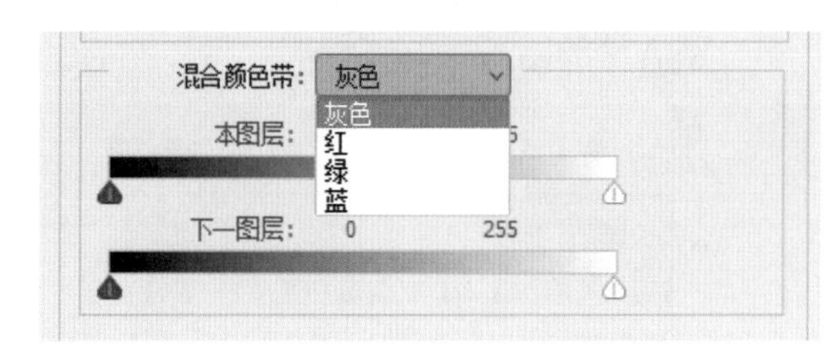

图13.14

13.4.2 “本图层”颜色带

本图层颜色带用于控制当前图层中的图像，从最暗色调的像素至最亮色调像素的显示情况。向右侧拖动黑色滑块可以隐藏暗调像素，向左侧拖动白色滑块可以隐藏亮调像素。

为了便于学习，下面将以图13.15所示的图像为例，并在其上方创建一个具有黑白渐变的填充图层，如图13.16所示，对应的“图层”面板如图13.17所示。

图13.15

图13.16

图13.17

选择图层“渐变填充1”并调出其“混合选项”对话框，向右侧拖动黑色三角滑块至175的位置，如图13.18所示，可以看出，亮度处于0~175之间的像素全部消失了。

若按住Alt键单击“本图层”区域中的黑色三角滑块，可将其分解成为2个半三角滑块，然后分别进行拖动，如图13.19所示，此时会有完全隐藏的像素、完全显示的像素及部分显示的像素。

图13.18

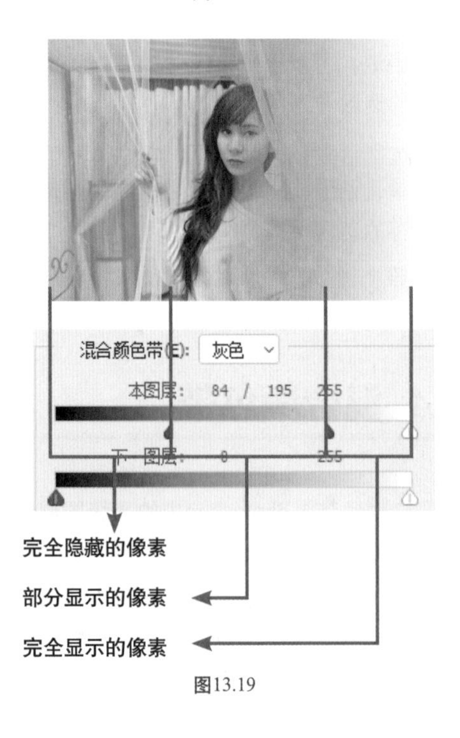

图13.19

13.4.3 “下一图层”颜色带

“下一图层”颜色带的功能与“本图层”颜色带基本相同，只是调整“下一图层”的颜色带时，是针对下方图层的像素生效，而非本图层。

仍以上面的素材为例，图13.20所示是向右侧拖动“下一图层”的黑色三角滑块时的效果，图13.21所示是将黑色三角滑块拆分为两个半三角滑块后，并分别拖动得到的效果。

混合颜色带(E): 灰色
本图层: 0 255
下一图层: 79 255

图13.20

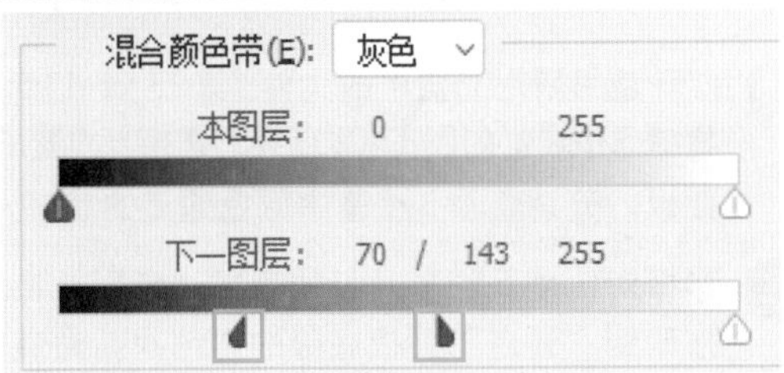

图13.21

> 提示：以上关于“本图层”和“下一图层”颜色带的颜色，均是以黑色滑块为例，右侧的白色滑块与之基本相同，故不再详细讲解。

13.5 通道应用实例

13.5.1 利用通道抠选云雾

利用Alpha通道能够选择云雾类边缘柔和且不规则的图像。下面通过一个示例来讲解如何运用此技巧。

01 打开随书所附光盘中的文件“第13章\13.5.1-素材1.jpg”，如图13.22所示。

图 13.22

02 切换至“通道”面板，分别单击3个基本原色通道，查看每一个通道中图像的对比度，3个通道中的图像效果分别如图13.23所示。

(a) 通道“红”

(b) 通道“绿”

（c）通道“蓝”

图 13.23

03 可以看出，3 个基本原色通道中通道“红”的细节最完整，对比度也最好。复制通道“红”得到“红 拷贝”，按 Ctrl+L 键弹出“色阶”对话框，设置参数如图 13.24 所示，单击“确定”按钮退出对话框，效果如图 13.25 所示。

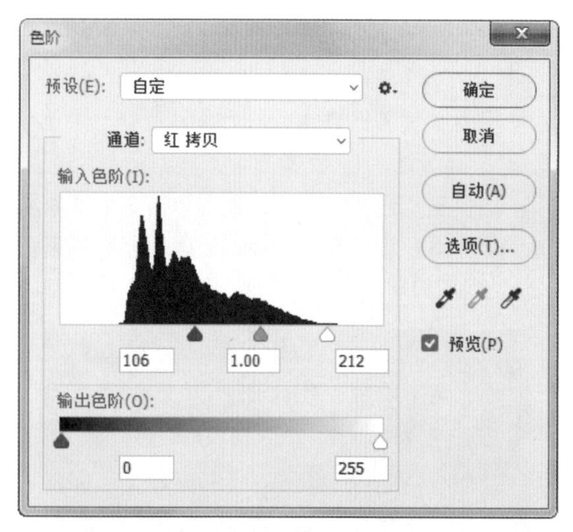

图 13.24

图 13.25

04 按住 Ctrl 键载入通道“红 拷贝”的选区，切换至“图层”面板，按 Ctrl+C 键复制图像，打开随书所附光盘中的文件“第 13 章\13.5.1-素材 2.jpg”，按 Ctrl+V 键粘贴图像，得到“图层 1”，效果如图 13.26 所示。

图 13.26

05 设置“图层 1”的混合模式改为“滤色”，效果如图 13.27 所示。

图 13.27

06 打开随书所附光盘中的文件“第 13 章\13.5.1-素材 3.jpg”，如图 13.28 所示，切换至“通道”面板，分别查看 3 个基本原色通道的状态。

07 选择对比度及细节较好的通道“红”，将其拖动到“通道”面板底部的“创建新通道”按钮上，得到其通道拷贝，图像效果如图 13.29 所示。

图 13.28　　图 13.29

08 按 Ctrl+L 键弹出“色阶”对话框，根据需要设置参数，单击“确定”按钮退出对话框，效果如图 13.30 所示。

图 13.30

09 按住 Ctrl 键单击此通道，切换至“图层”面板中，单击图层“背景”，按 Ctrl+C 键复制图像。

10 切换至需要添加云雾效果的图层，按 Ctrl+V 键粘贴图像，得到“图层 2”，将粘贴得到的图像拖动到画布的最上方，再将“图层 2”的混合模式改为“滤色”，效果如图 13.31 所示。

图 13.31

13.5.2 抠选头发

本例将使用通道功能、图像调整命令及画笔工具 等功能，选择人物头发边缘柔和且不规则的图像。下面通过一个实例来讲解如何运用此技巧。

01 打开随书所附光盘中的文件“第 13 章\13.5.2-素材.jpg”，如图 13.32 所示，将其作为本例的背景图像。

图 13.32

02 切换至“通道”面板，分别单击各个颜色通道，并选出头发与背景的对比最佳的。本例将选择“红”通道，如图 13.33 所示。

图 13.33

03 复制“红”通道得到“红 拷贝”，按 Ctrl+I 键将执行“反相”操作。

04 按 Ctrl + L 键应用“色阶”命令，设置弹出的对话框如图 13.34 所示，以增强头发与背景之间的对比，得到图 13.35 所示的效果。

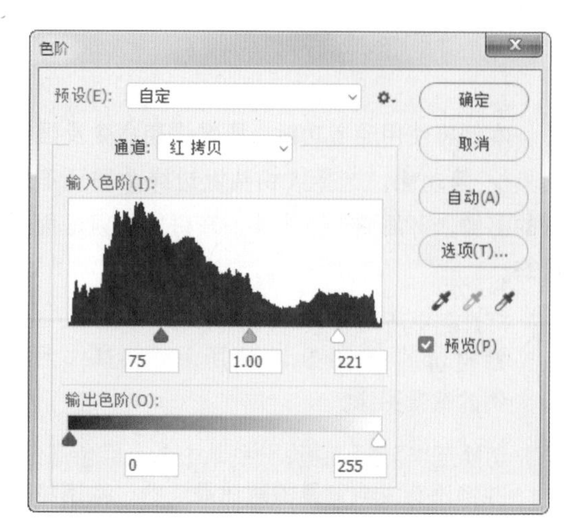

图 13.34

图 13.35

05 设置前景色为黑色，选择画笔工具，并设置适当画笔大小及不透明度，在头发以外的区域进行涂抹，得到图 13.36 所示的效果。

06 按照上一步的方法，使用白色在图像头发以内的区域涂抹，使之完全变为白色，得到图 13.37 所示的效果。

图 13.36

图 13.37

07 至此，我们已经完成了人物头发选区的制作，下面再增加人物其他部分的选区，即可将其抠选出来。按 Ctrl 键单击“红 拷贝”的缩略图以载入其选区，单击“RGB”通道，以返回图像编辑状态。

08 使用磁性套索工具，并按住 Shift 键沿着人物身体边缘绘制选区，直至将人物完全选中为止，图 13.38 所示是完成后的选区状态，图 13.39 所示是依据该选区，将人物身体后的杂物修除后的效果，使人物在照片中的主体地位更加突出。

图 13.38

图 13.39

13.5.3 快速抠选云彩并合成创意图像

本小节将通过一个实例讲解，使用混合颜色带功能选择云彩图像的操作方法，其步骤如下。

01 打开随书所附光盘中的文件“第13章\13.5.3-素材1.psd”，如图13.40所示。在本例中，将在此图像的基础上为其添加云彩。

02 打开随书所附光盘中的文件“第13章\13.5.3-素材2.jpg”，如图13.41所示。使用移动工具 将其拖至上一步打开的文档中，得到“图层1”。

图13.40

图13.41

03 按Ctrl+T键调出自由变换控制框，按住Shift键将其缩小为类似图13.42所示的状态。按Enter键确认变换操作。

04 设置“图层1”的混合模式为“滤色”，使之与后面的图像初步进行融合，得到图13.43所示的效果。

图13.42

图13.43

05 下面将利用混合颜色带将云彩从背景中分离出来。双击“图层1”的缩略图，调出“混合选项”对话框，按住Alt键单击“本图层”的黑色三角滑块，以将其拆分为两个半三角滑块，并向右拖动右侧半三角滑块，如图13.44所示，得到图13.45所示的效果。

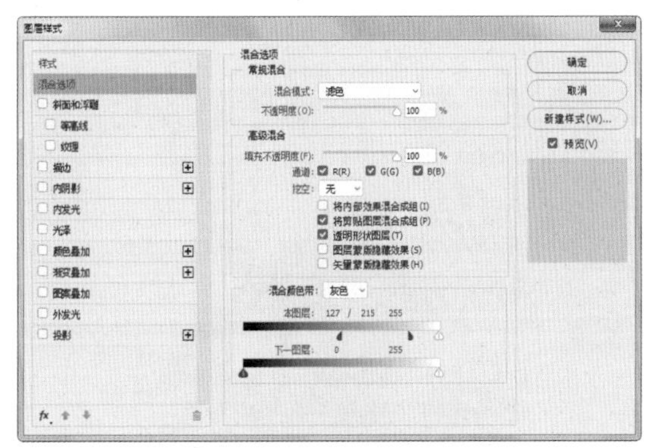

图13.44

图13.45

06 下面来调整云彩的亮度，使之变得更为突出。单击“创建新的填充或调整图层”按钮，在弹出的菜单中选择“曲线”命令，得到图层“曲线 1”，按 Ctrl + Alt + G 键创建剪贴蒙版，从而将调整范围限制到下面的图层中，然后在“属性”面板中设置其参数，如图 13.46 所示，以调整图像的颜色及亮度，得到图 13.47 所示的效果。

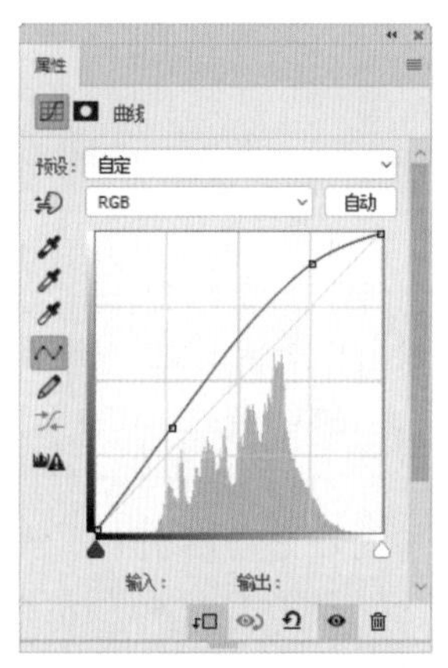

图13.46

图13.47

07 下面利用图层蒙版隐藏下方的多余云彩。选择“图层 1”，并单击“添加图层蒙版”按钮，设置前景色为黑色，选择画笔工具 并设置适当的画笔大小，在云彩底部进行涂抹，以将其隐藏，得到图 13.48 所示的效果，对应的图层蒙版状态如图 13.49 所示，此时的“图层”面板如图 13.50 所示。

图13.48

图13.49

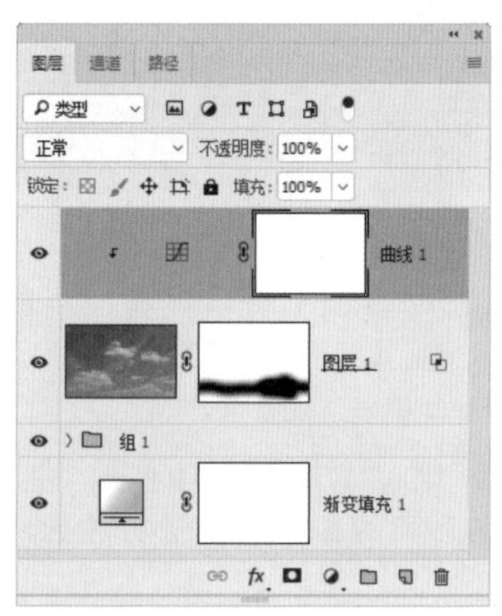

图13.50

13.6 课后练习

13.6.1 选择题

1. RGB模式的图像，拥有几个原色通道？（ ）

A、3　　B、4

C、5　　D、6

2. Alpha通道最主要的用途是什么？（ ）

A、保存图像色彩信息

B、保存图像未修改前的状态

C、用来存储和建立选区

D、保存路径

3. 在“通道”面板上按住什么功能键可以载入通道中的选区？（ ）

A、Alt　　B、Shift

C、Ctrl　　D、Tab

4. 在Photoshop中有哪几种通道？（ ）

A、颜色通道　　B、Alpha通道

C、专色通道　　D、选区通道

5. 以下关于通道的说法中，正确的是（ ）

A、通道可以存储选区

B、通道中的白色部分表示被选择的区域，黑色部分表示未被选择的区域，无法倒转过来。

C、Alpha通道可以删除，颜色通道和专色通道不可以删除

D、选中图层蒙版时，会生成一个对应的临时通道

13.6.2 上机操作题

1. 打开随书所附光盘中的文件“第13章\习题1-素材.jpg”，如图13.51所示。使用“曲线”命令分别选择“红”、“绿”和“蓝”颜色通道并进行调整，以改变其颜色，得到图13.52所示的效果。

图 13.51

图 13.52

2. 打开随书所附光盘中的文件“第13章\习题2-素材.jpg”，如图13.53所示，删除其中一个颜色通道，制作得到图13.54所示的效果。

图 13.53

图 13.54

3. 打开随书所附光盘中的文件“第13章\习题3-素材.jpg”，如图13.55所示。使用通道与绘制路径，将人物从背景中抠选出来，如图13.56所示。

图 13.55

图 13.56

4. 打开随书所附光盘中的文件“第13章\习题4-素材1.psd”，如图13.57所示。使用通道将其中的火焰抠选出来，得到类似图13.58所示的效果，然后打开随书所附光盘中的文件“第13章\习题4-素材2.psd”，如图13.59所示，合成得到如图13.60所示的效果。

图 13.57

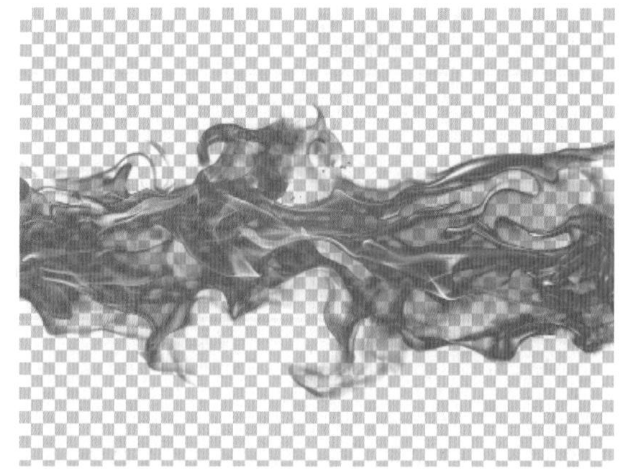

图 13.58

图 13.59

图 13.60

第14章 动作及自动化图像处理技术

14.1 “动作”面板简介

要应用、录制、编辑、删除动作，就必须使用“动作”面板，可以说此面板是“动作”的控制中心。要显示此面板，可以选择“窗口”|“动作”命令，或直接按F9键，“动作”面板如图14.1所示，其中各个按钮的功能如下所述。

图 14.1

- “停止播放/记录”按钮■：单击该按钮，可以停止录制动作。
- “开始记录”按钮●：单击该按钮，可以开始录制动作。
- “播放选定的动作”按钮▶：单击该按钮，可以应用当前选择的动作。
- “创建新组”按钮：单击该按钮，可以创建一个新动作组。
- “创建新动作”按钮：单击该按钮，可以创建一个新动作。
- “删除”按钮：单击该按钮，可以删除当前选择的动作。

从图14.1可以看出，在录制动作时，不仅执行的命令被录制在动作中，如果该命令具有参数，参数也会被录制在动作中。因此应用动作可以得到非常精确的效果。

如果面板中的动作较多，则可以将同一类动作存放在用于保存动作的组中。例如，用于创建文字效果的动作，可以保存于“文字效果”组；用于创建纹理效果的动作，可以保存于“纹理效果”组。

14.2 应用已有动作

在“动作”面板弹出菜单的底部有Photoshop预设的动作组，如图14.2所示，直接单击所需要的动作组名称，即可载入该动作组所包含的动作，然后选中要应用的动作，单击“播放选定的动作”按钮▶即可。

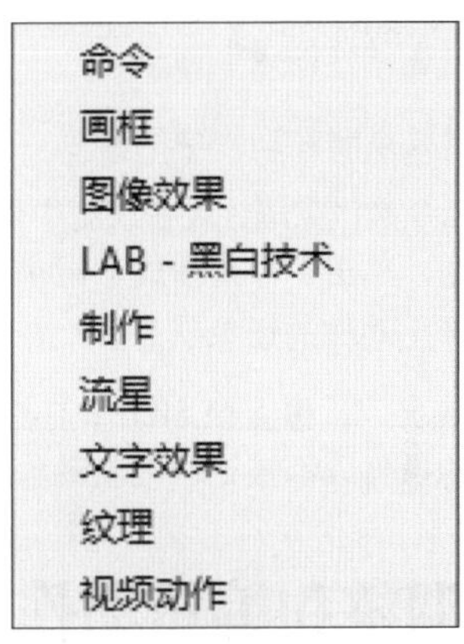

图 14.2

14.3 录制新动作

要创建新的动作，可以按下述步骤操作。

01 单击“动作”面板底部的“创建新组”按钮。

02 在弹出的对话框中输入新组名称后，单击“确定”按钮，建立一个新组。

03 单击“动作”面板底部的“创建新动作”按钮，或单击“动作”面板右上角的面板按钮≡，在弹出的菜单中选择“新建动作”命令。

04 设置弹出的“新建动作”对话框如图14.3所示。

图 14.3

- 组：在此下拉列表中列有当前“动作”面板中所有动作的名称，在此可以选择一个将要放置新动作的组名称。
- 功能键：为了更快捷地播放动作，可以在该下拉列表中选择一个功能键，从而在播放新动作时，直接按功能键即可。

05 设置“新建动作”对话框中的参数后，单击“记录”按钮，即可创建一个新动作，同时“开始记录”按钮●，自动被激活，显示为红色，表示进入动作的录制阶段。

06 执行需要录制在动作中的命令。

07 所有命令操作完毕，或在录制中需要终止录制过程时，单击“停止播放/记录”按钮■，即可停止动作的记录状态。

08 在此情况下，停止录制动作前在当前图像文件中的操作，都被记录在新动作中。

14.4 调整和编辑动作

14.4.1 修改动作中命令的参数

对于已录制完成的动作，也可以改变其中的命令参数。

在“动作”面板中双击需要改变参数的命令，在弹出的对话框中输入新的数值，单击“确定”按钮即可。

14.4.2 重新排列命令顺序

对话框开关为应用动作提供了很大的自由度，通常情况下，在播放动作时，动作所录制的命令按录制时所指定的参数操作对象。

如果打开对话框开关，则可使动作暂停，并显示对话框，以方便执行者针对不同情况指定不同的参数。在“动作”面板中选择需要暂停并弹出对话框的命令，单击该命令名称左边的切换对话框开关，使其显示为状态，即可开启对话框开关，再次单击此位置，使其呈现空格状态，即可关闭对话框开关。如果要使某动作中所有可设置参数的命令都弹出对话框，可单击动作名称左边的切换对话开关，使其显示为状态，同样再次单击此位置，可以取消图标，使之变为状态。

14.4.3 插入菜单项目

通过插入菜单项目，用户可以在录制动作的过程中，将任意一个菜单命令记录在动作中。

单击“动作”面板右上角的≡按钮，在弹出的菜单中选择“插入菜单项目”命令，弹出图14.4所示的对话框。

弹出该对话框后，不要单击“确定”按钮关闭，而应该选择需要录制的命令，例如，选择“视图”|“显示额外内容”命令，此时的对话框将变为图14.5所示的状态。

图 14.4

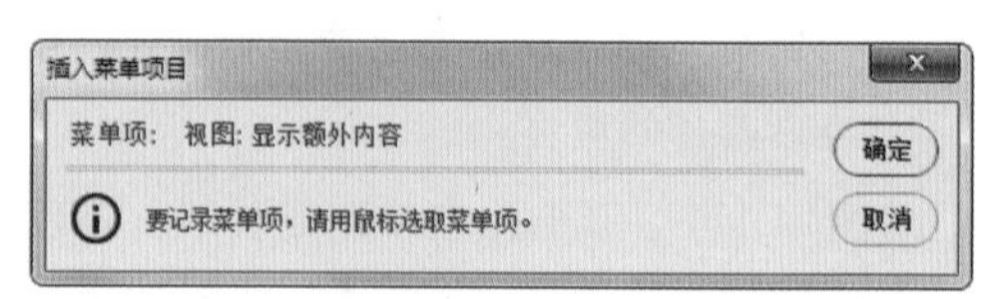

图 14.5

在未单击“确定”按钮关闭“插入菜单项目”对话框之前，当前插入的菜单项目是可以随时更改的，只需重新选择需要的命令即可。

14.4.4 插入停止动作

在录制动作的过程中，由于某些操作无法被录制，但却必须执行，因此需要在录制过程中插入一个“停止”对话框，以提示操作者。

选择“动作”面板弹出菜单中的“插入停止”命令，将弹出类似图14.6所示的对话框。

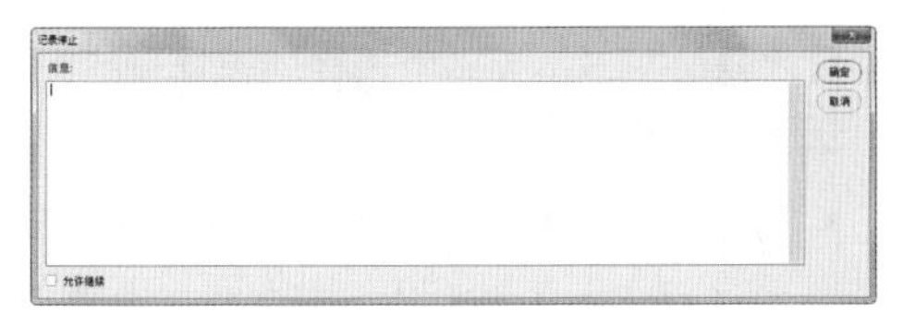

图 14.6

“记录停止”对话框中的重要参数解释如下。

- 信息：在下面的文本框中输入提示性的文字。
- 允许继续：选择此复选框，在应用动作时，弹出图14.7所示的提示框，如果未选择此按钮，则弹出的提示框中只有“停止”按钮。

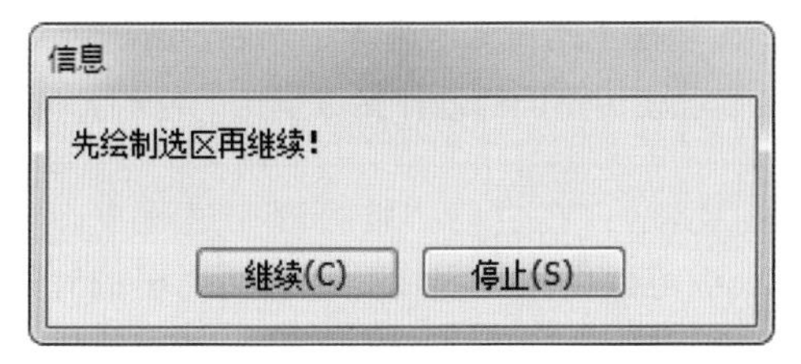

图 14.7

14.4.5 继续录制动作

虽然单击“停止播放/记录”按钮可以结束动作的录制，但仍然可以根据需要在动作中插入其他命令，可以按下述步骤操作。

01 在动作中选择一个命令。

02 单击“开始记录”按钮●。

03 执行需要记录的命令。

04 单击“停止播放/记录”按钮■。

14.5 自动化与脚本

14.5.1 批处理

如果说动作命令能够对单一对象进行某种固定操作，那么“批处理”命令显然更为强大，它能够对指定文件夹中的所有图像文件执行指定的动作。例如，如果希望将某一个文件夹中的图像文件转存成为TIFF格式的文件，只需要录制一个相应的动作，并在“批处理”命令中为要处理的图像指定这个动作，即可快速完成这个任务。

应用“批处理”命令进行批处理的具体操作步骤如下。

01 录制要完成指定任务的动作，选择“文件”|“自动”|“批处理”命令，弹出图 14.8 所示的对话框。

图 14.8

02 从“播放”区域的“组”和“动作”下拉列表中选择需要应用动作所在的“组”及此动作的名称。

03 从“源”下拉列表中选择要应用“批处理”的文件，此下拉列表中各个选项的含义如下。

- 文件夹：此选项为默认选项，可以将批处理的运行范围指定为文件夹，选择此选项必须单击“选择”按钮，在弹出的“浏览文件夹”对话框中选择要执行批处理的文件夹。
- 导入：对来自数码相机或扫描仪的图像应用动作。
- 打开的文件：如果要对所有已打开的文件执行批处理，应该选中此选项。

- Bridge：对显示于“文件浏览器”中的文件应用在“批处理”对话框中指定的动作。

04 选择“覆盖动作中的‘打开’命令”选项，动作中的“打开”命令将引用“批处理”的文件，而不是动作中指定的文件名。

05 选择“包含所有子文件夹”选项，可以使动作同时处理指定文件夹中所有子文件夹包含的可用文件。

06 选择“禁止颜色配置文件警告”选项，将关闭颜色方案信息的显示。

07 从“目标”下拉列表中选择“批处理”命令后的文件所放置的位置，各个选项的含义如下。

- 无：选择此选项，使批处理的文件保持打开而不存储更改（除非动作包括“存储”命令）。
- 存储并关闭：选择此选项，将文件存储至当前位置，如果两幅图像的格式相同，则自动覆盖源文件，并不会弹出任何提示对话框。
- 文件夹：选择此选项，将处理后的文件存储到另一位置。此时可以单击其下方的“选择”按钮，在弹出的“浏览文件夹”对话框中指定目标文件夹。

08 选择“覆盖动作中的‘存储为’命令”选项，动作中的“存储为”命令将引用批处理的文件，而不是动作中指定的文件名和位置。

09 如果在“目标”下拉列表中选择“文件夹”选项，则可以指定文件命名规范，并选择处理文件的文件兼容性选项。

10 如果在处理指定的文件后，希望对新的文件进行统一命名，可以在“文件命名”区域设置需要设定的选项。例如，如果按照图 14.9 所示的参数执行批处理后，以jpg 图像为例，则存储后的第一个新文件名为“旅行 001.jpg”，第二个新文件名为“旅行 002.jpg ”，以此类推。

图 14.9

> 提示：此选项仅在“目标”下拉列表中的“文件夹”选项被选中的情况下才会被激活。

11 从“错误”下拉列表中选择处理错误的选项，该下拉列表中各个选项的含义如下。

- 由于错误而停止：选择此选项，在动作执行过程中如果遇到错误将中止批处理，建议不选择此选项。
- 将错误记录到文件：选择此选项，并单击下面的“存储为”按钮，在弹出的“存储”对话框输入文件名，可以将批处理运行过程中所遇到的每个错误记录，并保存在一个文本文件中。

12 设置完所有选项后单击“确定”按钮，则 Photoshop 开始自动执行指定的动作。

在掌握了此命令的基本操作后，可以针对不同的情况使用不同的动作完成指定的任务。

> 提示：在进行“批处理”过程中，按Esc键可以中止运行批处理，在弹出的对话框中，单击“继续”按钮可以继续执行批处理，单击“停止”按钮则取消批处理。

14.5.2 合成全景照片

“Photomerge”命令能够拼合具有重叠区域的连续拍摄照片，使其拼合成一个连续的全景图像。使用此命令拼合全景图像，要求拍摄者拍摄出几张在边缘有重合区域的照片。比较简单的方法是，拍摄时手举相机保持高度不变，身体连续旋转几次，从几个角度将要拍摄的景物分成几个部分拍摄出来，然后在Photoshop中使用

“Photomerge”命令完成拼接操作。

执行“文件”|“自动”|“Photomerge”命令，弹出图14.10所示的对话框。

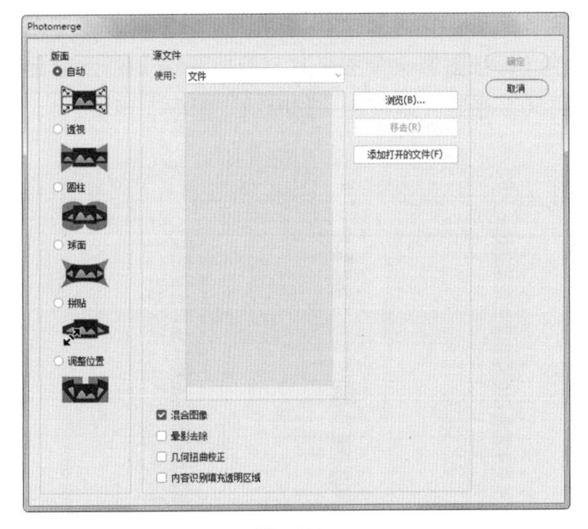

图 14.10

“Photomerge”对话框中的参数解释如下。

- 文件：可以使用单个文件生成Photomerge合成图像。
- 文件夹：使用存储在一个文件夹中的所有图像文件来创建Photomerge合成图像。该文件夹中的文件会出现在此对话框中。

对话框中其他参数释义如下。

- 混合图像：选择此选项，可以使Photoshop自动混合图像，以尽可能地智能化拼合图像。
- 晕影去除：选择此选项，可以补偿由于镜头瑕疵或者镜头遮光处理不当而导致照片边缘较暗的现象，以去除晕影并执行曝光度补偿操作。
- 几何扭曲校正：选择此选项，可以补偿由于拍摄问题在照片中出现的桶形、枕形或者鱼眼失真。
- 内容识别填充透明区域：选中此选项后，可在自动混合图像时，会自动对空白区域进行智能填充。

以图14.11所示的4幅照片为例，图14.12所示是将其拼合在一起，并适当裁剪、修复后的效果。

图 14.11

图 14.12

14.5.3 图像处理器

在Windows平台上，使用Visual Basic或Java Script所撰写的脚本都能够在Photoshop中调用。使用脚本，能够在Photoshop中自动执行其所定义的操作，操作范围既可以是单个对象也可以是多个文档。

执行“文件”|“脚本”|“图像处理器”命令，能够转换和处理多个文件，从而完成以下各项操作。

（1）将一组文件的文件格式转换为*.jpeg、*.psd或者*.tif格式之一，或者将文件同时转换为以上3种格式。

（2）使用相同的选项来处理一组相机原始数据文件。

（3）调整图像的大小，使适应指定的大小。

要执行此命令处理一批文件，可以参考以下操作步骤。

01 执行“文件”|“脚本”|“图像处理器”命令，弹出图 14.13 所示的“图像处理器”对话框。

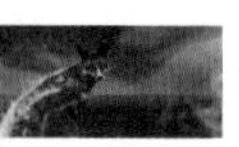

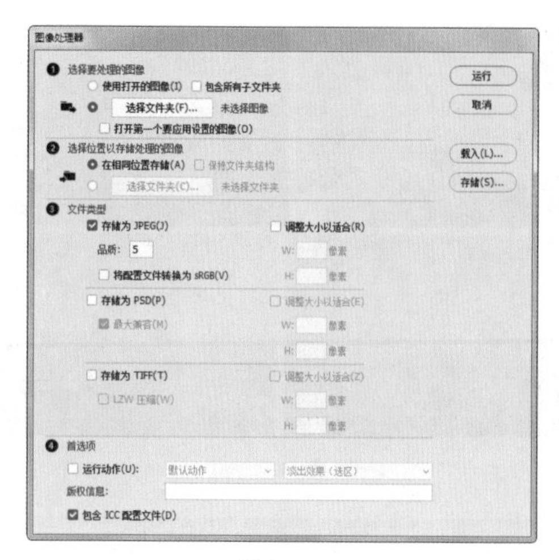

图 14.13

02 单击“使用打开的图像”单选按钮，处理所有当前打开的图像文件；也可以单击“选择文件夹”按钮，在弹出的“选择文件夹”对话框中选择处理某一个文件夹中所有可处理的图像文件。

03 单击“在相同位置存储”单选按钮，可以使处理后生成的文件保存在相同的文件夹中；也可以单击“选择文件夹”按钮，在弹出的“选择文件夹”对话框中选择一个文件夹，用于保存处理后的图像文件。

> 提示：如果多次处理相同的文件，并将其存储到同一个目标文件夹中，则每个文件都将以其自己的文件名存储，而不进行覆盖。

04 在“文件类型”选区中选择要存储的文件类型和选项。在此区域中可以选择将处理的图像文件保存为 *.jpeg、*.psd、*.tif 中的一种或者几种。如果选择“调整大小以适合”选项，则可以分别在“W”和“H”数值框中键入宽度和高度数值，使处理后的图像符合此尺寸。

05 在“首选项”选区中设置其他处理选项，如果还需要对处理的图像运行动作中所定义的命令，选择“运行动作”选项，并在其右侧选择要运行的动作；如果选择“包含 ICC 配置文件”选项，则可以在存储的文件中嵌入颜色配置文件。

06 参数设置完毕后，单击“运行”按钮。

14.5.4 堆栈合成

堆栈是一个比较抽象的概念，实际上其功能非常简单，就是将一组图像叠加起来成为一个文档（每张图像一个图层），例如图14.14所示就是将50多张照片堆栈在一起时的“图层”面板。

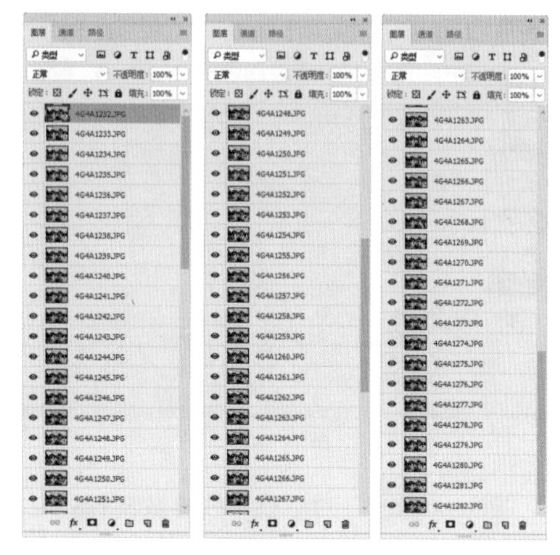

图 14.14

当然，仅仅叠加起来是没有任何意义的，其作用在于，通常是将载入的图像转换成为智能对象，然后利用其堆栈模式，让图像之间按照指定的堆栈模式进行合成，从而形成独特的图像效果。该功能在摄影后期处理领域应用得最为广泛，如合成星轨、流云、无人风景区等，都可以通过此功能进行合成。下面将以使用堆栈功能合成星轨为例，讲解其使用方法。

> 提示：使用堆栈法合成星轨是近年非常流行的一种拍摄星轨的技术，摄影师可以以固定的机位及曝光参数，连续拍摄成百上千张照片，然后通过后期合成为星轨效果，这种方法合成得到的星轨，可以有效地避免传统方法的拍摄问题。通常来说，单张照片曝光的时间越长、照片的数量越多，那么最终合成得到的星轨数量也就越多、弧度也越长。要注意的是，如果原片有明显的问题，如存在大量噪点、意外出现的光源等，应提前进行处理，以避免影响合成结果。尤其是噪点多的情况，可能会导致最终出现由噪点组成的伪“星轨”。

01 选择“文件”|“脚本”|“将文件载入堆栈”命令，在弹出的对话框中单击“浏览”按钮，如图 14.15 所示。

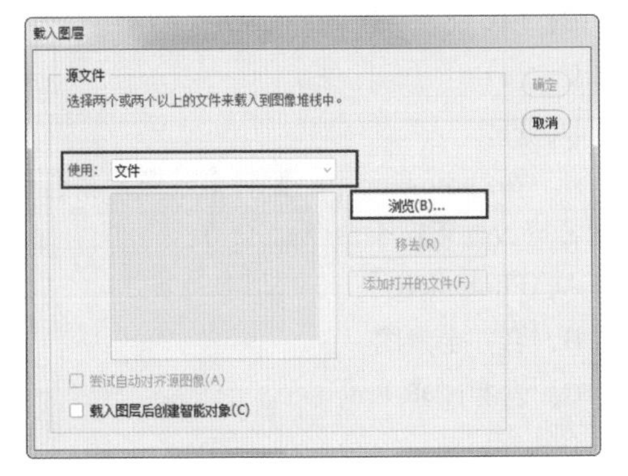

图 14.15

02 在弹出的“打开”对话框中，打开随书所附光盘中的素材文件夹“第 14 章\14.5.4- 素材”，按 Ctrl+A 键选中所有要载入的照片，再单击“打开”按钮以将其载入到“载入图层”对话框，并注意一定要选中“载入图层后创建智能对象”选项，如图 14.16 所示。

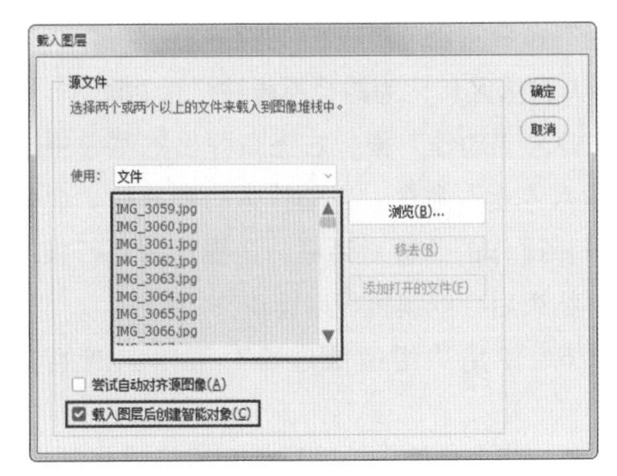

图 14.16

03 单击“确定”按钮即可开始将载入的照片堆栈在一起并转换为智能对象，如图 14.17 所示。

图 14.17

提示：若在“载入图层”对话框中，忘记选中“载入图层后创建智能对象”选项，可以在完成堆栈后，选择“选择”|“所有图层”命令以选中全部的图层，再在任意一个图层名称上单击鼠标右键，在弹出的菜单中选择“转换为智能对象”命令即可。

04 选中堆栈得到的智能对象，再选择“图层”|“智能对象”|“堆栈模式”|“最大值”命令，并等待 Photoshop 处理完成，即可初步得到星轨效果，如图 14.18 所示，此时的“图层”面板如图 14.19 所示。

图 14.18

图 14.19

通过上面的操作，就初步完成了星轨的合成，接下来可以根据需要对照片进行曝光及色彩等方面的润饰处理，由于不是本小节要讲解的重点，故不再详细说明，图14.20所示是最终修饰好的照片效果。

图 14.20

提示：第1步执行堆栈处理后的智能对象图层，是将所有的照片文档都包含在其中，因此该图层会极大地增加保存时的大小，在确认不需要对该图层做任何修改后，可以在其图层名称上单击鼠标右键，在弹出的菜单中选择“栅格化图层”命令，从而将其转换为普通图层。

14.6 课后练习

14.6.1 选择题

1. 下列无法记录在动作中的是：（ ）

A、设置前景色

B、使用画笔工具进行涂抹

C、新建文档

D、取消选区

2. 对一定数量的文档，用同样的动作进行操作，以下方法中效率最高的是：（ ）

A、将该动作的播放设置快捷键，对于每一个打开的文件按一键即可以完成操作

B、选择菜单“文件”|“自动”|“批处理”命令，对文件进行处理

C、将动作存储为“样式”，对每一个打开的文件，将其拖放到图像内即可以完成操作

D、在文件浏览器中选中所有需要处理的文件，点鼠标右键，在弹出的菜单中选择“应用动作”命令

3. 要显示“动作”面板，可以按（ ）键。

A、F9

B、F10

C、F11

D、F6

4. 在Photoshop中，要将多张照片拼合为全景图，可以使用哪个命令：（ ）

A、Photomerge

B、合并全景图

C、合并HDR Pro

D、批处理

5. 关于“动作”记录，以下说法正确的是：（ ）

A、“自由变换”命令的记录，可以通过“动作”面板右上角弹出的菜单中的“插入菜单”命令实现

B、钢笔绘制路径不能直接记录为动作，可以通过“动作”面板右上角弹出的菜单中“插入路径”命令实现

C、选区转化为路径不能被记录为动作

D、“动作”面板右上角弹出的菜单中选择“插入停止”命令，当动作运行到此处，会弹出下一步操作的参数对话框，让操作者自行操作，操作结束后会继续执行后续动作

6. 使用“图像处理器”可以完成的工作有：（ ）

A、将图像输出为PSD或JPEG格式

B、在处理图像的同时应用动作

C、改变图像的尺寸

D、设置输出JPEG时的品质

14.6.2 上机操作题

1. 打开随书所附光盘中的文件“第14章\习题1-素材.jpg”，如图14.21所示。创建一个动作，然后执行“亮度/对比度”及“自然饱和度”命令对照片进行处理，关闭并保存对照片的处理，得到图14.22所示的效果。

图 14.21

图 14.22

2. 使用随书所附光盘中文件夹“第14章\习题2-素材”中的照片，利用上一题中录制得到的动作，执行“批处理”命令，对其中所有的照片进行处理，并将处理完成的照片以“Photos_3位序号”的方式进行命名，处理后的效果如图14.23所示。

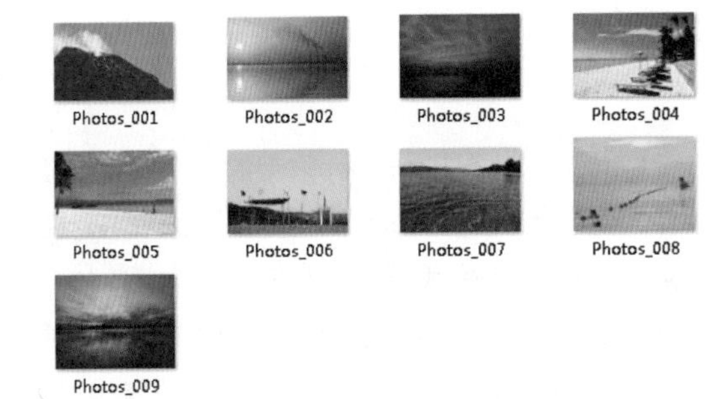

图 14.23

第15章 调修RAW照片

15.1 RAW格式概述

RAW意为是“原材料”或“未经处理的”，它包含了数码相机传感器（CMOS或CCD）获取到的所有原始数据，如相机型号、光圈值、快门速度、感光度、白平衡、优化校准等。更形象地说，RAW就像一个容器，所有的原始数据都装在这个容器中，用户可以根据需要，调用容器中的一部分数据组合成为一幅照片。正因如此，RAW格式照片具有极高的宽容度，也就是拥有极大的可调整范围，充分利用其高宽容度的特性，通过恰当的后期处理，可以得到更加美观的照片结果，甚至能够将“废片”处理为“大片”。例如在亮度方面，RAW格式可以记录下+2~-4甚至更大范围的亮度信息，即使照片存在曝光过度或曝光不足的问题，也可以在此范围内，将其整体或局部恢复为曝光正常的状态。

例如，图15.1所示就是一幅典型的在大光比环境下拍摄的RAW格式照片，其亮部有些曝光过度，暗部又有些曝光不足。图15.2所示是使用后期处理软件，分别对高光和暗部进行曝光和色彩等方面处理后的结果。可以看出，二者存在极大的差异，处理后的照片曝光更加均衡，而且色彩也更为美观。

图 15.1

图 15.2

值得一提的是，RAW格式是对所有原始照片格式的统称，具体来说，几乎每家相机厂商都发布了专属的RAW格式，每种RAW格式的扩展名也都各不相同，例如佳能相机普遍采用.cr2扩展名，尼康相机普遍采用.nef扩展名。

15.2 认识Camera Raw的工作界面

Camera Raw是Photoshop附带的一个照片处理软件，全名为Adobe Camera Raw，简称ACR，主要用于处理RAW格式照片，并经过多个版本的升级后，能够完美兼容各相机厂商的RAW格式，并提供了极为丰富的调整功能，能够充分发挥RAW格式照片的优势，实现极佳的调整结果。

下面来介绍Camera Raw的界面。

15.2.1 工作界面基本组成

在Photoshop中打开RAW格式照片，即可启动Camera Raw软件，如图15.3所示。

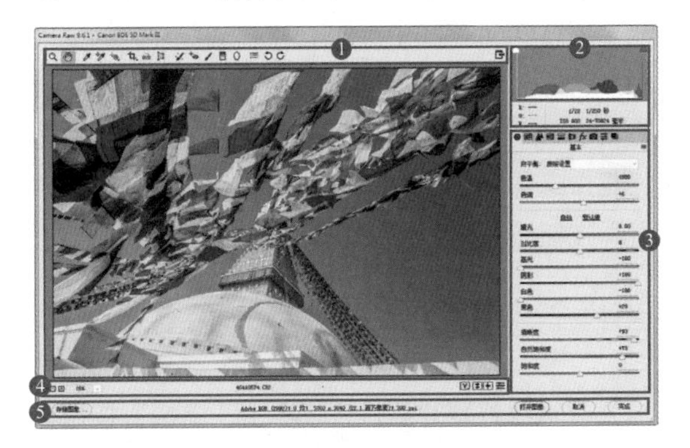

图 15.3

❶ 工具栏：包括用于编辑照片的工具，以及设置Camera Raw软件和界面等功能按钮。

❷ 直方图：用于查看当前照片图像的曝光数据信息。

❸ 调整面板：此面板包含10个选项卡，可用于调整照片的基本曝光与色彩、调整暗角、校正镜头扭曲与色边等。

❹ 视图控制区：在此区域的左侧可以设置当前照片的显示比例；右侧可以设置调整前后对比效果的预览方式。

❺ 操作按钮：单击“存储图像”按钮可详细设置照片的存储属性；单击“打开图像”按钮可打开图像至 Photoshop；单击“完成”按钮将直接保存调整后的属性至原照片。单击中间带有下画线的文字，可以调出“工作流程选项”对话框，在其中设置照片的色彩空间及大小等参数。

15.2.2 工具

Camera Raw中的工具主要用于旋转、裁剪、修复、调色及局部处理等，如图15.4所示。

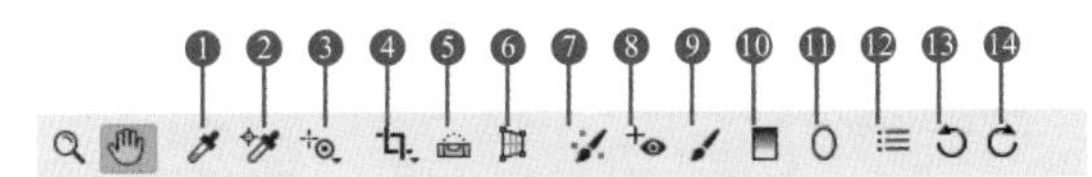

图 15.4

下面来分别讲解其中各个工具按钮的作用。

❶ 白平衡工具：使用此工具在照片中单击，即可调整白平衡，调整后的画面颜色是单击点颜色的补色色调。

❷ 颜色取样器工具：用于取样照片中指定区域的颜色，并将其颜色信息保留至取样器。

❸ 目标调整工具：用于调整照片的色调，包括曲线色调、色相、明度、饱和度及灰度色调。通过在照片中拖动，即可调整照片的色调属性。

❹ 裁剪工具：用于裁剪照片，按住此工具图标，会弹出下拉列表，然后可以设置相关的裁剪参数。

❺ 拉直工具：用于校正照片的水平线、垂直线或调整照片的倾斜角度。双击此工具可自动对照片进行分析并校正其倾斜问题。

❻ 变换工具：用于校正由于拍摄时使用广角镜头或镜头本身原因导致的照片透视变形问题。在旧版本中，此功能被集成在右侧的“镜头校正”选项卡中。

❼ 污点去除工具：用于去除照片中的污点瑕疵，也可复制指定的图像到其他区域，以修复照片。

❽ 红眼去除工具：用以去除由于较暗环境下开启闪光灯拍摄所导致的人物红眼现象，以修复人物的眼睛。

❾ 调整画笔工具：通过在照片中涂抹以确定调整范围，然后可以在右侧的“调整画笔”面板中设置相关参数，以调整对应区域的曝光、色彩及细节等属性。

❿ 渐变滤镜工具：通过在照片中拖动以创建线性渐变控件，然后在右侧的“渐变滤镜”面板中调整照片的色调和细节。

⓫ 径向滤镜工具：此工具与渐变滤镜工具的功能基本相同，只是此工具绘制的是圆形渐变，以调整相应形态的区域。

⓬ “打开首选项对话框”按钮：单击该按钮可在弹出的“首选项”对话框中优化设置Camera Raw的相关选项，以便在操作时更加得心应手。

⓭ “逆时针旋转图像90度”按钮：单击该按钮可对照片逆时针旋转90°。

⓮ “顺时针旋转图像90度”按钮：单击该按钮可对照片顺时针旋转90°。

15.2.3 调整面板

默认情况下，Camera Raw右侧的调整面板包含10个选项卡，如图15.5所示，用于调整照片的色调和细节。另外，在选择部分工具时，也会在此区域显示相关的参数。

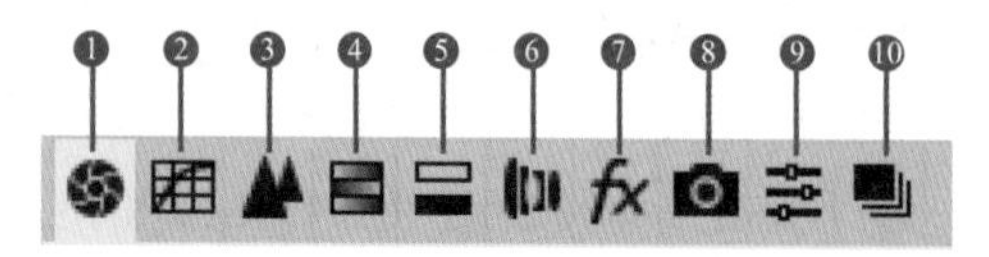

图 15.5

下面来分别介绍默认情况下，各选项卡的作用。

❶ 基本：用于调整照片的白平衡、曝光、清晰度及颜色饱和度等属性。

❷ 色调曲线：用于以曲线的方式调整照片的曝光与色彩，可采用“参数”或“点”的方式进行编辑，其中选择“点”子选项卡时，其编辑方法与Photoshop中的“曲线”命令基本相同。

❸ 细节：用于锐化照片细节及减少图像中的杂色。

❹ HSL/灰度:对色相、饱和度和明度中的各颜色成分进行微调，也可将照片转换为灰度。

❺ 分离色调：分别对高光范围和阴影范围的色相、饱和度进行调整。

❻ 镜头校正：用于调整由于镜头原因导致的扭曲和镜头晕影等问题。

❼ 效果：用于模拟胶片颗粒或应用裁切后晕影。

❽ 相机校准：将相机配置文件应用于原始照片，用于调整色调和非中性色。

❾ 预设：将多组图像调整存储为预设。

❿ 快照：记录多个调整状态后的效果。

15.3 Camera Raw基础操作

15.3.1 打开照片

Camera Raw是Photoshop附带的一个插件，并且能够自动识别众多的RAW格式照片，因此用户只需要在Photoshop中打开RAW格式照片，就会自动启动Camera Raw，具体方法为：按Ctrl+O组合键或选择“文件”｜“打开”命令，在弹出的对话框中选择要处理的RAW格式照片，并单击“打开”按钮即可。

15.3.2 保存照片

在调整好照片后，可以单击“完成”按钮，即可保存对照片的处理。默认情况下，会生成与照片同名的.xmp文件，该文件保存了所有Camera Raw对照片的修改参数，因此一定要保证该文件与RAW照片的名称相同。若.xmp文件被重命名或删除，则所做的修改也全部丢失。

另外，若是单击“打开图像”按钮，可以保存当前的调整，并在Photoshop中打开照片。

15.3.3 导出照片

在Camera Raw中完成照片处理后，往往要根据照片的用途将其导出为不同的格式，例如最常见的是将其导出为.jpg格式，以便于预览和分享，或转至Photoshop中继续处理。要导出照片，可以单击Camera Raw界面左下角的“图像存储”按钮，在弹出的“存储选项”对话框中设置参数，如图15.6所示。

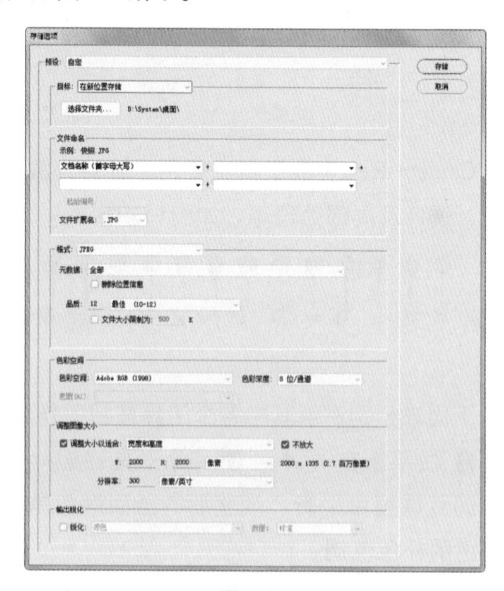

图 15.6

设置完成后，单击“确定”按钮即可根据指定的格式、尺寸等导出照片。

15.4 同步修改多张照片

同步是指将某张照片的调整参数，完全复制到其他照片中，常用于对拍摄的系列照片做统一、快速的处理，从而大大提高工作效率。其基本操作步骤如下。

01 首先在 Photoshop 中打开要做同步处理的一张或多张照片，本例可以打开随书所附光盘中的素材夹“第 15 章\15.4- 素材”中的 3 幅照片，以启动 Camera Raw 软件，此时 3 幅照片会列于软件界面的左侧，如图 15.7 所示。

图 15.7

02 选中“基本”选项卡，在其中设置参数，如图 15.8 所示，以调整照片的曝光及色彩，如图 15.9 所示。

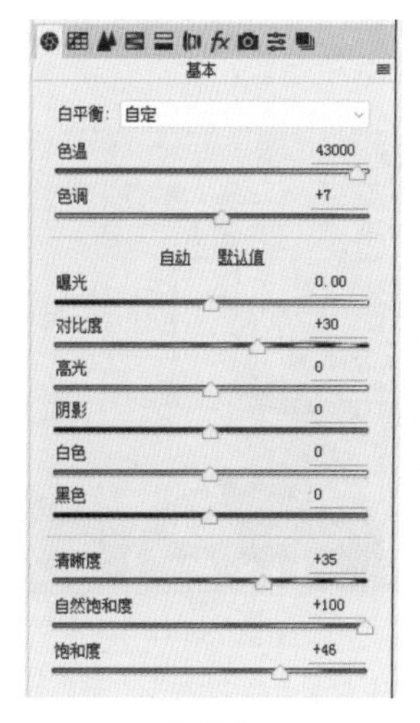

图 15.8

图 15.9

提示：下面开始同步对当前照片所做的调整，首先要选中作为同步源的照片，然后再选中所有照片，在本例中，作为同步源的是第一张照片，也就是前面刚刚调整完毕的照片。

03 在左侧的照片列表中，在第 1 张照片上单击，以确认选中该同步源，然后按 Ctrl+A 组合键选中所有的照片。

提示：如果不想选中所有照片，可以按住Shift键单击照片，以选中连续的照片；也可以按住Ctrl键单击，以选中不连续的照片。但第一张选中的照片一定要是作为同步源的照片，否则同步时会出现错误。

04 按 Alt+S 组合键，或单击照片列表顶部的 ≡ 按钮，在弹出的菜单中选择“同步设置”命令，如图 15.10 所示，在弹出的对话框中设置参数，以确定要同步的参数，在本例使用默认的参数设置即可，如图 15.11 所示。

图 15.10

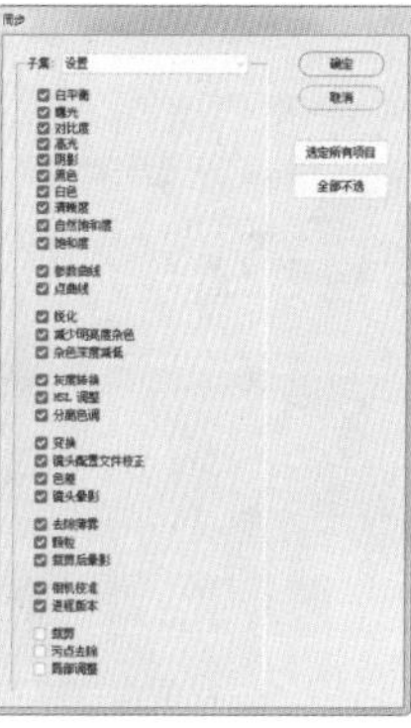

图 15.11

05 单击“确定”按钮退出“同步”对话框，即可完成同步操作，如图 15.12 所示。

图 15.12

06 确认完成处理后，单击“完成”按钮退出即可。

通过同步处理的照片，未必每张都能得到最佳的效果，因此在同步后，可以分别观察各个照片的效果，若有不满意的，可以单独对其做进一步的调整处理，直至满意为止。

15.5 裁剪照片构图

Camera Raw中的裁剪工具可以对照片进行任意的裁剪，且该工具还可以设置“三等分”网格叠加选项，从而在裁剪过程中，帮助摄影师确认画面元素的位置，以裁剪出严谨的三分构图。

下面通过一个实例，来讲解在Camera Raw中裁剪照片的方法和技巧。

01 打开随书所附光盘中的素材“第 15 章\15.5-素材.cr2”，如图 15.13 所示，以启动 Camera Raw 软件。

图 15.13

> 提示：首先，可以利用裁剪工具的三分网格，观察当前照片整体的构图情况，因此我们需要确认显示了三分网格。

02 选择裁剪工具，并在其工具选项栏中选中“显示叠加”命令，如图 15.14 所示。

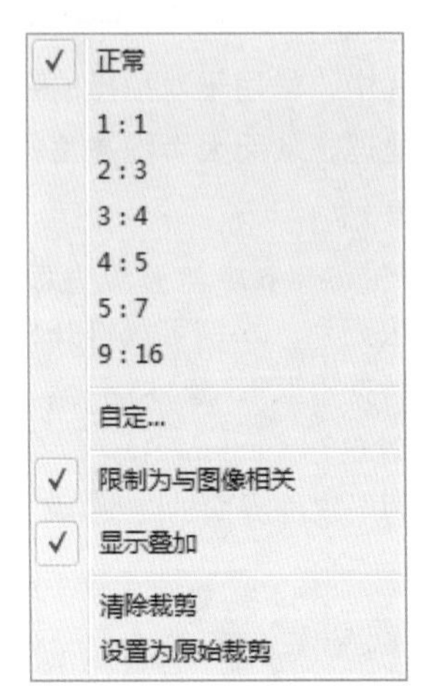

图 15.14

03 使用裁剪工具沿着照片的边缘绘制一个裁剪框。

对当前的照片来说，通过三分网格可以看出，画面已经属于比较标准的三分构图，但人物主体的位置略有一些偏移，而且占据照片的比例较小，因此下面通过适当的裁剪，减少人物以外的区域，以进一步突出人物。

04 将光标置于四角的控制句柄上，按住 Shift 键并拖动各个控制句柄，直至人物大部分位于左侧的三分网格上，且占据画面主体位置，如图 15.15 所示。

图 15.15

05 确认得到满意的效果后，按 Enter 键确认裁剪即可，如图 15.16 所示。图 15.17 所示为对照片进行适当的曝光及色彩润饰后的效果，由于不是本例要讲解的重点，故不再详细说明。

图 15.16

图 15.17

15.6 快速校正照片曝光与色彩

在拍摄大光比环境的照片时，以高光或阴影区域为准进行测光，容易产生曝光不足或曝光过度的问题，此时往往需要拍摄RAW格式照片。在本例中，主要是使用“基本”选项卡中的参数，对照片的高光和暗调区域分别进行校正，并适当润饰，这也是调修RAW照片时，最基础最常用的技术与方法，下面来讲解其具体操作步骤。

01 打开随书所附光盘中的素材“第 15 章 \15.6-素材 .dng”，如图 15.18 所示，以启动 Camera Raw 软件。

图 15.18

当前照片暗部占比更大一些，而且存在曝光不足的问题，因此先来对其进行校正处理。

02 选择“基本”选项卡，分别拖动“阴影”和“黑色”滑块，如图 15.19 所示，以显示出暗部的细节，如图 15.20 所示。

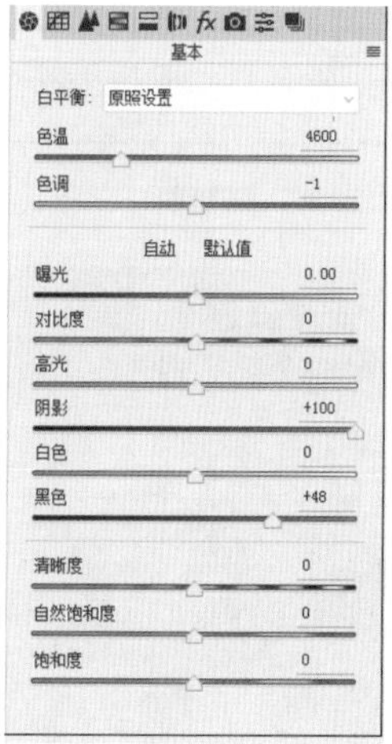

基本
白平衡：原照设置
色温 4600
色调 -1
自动 默认值
曝光 0.00
对比度 0
高光 0
阴影 +100
白色 0
黑色 +48
清晰度 0
自然饱和度 0
饱和度 0

图 15.19

图 15.20

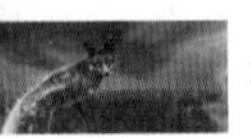

通过上面的处理，照片暗部已经基本校正完毕，同理，下面来继续显示出高光区域的细节。

03 保持在“基本”选项卡中分别拖动“高光”和“白色”滑块，如图 15.21 所示，以显示出高光区域的细节，如图 15.22 所示。

基本
白平衡：原照设置
色温 4600
色调 -1
自动 默认值
曝光 0.00
对比度 0
高光 -100
阴影 +100
白色 -100
黑色 +48
清晰度 0
自然饱和度 0
饱和度 0

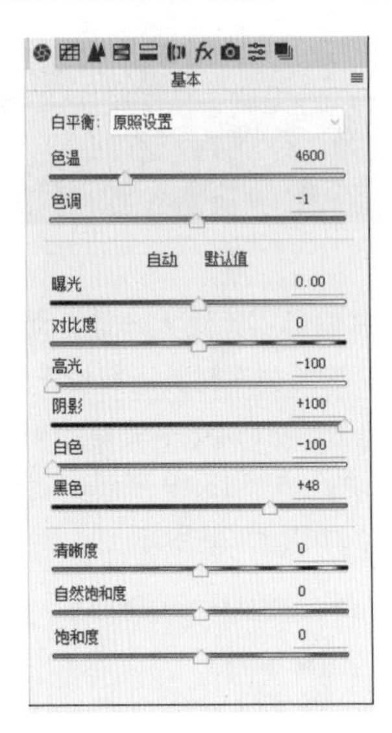

图 15.21

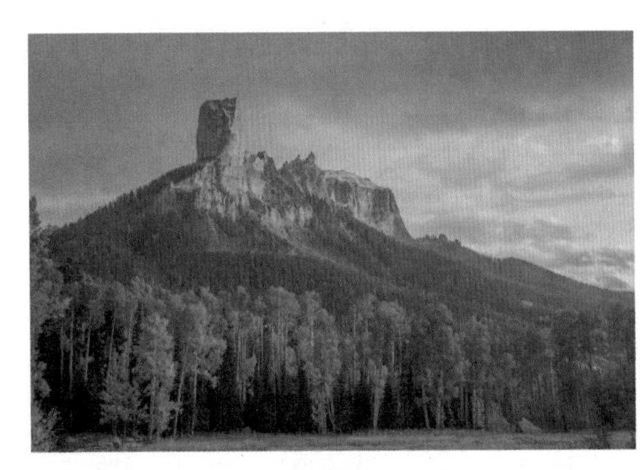

图 15.22

通过上面的校正，已经初步完成对暗部及高光区域的校正处理，但调整后的照片显得有些对比度不足，且色彩偏灰暗，下面就来对其进行校正处理。

04 保持在“基本”选项卡中，在“白平衡”下拉列表中选择“日光”选项，如图 15.23 所示，得到图 15.24 所示的效果。

基本
白平衡：日光
色温 5500
色调 +10
自动 默认值
曝光 0.00
对比度 0
高光 -100
阴影 +100
白色 -100
黑色 +48
清晰度 0
自然饱和度 0
饱和度 0

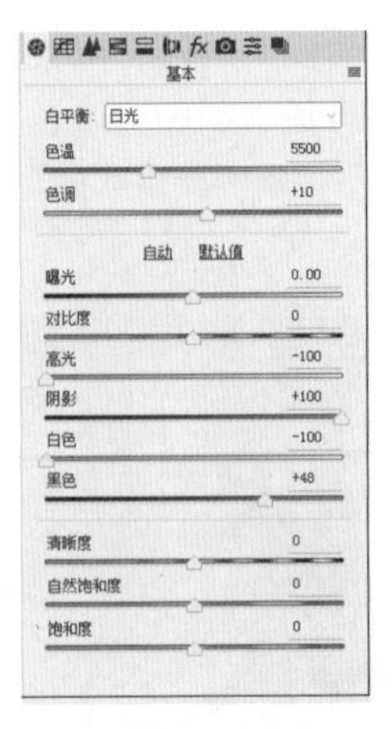

图 15.23

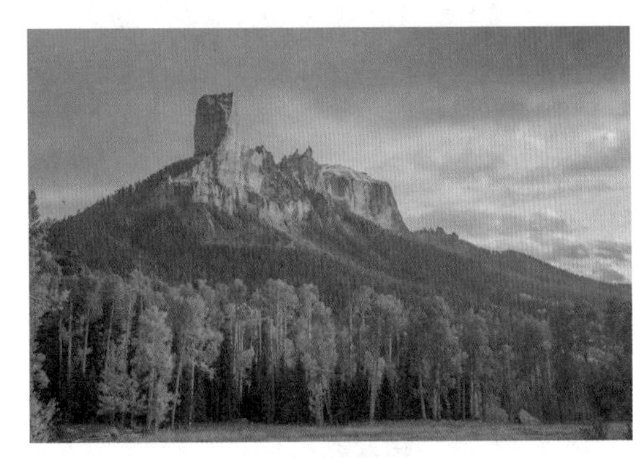

图 15.24

> 提示：读者也可以根据需要，直接拖动“色温”和“色调”滑块，以改变照片的色彩。

05 保持在“基本”选项卡中，分别调整“对比度”及底部的 3 个参数，如图 15.25 所示，以提高照片的对比度，以及色彩的饱和度，直至得到满意的效果为止，如图 15.26 所示。

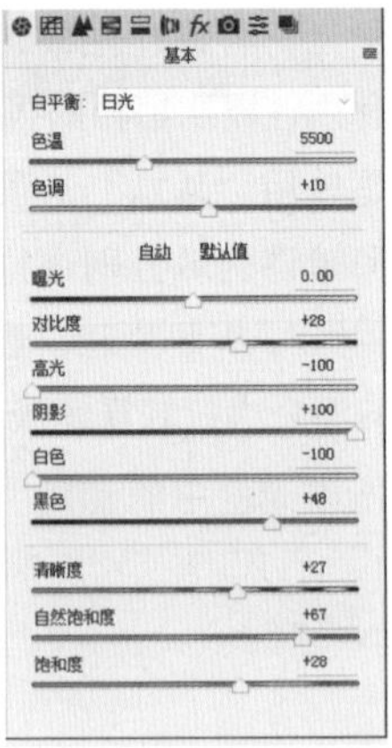

基本
白平衡：日光
色温 5500
色调 +10
自动 默认值
曝光 0.00
对比度 +28
高光 -100
阴影 +100
白色 -100
黑色 +48
清晰度 +27
自然饱和度 +67
饱和度 +28

图 15.25

图 15.26

15.7 结合调整画笔与渐变滤镜工具润饰照片

调整画笔工具、渐变滤镜工具及径向渐变工具是Camera Raw中可以调整照片局部问题的功能，在校正明暗分布不均匀、润饰局部色彩等方面非常常用。本例就以调整画笔工具、渐变滤镜工具为主，将一幅大光比环境下拍摄的平淡照片，处理为美轮美奂的风景大片，其操作步骤如下。

01 打开随书所附光盘中的素材“第 15 章 \15.7-素材 .CR2”，如图 15.27 所示，以启动 Camera Raw 软件。

图 15.27

提示：下面先来调整照片整体的色彩，即对照片的白平衡进行重新定位，这关系到照片整体视觉效果的表现，也会在很大程度上影响后面的调整方式。当然，在调整过程中，也可以根据需要，适当对其进行改变。

02 选择“基本”选项卡，在其中分别拖动“色温”和“色调”滑块，如图 15.28 所示，以确定照片的基本色调，如图 15.29 所示，本例中是将天空中的红色云彩调整为紫红色效果。

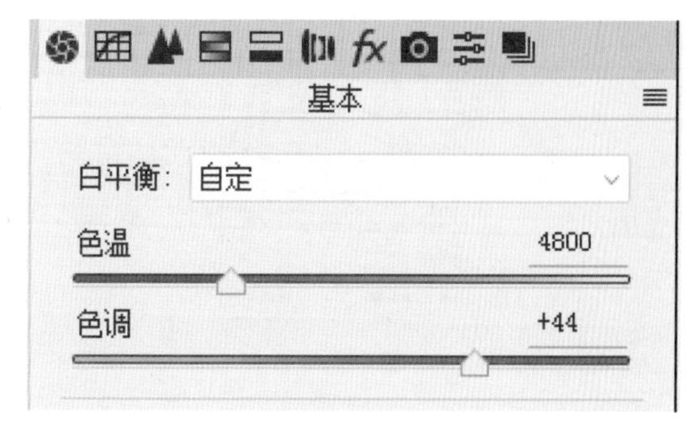

图 15.28

图 15.29

提示：在初步确定照片的基本色调后，下面就开始针对照片天空过亮、地面过暗的问题进行处理。由于二者之间具有较明显的区域划分，本例中将使用渐变滤镜工具进行调整，这也是处理此类问题时非常常用的调整方式。

03 在顶部工具栏中选择渐变滤镜工具，并在右侧设置任意参数，然后按住 Shift 键从顶部至中间处绘制渐变。

04 在确定了调整的范围后，再在右侧设置详细的参数，如图 15.30 所示，直至让天空显示出足够的细节，而且色彩也更加地鲜明，如图 15.31 所示。

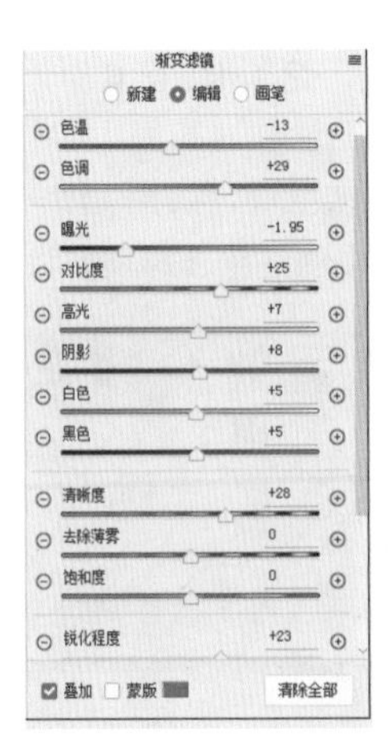

图 15.30

图 15.31

径向渐变工具的用法与渐变滤镜工具基本相同，只是前者可用于调整圆形的范围。

05 调整好天空后，下面可以按照类似的方法，继续使用渐变滤镜工具 处理地面景物，其参数设置如图 15.32 所示，得到图 15.33 所示的效果。选择其他任意工具，以退出渐变滤镜编辑状态。

图 15.32

图 15.33

由于前面已经使用渐变滤镜工具 对天空进行过调整，因此在创建对地面调整的渐变时，会自动继承上一次的参数，此处只需要对曝光及部分调整暗部细节的参数进行修改即可。至此，照片整体的曝光已经较为均衡，该显示出来的细节也都处理完毕，但就整体来说，仍然显得对比度不足，细节也需要进一步处理。

06 在“基本”选项卡中设置参数，如图 15.34 所示，以进一步调整照片中的细节，如图 15.35 所示。

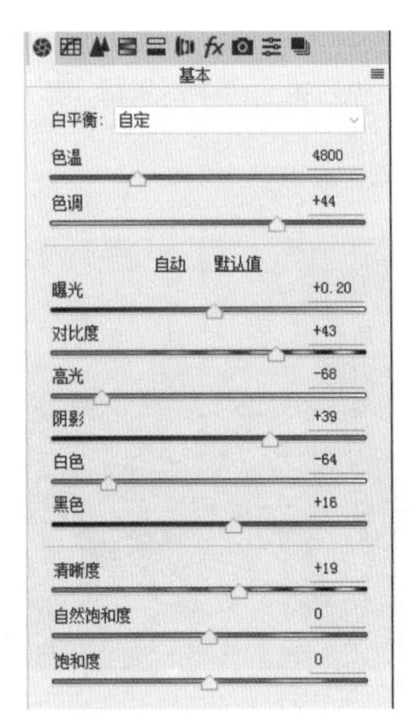

图 15.34

图 15.35

至此，已经基本完成了照片的处理，但前景处最高的山峰由于受光不足，与周围景物比起来显得过暗，左侧中间的白色山体部分也存在类似的问题，因此下面来对其进行单独的处理。

07 在顶部工具栏中选择调整画笔工具，在右侧底部设置其“大小”及“浓度”等参数。

08 使用调整画笔工具，在最高的山峰和左侧中间的山体上涂抹，以确定调整的范围，此时将在照片中显示画笔标记，然后设置适当的调整参数，如图 15.36 所示，直至满意为止，如图 15.37 所示。

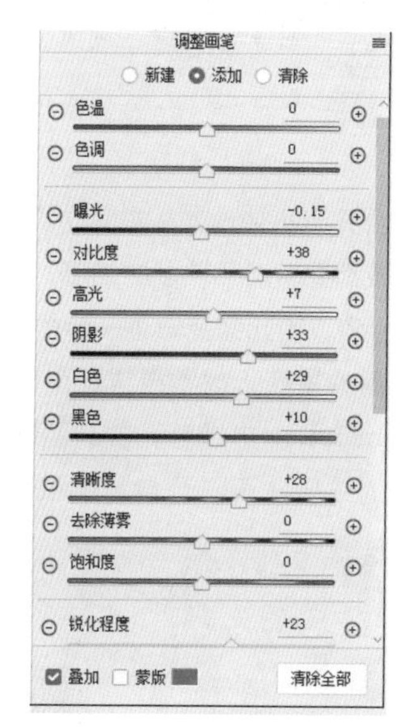

图 15.36

图 15.37

提示：选中右侧参数区底部的“蒙版”选项，可显示当前的调整范围，若对此范围不满意，可以按住Alt键进行涂抹，从而减小调整范围，图15.38所示是将蒙版的颜色设置为黄色时的状态。

图 15.38

15.8 使用CameraRaw合成HDR效果

HDR是近年来一种极为流行的摄影表现手法，或者更准确地说，它是一种后期照片处理技术。而所谓的HDR，英文全称为High-Dynamic Range，指“高动态范围”。简单来说，就是让照片无论高光还是阴影部分都能够显示出充分的细节。通常情况下，要使用2张或更多张记录了不同曝光信息的照片进行合成。

在Photoshop中，可以使用“图像”|“调整”|“HDR色调”命令对单张照片（非RAW格

式）进行HDR效果处理，但由于单张非RAW格式照片的宽容度有限，因此处理的效果往往较差；另外，使用“文件”|“自动”|“合并到HDR Pro”命令可以对包含RAW格式在内的照片进行HDR效果处理，但从合成效果上来说也不尽如人意，因此下面将通过一个实例，以Photoshop附带的、功能最为强大、处理效果更佳的CameraRaw插件为例，讲解HDR效果的合成与修饰方法。它可以充分发展RAW格式照片的宽容度，从而更好地进行合成处理，下面来讲解其操作方法。

01 在 Photoshop 中按 Ctrl+O 组合键，在弹出的对话框中打开随书所附光盘中“第 15 章\15.8-素材”文件夹内的照片，此时将在 Adobe CameraRAW 中打开这些素材。

02 在左侧列表中选中任意一张照片，按 Ctrl+A 键选中所有的照片。按 Alt+M 组合键，或单击列表右上角的菜单按钮≡，在弹出的菜单中选择“合并到 HDR”命令，如图 15.39 所示。

图 15.39

03 在经过一定的处理过程后，将显示“HDR 合并预览”对话框，通常情况下，以默认参数进行处理即可。

04 依次观察 5 张照片素材可以看出，云彩是有较大位移的，因此需要进行消除重影处理，此时可以根据位移的幅度，在“消除重影”下拉列表中选择适当的选项，经过尝试后，本例选择“低”选项及“显示叠加”选项，以便于在对话框中观察被处理的区域，如图 15.40 所示。

图 15.40

05 单击“合并”按钮，在弹出的对话框中选择文件保存的位置，并以默认的 DNG 格式进行保存，保存后的文件会与之前的素材一起，显示在左侧的列表中，如图 15.41 所示。

图 15.41

至此，合并HDR处理就基本完成了，照片的阴影、高光区域都显示出了较多的细节，但整体视觉效果还比较平淡，因此需要做进一步的调整。由于不是本例讲解的重点，故不再详细说明。图15.42所示是在CameraRaw中调整，并转至Photoshop中修复细节后的结果，读者可自行尝试处理。

图 15.42

15.9 本章习题

15.9.1 选择题

1. 在Camera Raw中，下列可以调整照片曝光的功能是：（ ）

A、“基本”选项卡

B、调整画笔工具

C、颜色取样器工具

D、裁剪工具

2. 下列关于Camera Raw生成的.xmp文件的说法中，正确的是：（ ）

A、无用，可以删除

B、文件中保存了对RAW照片曝光的调整

C、文件中保存了所有对RAW照片的调整

D、文件中保存了RAW的曝光补偿、镜头等信息

3. 在Camera Raw中，下列可以调整照片局部色彩的是：（ ）

A、白平衡工具

B、调整画笔工具

C、颜色取样器工具

D、渐变滤镜工具

4. 在Camera Raw中合成HDR效果时，最少应该打开（ ）幅照片。

A、1　　B、2

C、3　　D、4

15.9.2 上机操作题

1. 打开随书所附光盘中的文件“第15章\习题1-素材.nef”，如图15.43所示，尝试将其裁剪为2种以上的不同构图方案，如图15.44所示。

图 15.43

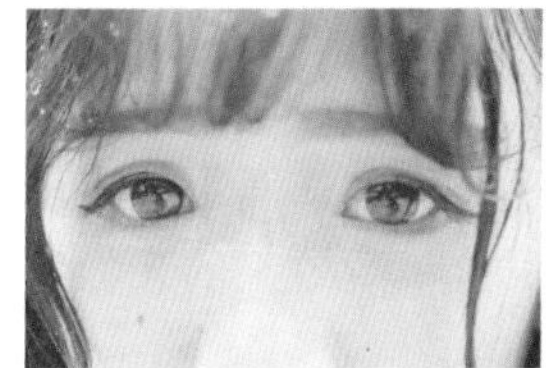

图 15.44

2. 打开随书所附光盘中的文件“第15章\习题2-素材.cr2”，如图15.45所示，通过调整曝光及色彩，调整得到类似图15.46所示的效果。

图 15.45

图 15.46

第16章 综合案例

16.1 演唱会海报设计

这是一场演唱会的海报，整个画面给人形象简洁、内涵丰富的感觉。整个海报以迈克尔·杰克逊的经典谢幕动作为主要展示图形，其他区域均为空白，给人万众瞩目的感觉。而图形的内容以拼贴的手法置入了许多演唱会的精彩照片，形象地展示了丰富多彩的演唱会精彩瞬间。招贴的主题文字被设计在海报上方中间位置，恰好位于形成视觉引导效果的人物两手之间，宣传效果鲜明。

本海报乍一看比较复杂，但仔细观察后，采用的都是比较常见和实用的方法，利用形状工具制作人物轮廓，再依据人物的轮廓，结合素材图像、剪贴蒙版及图层蒙版等功能，制作主题图像。然后结合画笔工具及特殊画笔等功能，制作背景中的烟雾效果。最后利用文字输入功能编排一些文字即可完成整个海报。

01 按Ctrl+N组合键新建一个文档，在弹出的“新建”对话框中设置参数，如图16.1所示，单击“确定”按钮，退出对话框，创建一个新的空白文件。

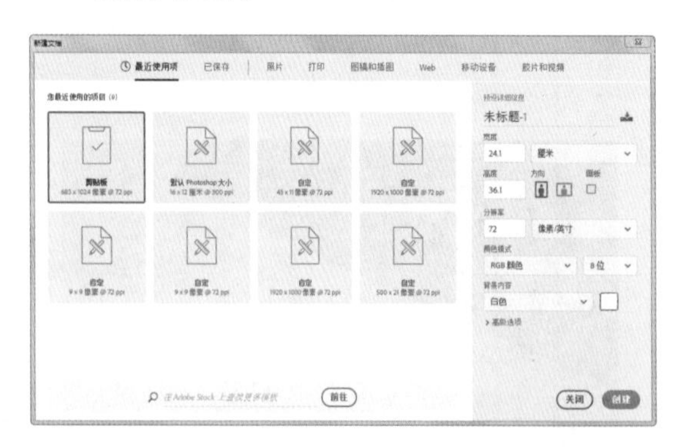

图 16.1

02 设置前景色的颜色值为 #FFFFFF，背景色的颜色值为 #723E9A，选择渐变工具，并在其工具选项栏中单击“线性渐变”按钮，在画布中单击鼠标右键，在弹出的渐变显示框中选择渐变类型为“前景色到背景色渐变”，从画布的上方至下方绘制渐变，得到的效果如图 16.2 所示。

至此，背景中的基本内容已制作完成。下面利用形状工具制作人物轮廓。

03 打开随书所附光盘中的文件“第 16 章\16.1\素材 1.csh”，以载入该形状素材。设置前景色为黑色，选择自定形状工具，在文档中右击鼠标，在弹出的形状显示框中选择刚刚打开的形状（一般在最后一个），在画面中绘制图 16.3 所示的形状，同时得到“形状 1”。

图 16.2

图 16.3

04 单击“形状 1”矢量蒙版缩览图，使人物路径处于未选中的状态，设置前景色的颜色值为 #337C74，选择钢笔工具，在其工具选项栏中单击“形状”选项，在裤脚两侧绘制图 16.4 所示的形状，同时得到“形状 2”。

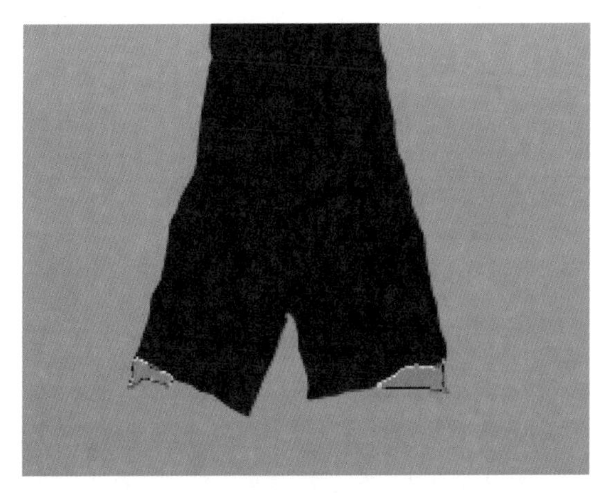

图 16.4

> 提示：完成一个形状后，如果想继续绘制另外一个不同颜色的形状，必须要确认前一形状的矢量蒙版缩览图处于未选中的状态。

> 提示：在绘制第一个图形后，将会得到一个对应的形状图层，为了保证后面所绘制的图形都是在该形状图层中进行，所以在绘制其他图形时，需要在工具选项栏中单击适当的运算模式，如“添加到形状区域”等。

05 按照上一步的操作方法，分别设置前景色的颜色值为 #240700 和 #632615，应用钢笔工具 绘制人物的鞋子形状，如图 16.5 所示；同时得到“形状 3”和“形状 4”。

图 16.5

06 设置“形状 4”的混合模式为“颜色减淡”，以混合图像，得到的效果如图 16.6 所示，“图层”面板如图 16.7 所示。

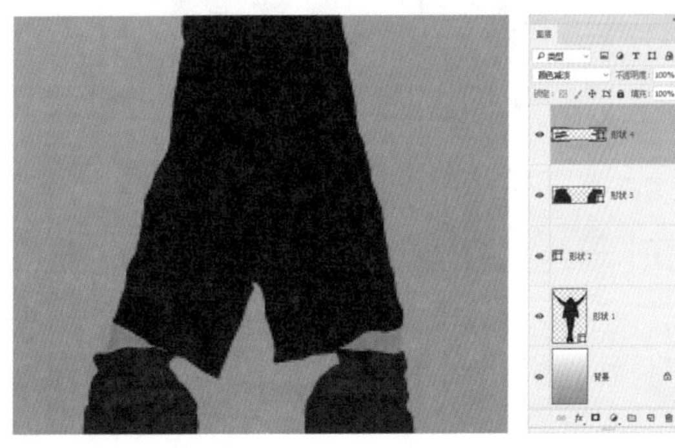

图 16.6　　图 16.7

下面依据人物的轮廓，结合素材图像、剪贴蒙版及图层蒙版等功能，制作主题图像。

07 选择“形状 1”作为当前的工作层，打开随书所附光盘中的文件“第 16 章\16.1\素材 2.psd”，如图 16.8 所示。使用移动工具 将其拖至上一步制作的文件中，得到“图层 1”。按 Ctrl+Alt+G 组合键，执行“创建剪贴蒙版”命令，以确定与其下层图层的剪贴关系。

图 16.8

08 按 Ctrl+T 组合键，调出自由变换控制框，按住 Shift 键向内拖动控制句柄以缩小图像并移动位置，如图 16.9 所示，按 Enter 键确认操作。

图 16.9

09 按照步骤 7~8 的操作方法，打开随书所附光盘中的文件“第 16 章\16.1\ 素材 3.psd”，结合移动工具 ✣及变换功能，制作左腋处的图像，如图 16.10 所示，同时得到“图层 2”。

图 16.10

10 单击“添加图层蒙版”按钮 ◘，为“图层 2”添加蒙版，设置前景色为黑色，选择画笔工具 ✓，在其工具选项栏中设置适当的画笔大小及不透明度，在图层蒙版中进行涂抹，将四周生硬的边缘隐藏，直至得到图 16.11 所示的效果，此时蒙版中的状态如图 16.12 所示。

图 16.11

图 16.12

11 根据前面所讲解的操作方法，利用素材图像、变换、图层属性及图层蒙版等功能，制作人物轮廓内的其他图像，如图 16.13 所示。“图层”面板如图 16.14 所示，局部效果如图 16.15 和图 16.16 所示。

图 16.13　　图 16.14

图 16.15　　图 16.16

提示：本步骤中，所应用到的素材图像为随书所附光盘中的文件“第16章\16.1\素材4.psd”至“素材19.psd”。关于图层属性的设置，请参考最终效果源文件。此时，人物腿部的发射光线过于强烈，下面利用“高斯模糊”命令来处理这个问题。

12 选择“图层 16”图层缩览图（发射光线），执行“滤镜”→“模糊”→“高斯模糊”命令，在弹出的“高斯模糊”对话框中设置“半径”数值为 2，图 16.17 所示为模糊前后的对比效果。

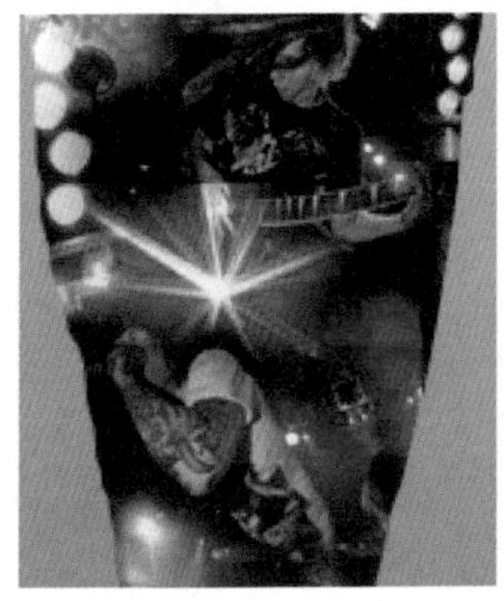

图 16.17

下面结合画笔工具 及混合模式功能，制作脚部的光感效果。

13 在所有图层上方新建“图层 19”，设置此图层的混合模式为“滤色”，然后设置前景色的颜色值为 #F4372B，选择画笔工具 ，并在其工具选项栏中设置画笔为“柔角 150 像素”，在脚中间位置涂抹，得到的效果如图 16.18 所示。

14 按 Ctrl+Alt+A 组合键，选择除“背景”图层以外的所有图层，按 Ctrl+G 着键，将选中的图层编组，得到“组 1”，并将此组重命名为“海报主体”。

至此，主体图像已制作完成。下面制作背景中的烟雾效果。

15 选择“背景”图层作为当前的工作层，新建“图层 20”，设置前景色为白色。打开随书所附光盘中的文件“第 16 章\16.1\素材 20.abr”，选择画笔工具 ，在画布中右击鼠标，在弹出的画笔显示框中选择刚刚打开的画笔，在画布中进行涂抹，得到的效果如图 16.19 所示。

图 16.18

图 16.19

16 按照步骤 10 的操作方法，为“图层 20”添加蒙版，应用画笔工具 在蒙版中进行涂抹，以将左上方及右下方过亮的区域隐藏，得到的效果如图 16.20 所示，对应的蒙版中的状态如图 16.21 所示。

图 16.20

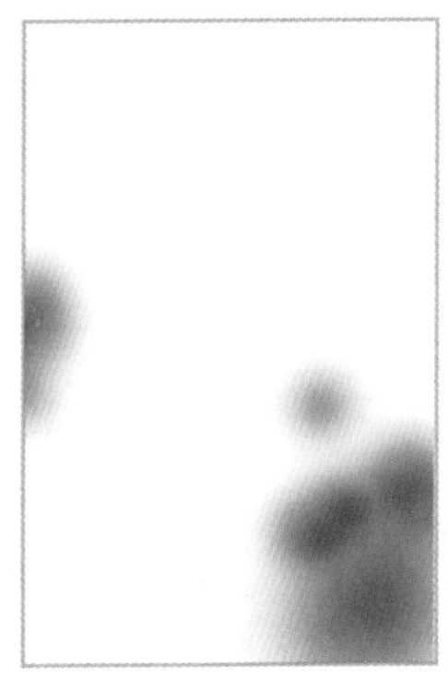

图 16.21

17 新建“图层 21”，设置前景色为白色，设置画笔大小为“柔角 300 像素”，在脚底部进行涂抹，得到的效果如图 16.22 所示。

图 16.22

18 利用文字工具，制作画布上方的相关文字信息，完成制作。最终效果如图 16.23 所示，“图层”面板如图 16.24 所示。

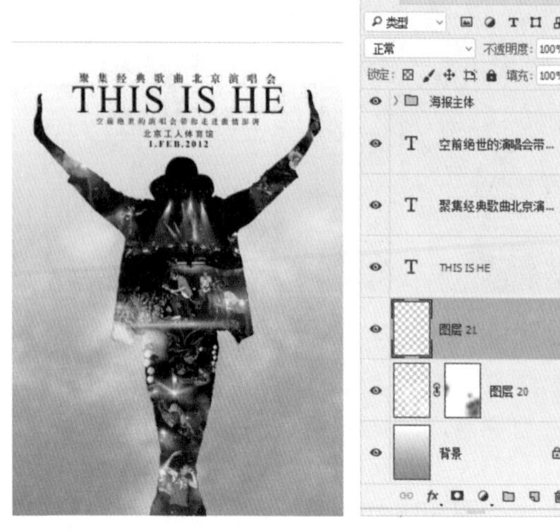

图 16.23　　　　图 16.24

16.2 《权力宦官闹明朝》封面设计

本书的内容决定了图书的封面要表现出一种残酷与血腥的气氛，因此封面使用了一条暗红色的笔触纵贯封面，使封面有了一丝血腥的气氛，而暗红色笔触下的龙形图案，则寓意着图书的内容与皇权有关，并以围绕着龙形图案的3个大字来点题。图书的封面使用了复杂的纹饰，既增加了封面华丽的感觉，又较好地契合了明朝的朝服设计风格。

在本例中，首先结合标尺及辅助线划分封面中的各个区域。然后利用素材图像，结合选区工具、图层样式、调整图层、图层属性及图层蒙版等功能制作封面图像。最后，结合文字工具及形状工具等功能，完成封面中的文字及装饰图像。

01 按 Ctrl+N 组合键新建一个文档，弹出的“新建”对话框中的参数设置如图 16.25 所示，单击“确定”按钮，退出对话框，创建一个新的空白文件。

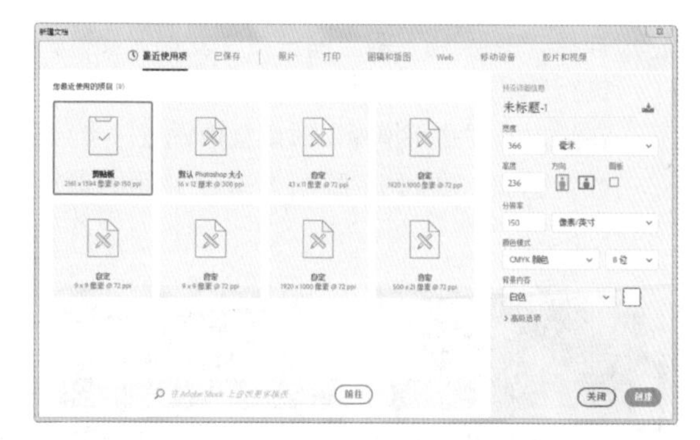

图 16.25

> 提示：在“新建”对话框中，封面的宽度数值为正封宽度（170 mm）+书脊宽度（20 mm）+封底宽度（170 mm）+左右出血（各3 mm）=366 mm，封面的高度数值为上下出血（各3 mm）+封面的高度（230 mm）=236 mm。

02 按 Ctrl+R 组合键，显示标尺，按照上面的提示内容在画布中添加辅助线以划分封面中的各个区域，如图 16.26 所示。

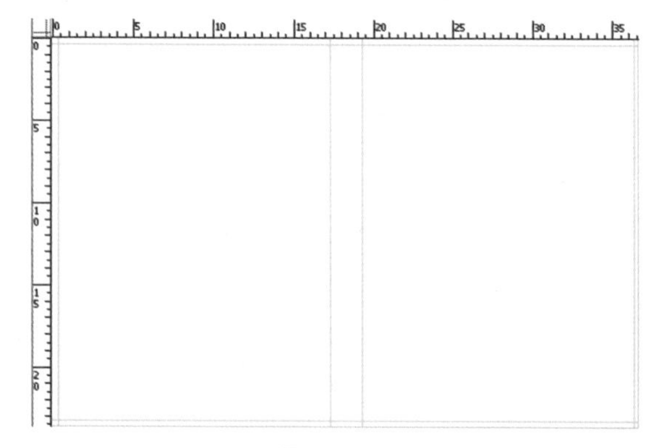

图 16.26

03 打开随书所附光盘中的文件“第16章\16.2\素材 1.jpg”，使用移动工具 将其拖至新建的文件中，得到“图层 1”，放置在正封和书脊的位置，如图 16.27 所示。复制“图层 1”得到“图层 1 拷贝”，把“图层 1 拷贝”放在封底的位置，如图 16.28 所示。

图 16.27

图 16.28

04 打开随书所附光盘中的文件“第16章\16.2\素材2.psd”，使用移动工具将其拖至新建的文件中，得到“图层2”，并将其放置在正封图像的中间位置，如图16.29所示。选择魔棒工具，在工具选项栏中设置“容差”数值为50，选择中间颜色深的位置，创建图16.30所示的选区。

图 16.29

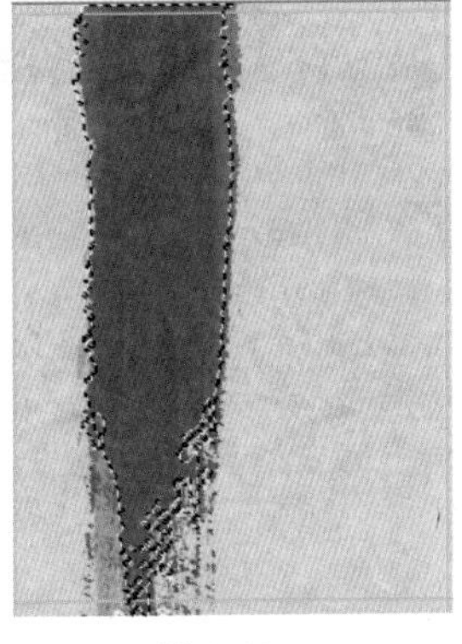

图 16.30

05 按Ctrl+J组合键，从当前选区中复制新的图层，得到“图层3”。按Ctrl+Alt+G组合键，创建剪贴蒙版，单击“添加图层样式”按钮fx，在弹出的菜单中执行“图案叠加”命令，弹出“图案叠加”对话框，参数设置如图16.31所示，生成的效果如图16.32所示，此时的“图层”面板如图16.33所示。

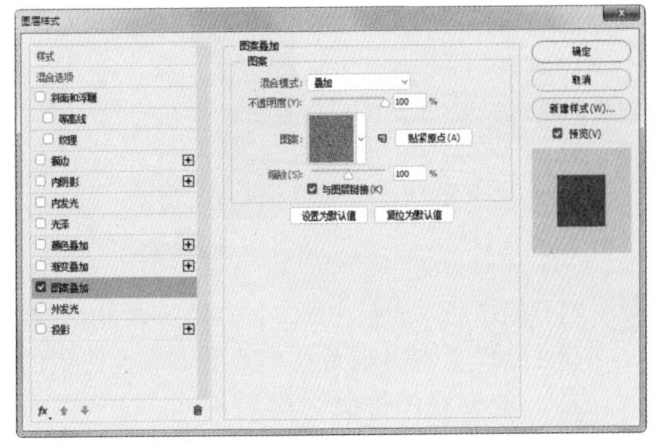

图 16.31

图 16.32

图 16.33

提示：在“图案叠加”对话框中，单击“图案”旁边的下拉菜单按钮，在弹出的菜单中单击设置按钮，在弹出的菜单中选择“图案2”，然后在弹出的对话框中单击“追加”按钮把新图案追加到“图案”里，最后选择“灰泥”图案。

06 单击“创建新的填充或调整图层”按钮，在弹出的菜单中执行“色相/饱和度”命令，得到图层“色相/饱和度1”，按Ctrl+Alt+G组合键，创建剪贴蒙版，设置面板中的参数如图16.34所示，得到图16.35所示的效果。“图层”面板如图16.36所示。

图 16.34　　图 16.35

07 打开随书所附光盘中的文件“第 16 章\16.2\素材 3.psd”，使用移动工具将其拖至正封的右上角位置，得到“图层 4”，效果如图 16.37 所示。

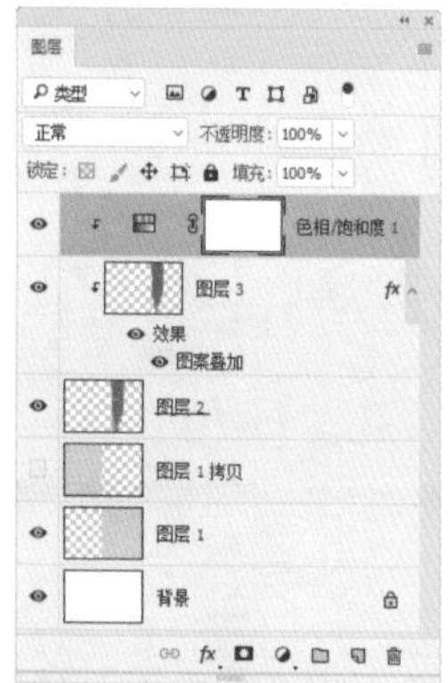

图 16.36

图 16.37

08 打开随书所附光盘中的文件“第 16 章\16.2\素材 4.jpg”，使用移动工具将其拖至“图层 1”的左下角位置，生成“图层 5”，如图 16.38 所示。更改“图层 5”的混合模式为“颜色加深”，得到图 16.39 所示的效果。

图 16.38

图 16.39

09 单击“添加图层蒙版”按钮，为“图层 5”添加蒙版，设置前景色为黑色。选择画笔工具，在其工具选项栏中设置适当的画笔大小及不透明度，在图层蒙版中进行涂抹，以将四周隐藏起来，直至得到图 16.40 所示的效果，此时蒙版中的状态如图 16.41 所示。

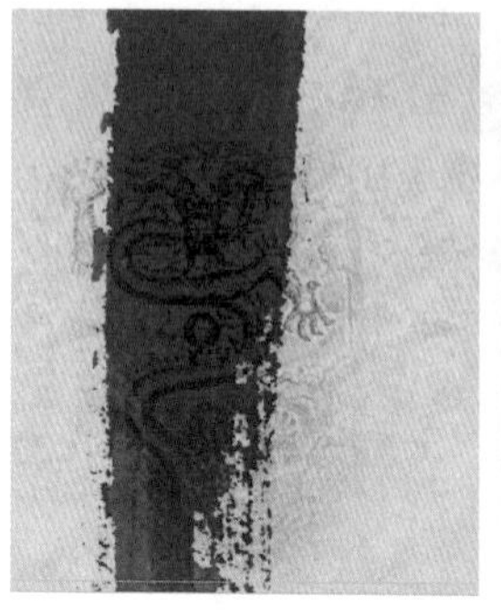

图 16.40

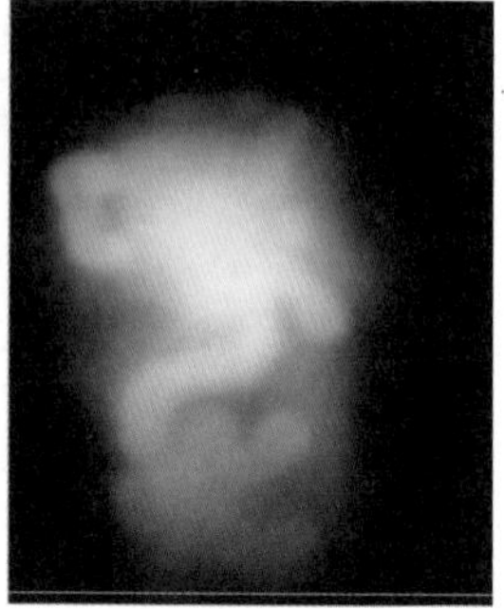

图 16.41

10 复制“图层 5”，得到“图层 5 拷贝”，在图层蒙版缩览图上右击，在弹出的快捷菜单中执行“删除图层蒙版”命令，设置其混合模式为“明度”，效果如图 16.42 所示，此时的“图层”面板如图 16.43 所示。

图 16.42

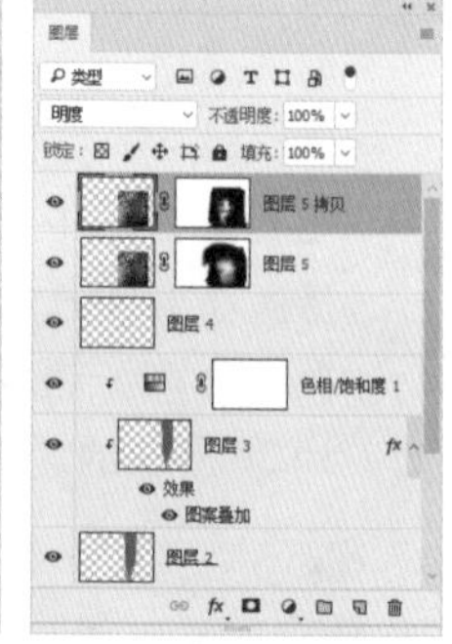

图 16.43

11 单击“添加图层蒙版”按钮，为“图层 5 拷贝”添加蒙版，设置前景色为黑色。选择画笔工具，在其工具选项栏中设置适当的画笔大小及不透明度，在图层蒙版中进行涂抹，将四周隐藏起来，直至得到图 16.44 所示的效果，此时蒙版中的状态如图 16.45 所示。

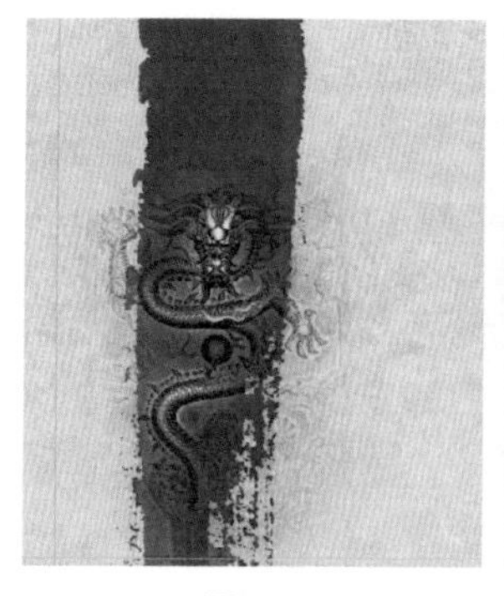

图 16.44

图 16.45

⑫ 单击“创建新的填充或调整图层”按钮，在弹出的菜单中执行“通道混合器”命令，得到图层“通道混合器 1”，按 Ctrl+Alt+G 组合键，创建剪贴蒙版，设置面板中的参数如图 16.46 所示，得到图 16.47 所示的效果。

图 16.46

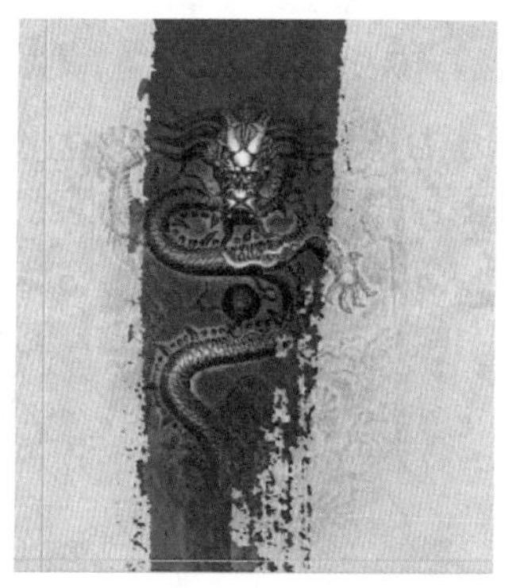

图 16.47

⑬ 选择直排文字工具，设置前景色为黑色，并在其工具选项栏上设置适当的字体和字号，输入文字“权力宦官”，如图 16.48 所示。复制“图层 1 拷贝”，得到“图层 1 拷贝 2”，将其放置在文字图层的上方，按 Ctrl+Alt+G 键，执行“创建剪贴蒙版”命令，生成的效果如图 16.49 所示。

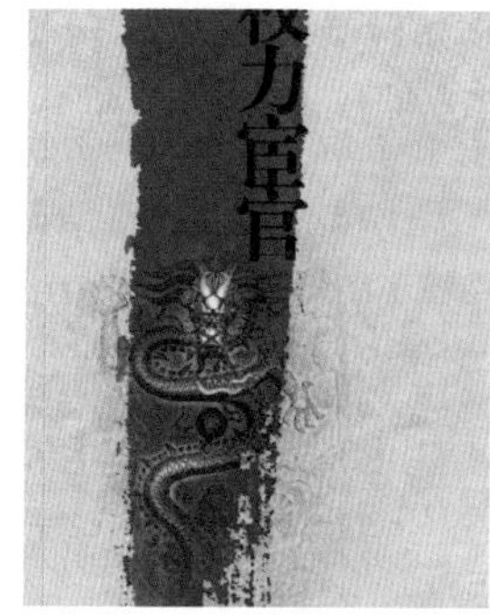

图 16.48

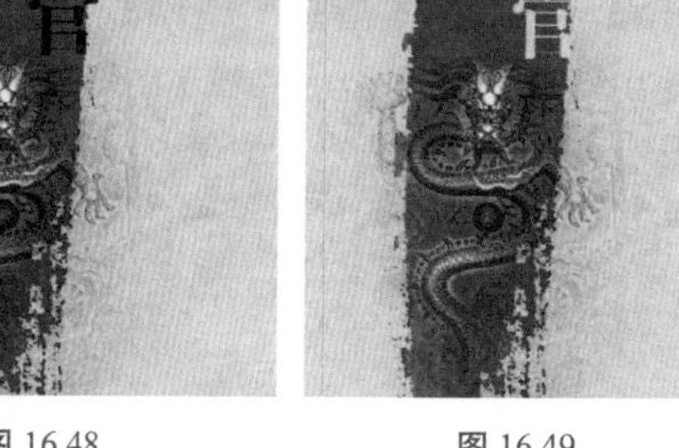

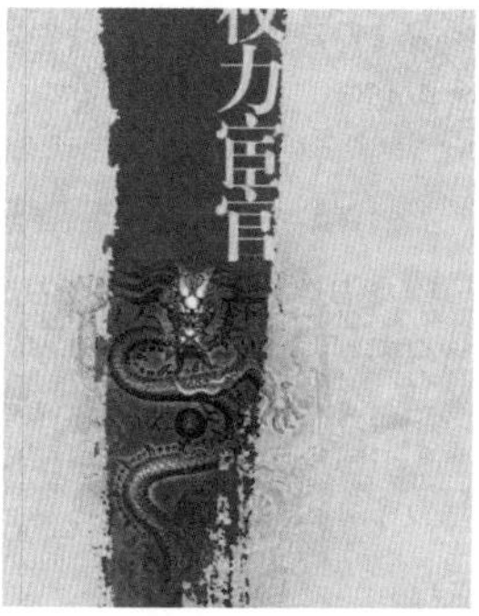

图 16.49

⑭ 选择直排文字工具，设置前景色为黑色，并在其工具选项栏上设置适当的字体和字号，输入图 16.50 所示的文字。调节文字的颜色和字体，得到图 16.51 所示的效果。根据同样的方式输入图 16.52 所示的文字。

图 16.50

图 16.51

⑮ 选择矩形工具，在工具选项栏上单击“形状”选项，设置前景色为黑色，按住 Shift 键，画出一个正方形，生成“形状 1”图层，如图 16.53 所示。

图 16.52

图 16.53

⑯ 选择路径选择工具，选中“形状 1”，按 Ctrl+Alt+T 组合键，调出自由变换并复制控制框，按住 Shift+Alt 组合键，缩小复制出来的新形状，调节到图 16.54 所示的效果，按 Enter 键确认。在工具选项栏中选择“减去顶层形状”模式，得到图 16.55 所示的效果。

图 16.54

图 16.55

17 复制“形状 1”图层两次，生成“形状 1 拷贝”和“形状 1 拷贝 2”，放置文字的上、中、下 3 个位置，得到图 16.56 所示的效果。

18 选择直排文字工具 IT，设置前景色为黑色，并在其工具选项栏上设置适当的字体和字号，分别输入文字“闹朝”、“明”，得到相应的文字图层，调节文字的位置和大小直至图 16.57 所示的效果。选中相应的图层，按 Ctrl+E 组合键，向下合并，从而将其转换成为普通图层。

图 16.56

图 16.57

19 单击“添加图层样式”按钮，在弹出的菜单中执行“颜色叠加”命令，弹出“颜色叠加”对话框，参数设置如图 16.58 所示。然后在对话框中继续选中“图案叠加”图层样式，参数设置如图 16.59 所示，生成的效果如图 16.60 所示。

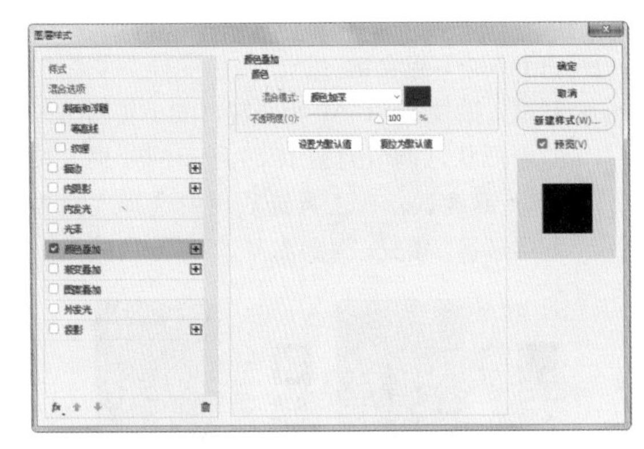

图 16.58

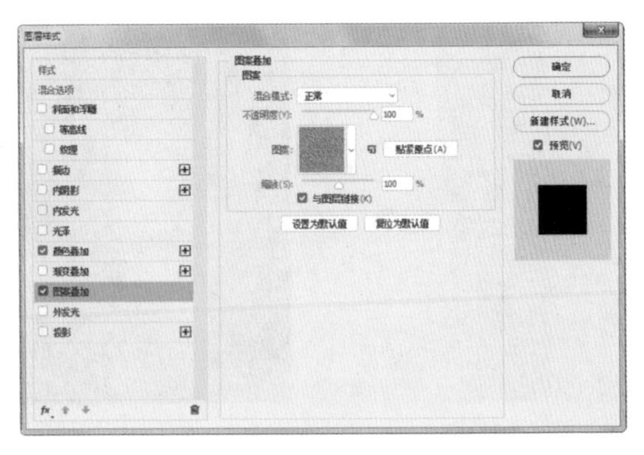

图 16.59

> 提示：“颜色叠加”对话框中的颜色值为 #5E0000，“图案叠加”对话框中的图案同步骤5相似。

20 选择直排文字工具 IT，设置前景色的颜色值为 #831913，并在其工具选项栏上设置适当的字体和字号，在正封图像的右上角输入文字“史上第一宦臣魏忠贤”，应用字体样式后的效果如图 16.61 所示。

图 16.60

图 16.61

21 打开随书所附光盘中的文件“第 16 章\16.2\素材 5.psd”，使用移动工具将其拖至“图层 1”左上角位置，生成“图层 6”，如图 16.62 所示。调整“图层 6”的填充数值为 54%，得到图 16.63 所示的效果。

图 16.62

图 16.63

22 单击“添加图层蒙版”按钮，为“图层 6”添加蒙版，设置前景色为黑色。选择画笔工具，在其工具选项栏中设置适当的画笔大小及不透明度，在图层蒙版中进行涂抹，将“图层 1”外的“图层 6”隐藏起来，直至得到图 16.64 所示的效果，局部对比效果如图 16.65 所示。

图 16.64

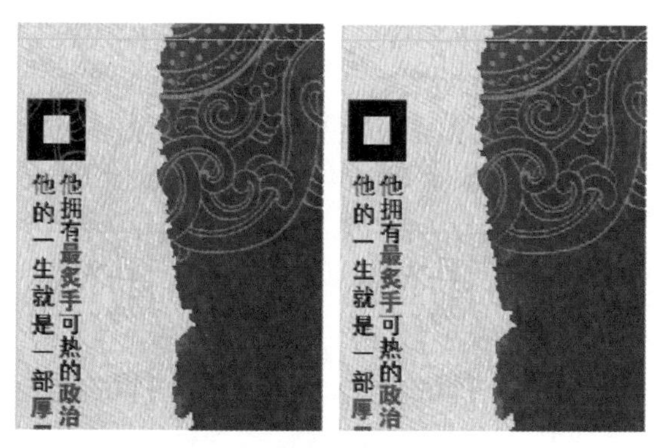

图 16.65

23 选择横排文字工具，设置前景色为黑色，并在其工具选项栏上设置适当的字体和字号，在正封图像的右侧输入文字“点智◎著”，效果如图 16.66 所示。

24 选择矩形工具，在工具选项栏上单击“形状”选项，设置前景色的颜色值为 #811A1F。在书脊上侧画出一个矩形，得到“形状 2”，复制“形状 2”生成“形状 2 拷贝”，放置在图 16.67 所示的位置。

图 16.66　　图 16.67

提示：“点智著”中间的符号是在输入法中选择软键盘，单击鼠标右键，在弹出的菜单中选择“特殊符号”。

25 选择直排文字工具，设置前景色为黑色，并在其工具选项栏上设置适当的字体和字号，输入文字“权力宦官闹明朝”、“点智著”、“点智文化出版社”，得到的效果如图 16.68 所示。

图 16.68

26 打开随书所附光盘中的文件“第 16 章\16.2\素材 6.jpg”，使用移动工具将其拖至封底左下角位置，生成“图层 7”。复制“图层 6”，得到“图层 6 拷贝”，把它移至“图层 7”的下方，删除图层蒙版，更改填充数值为

100%，如图 16.69 所示。

27 最后，使用文字工具在封底的左上角输入相关说明文字，最终效果如图 16.70 所示。此时“图层”面板的状态如图 16.71 所示。

图 16.69

图 16.70

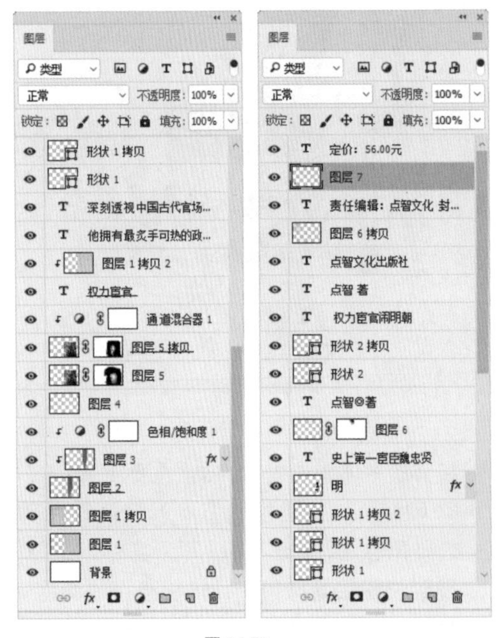

图 16.71

16.3 中秋月饼礼品盒设计

本例是以中秋月饼为主题的礼品盒设计作品。月饼是华人的传统节日“中秋节”的特殊食物，所以月饼包装的设计需要体现出中国韵味。中秋节是全家团圆的日子，因此在包装中需要将家庭温暖的元素添加上去。

本例在技术处理上，采用的是比较常见和实用的方法，即结合路径及填充图层的功能制作图像的渐变及纯色效果，结合形状工具、文字工具及图层样式等功能，制作中心图像及文字效果。最后，利用素材图像制作画面中的云、说明文字组合以及条纹图像。

01 按 Ctrl+N 组合键新建一个文档，设置弹出的“新建”对话框，如图 16.72 所示，单击“确定”按钮，退出对话框，以创建一个新的空白文件。设置前景色为 #D71418，按 Alt+Delete 组合键，以前景色填充“背景”图层。

图 16.72

> 提示：在“新建”对话框中，文件的宽度、高度包含了四周的出血3mm。下面制作中间的文字图像。

02 切换至“路径”面板，新建“路径 1”，选择矩形工具，在工具选项栏上选择“路径”选项，在画布的上方绘制图 16.73 所示的路径。

图 16.73

03 切换“图层”面板，单击“创建新的填充或调整图层”按钮，在弹出的菜单中执行“渐变”命令，设置弹出的“渐变填充”对话框如图16.74所示，单击“确定”按钮，退出对话框，隐藏路径后的效果，同时得到图层“渐变填充1”。

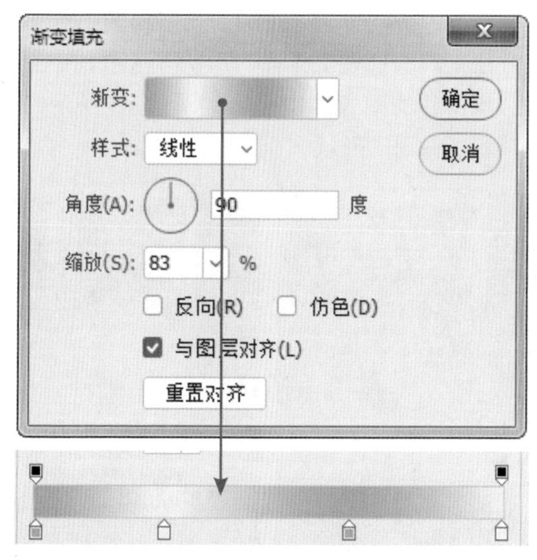

图 16.74

> 提示：在“渐变填充”对话框中，渐变类型的各色标颜色值从左至右分别为#DAB967、#FFFAC5、#DAB967和#FFFAC5。

04 打开随书所附光盘中的文件“第16章\16.3\素材1.psd”，使用移动工具将其拖至上一步制作的文件中，并置于渐变图像的上方，如图16.75所示。同时得到“图层1”。

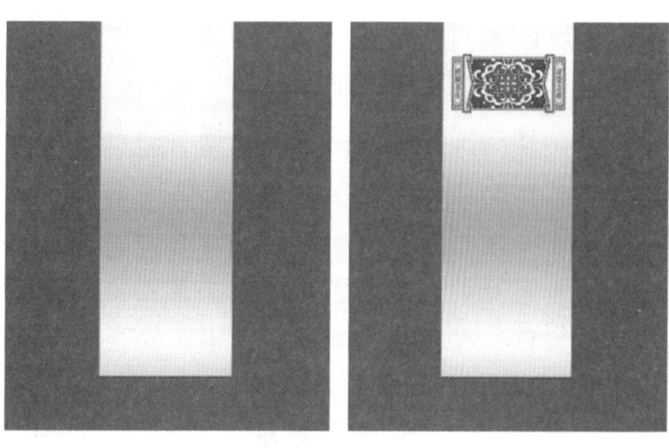

图 16.75

05 显示“路径1”，按Ctrl+T组合键，调出自由变换控制框，向下拖动上方中间的控制句柄以降低路径的高度，按Enter键，确认操作。得到的效果如图16.76所示。

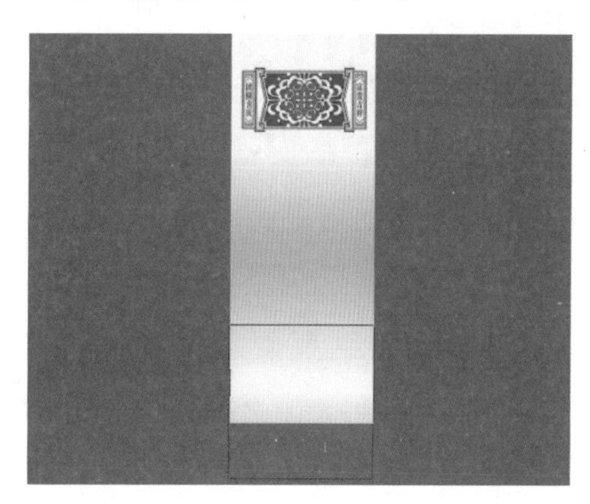

图 16.76

06 单击“创建新的填充或调整图层”按钮，在弹出的菜单中执行“纯色”命令，然后在弹出的“拾取实色”对话框中设置其颜色值为#AE0D16，单击“确定”按钮，退出对话框，隐藏路径后的效果如图16.77所示，同时得到图层“颜色填充1”。

图 16.77

07 设置前景色为 #FCD274，选择直线工具，在工具选项栏上选择“形状”选项，在上一步得到的图像上面绘制一条横着的直线，得到“形状 1”。然后选择路径选择工具选取刚刚绘制的形状，按 Alt+Shift 组合键，向下垂直拖动以复制形状，再次重复复制形状的操作，按 Ctrl+Alt+G 组合键，执行“创建剪贴蒙版”命令，隐藏路径后的效果如图 16.78 所示。“图层”面板如图 16.79 所示。

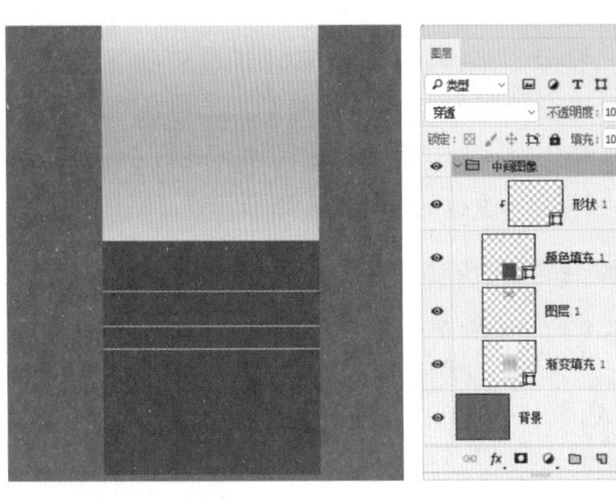

图 16.78

图 16.79

提示：本步中为了方便图层的管理，在此将制作中间图像的图层选中，按Ctrl+G组合键，执行“图层编组”命令得到“组1”，并将其重命名为“中间图像”。在下面的操作中，也对各部分进行了编组操作，在步骤中不再叙述。下面制作中心图像及文字效果。

08 收拢组“中间图像”，打开随书所附光盘中的文件“第 16 章\16.3\素材 2.psd”，使用移动工具将其拖至渐变图像的上面，如图 16.80 所示。同时得到“图层 2”。

图 16.80

09 单击“添加图层样式”按钮，在弹出的菜单中执行“投影”命令，设置弹出的“投影”对话框如图 16.81 所示，得到图 16.82 所示的效果。

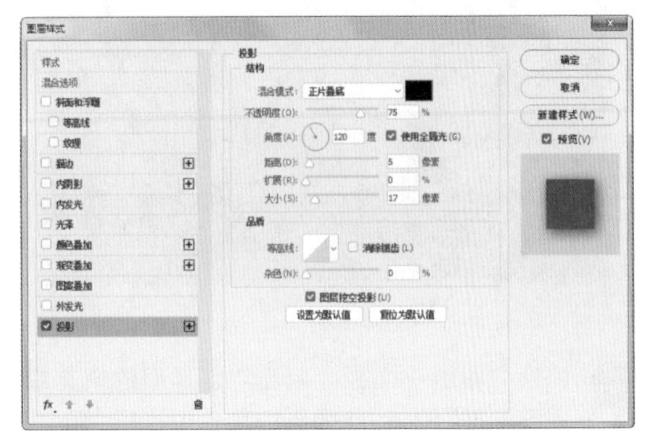

图 16.81

提示：在“投影”对话框中，颜色块的颜色值为#231815。

10 设置前景色为 #F9EEB2，选择椭圆工具，在工具选项栏上选择“形状”选项，在上一步得到的图像的中心绘制图 16.83 所示的形状，得到“形状 2”。

图 16.82　　图 16.83

11 选择横排文字工具，设置前景色的颜色值为 #A00811，并在其工具选项栏上设置适当的字体和字号，在上一步绘制的圆形图像上输入文字“唐”，如图 16.84 所示。并得到相应的文字图层。

图 16.84

12 按照前面所讲解的操作方法，结合文字工具及素材图像，完善中心图像效果，如图16.85所示。“图层”面板如图16.86所示。

图 16.85

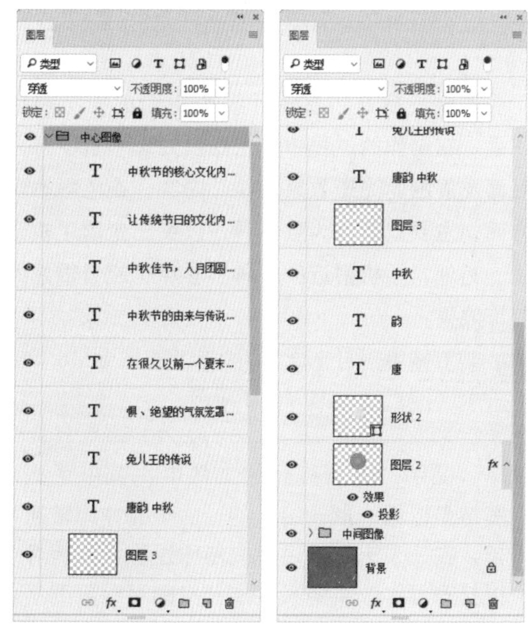

图 16.86

> 提示：在本步操作过程中，没有给出图像的颜色值，读者可根据自己的审美进行颜色搭配。本步所应用到的素材图像为随书所附光盘中的文件“第16章\16.3\素材3.psd”。下面制作背景中的元素。

13 收拢组“中心图像”，打开随书所附光盘中的文件“第16章\16.3\素材4.psd”，使用移动工具 将其拖至上一步制作的文件中，并置于中间图像的右下侧，如图16.87所示。同时得到“图层4”。

图 16.87

14 复制“图层4”，得到“图层4拷贝”，使用移动工具 调整图像的位置，得到的效果如图16.88所示。

图 16.88

15 打开随书所附光盘中的文件“第16章\16.3\素材5.psd”，按住Shift键，使用移动工

具 ✥ 将其拖至上一步制作的文件中，得到的效果如图 16.89 所示。同时得到“图层 5”～“图层 8”。“图层”面板如图 16.90 所示。

图 16.89

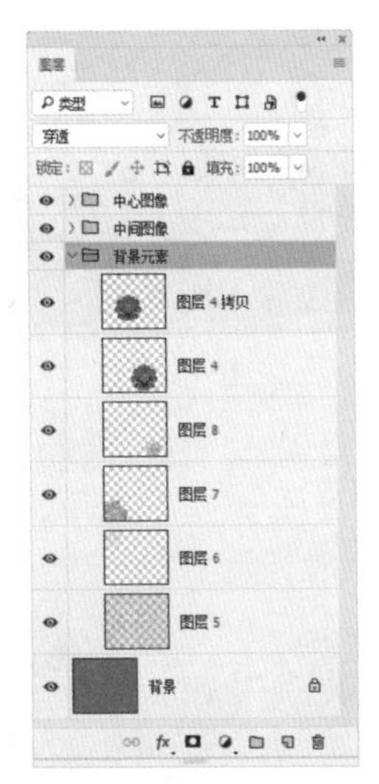

图 16.90

至此，背景中的元素已制作完成，下面制作画面中的云、文字，以及条纹图像，完成制作。

16 收拢组“背景元素”，选择“中心图像”作为当前的操作对象，打开随书所附光盘中的文件“第 16 章\16.3\素材 6.psd”，按住 Shift 键，使用移动工具 ✥ 将其拖至上一步制作的文件中，得到的最终效果如图 16.91 所示。“图层”面板如图 16.92 所示。

图 16.91

图 16.92

16.4 多彩手机视觉表现

本例主要是以多彩手机为主题的视觉表现作品。在制作的过程中，主要以处理手机前方、后面及周围的光斑效果为核心内容。在色彩表现方面，主要以蓝色为主色调，以突出主题手机图像。另外，手机附近的各种小彩点也起着很好的装饰效果。

01 打开随书所附光盘中的文件“第 16 章\16.4\素材 1.psd”，如图 16.93 所示。

> 提示：本步打开的文件中，其中手机图像是以组的形式给出的，由于操作比较简单，在此没有一一讲解其制作过程，读者可以打开最终效果源文件展开组即可观看到制作的过程。下面制作手机前方的光斑效果。

02 选择“钢笔工具”，并在其工具选项栏中选择“路径”选项，在手机的左下方绘制路径，如图16.94所示。单击“创建新的填充或调整图层”按钮，在弹出的菜单中选择“渐变”命令，设置弹出的对话框如图16.95所示，单击“确定”按钮退出对话框，隐藏路径后的效果如图16.96所示，同时得到图层“渐变填充1”。

图16.93

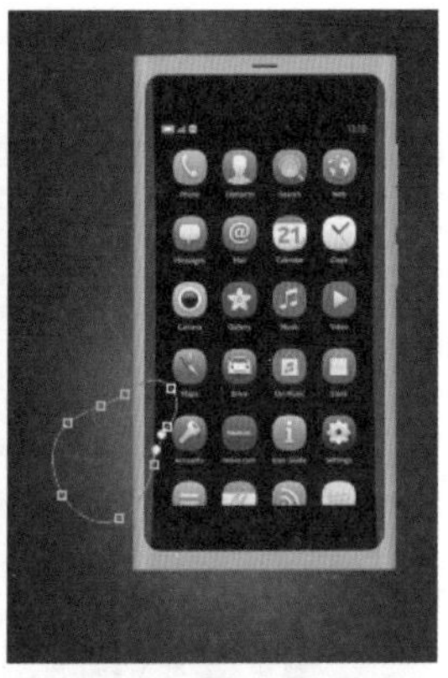

图16.94

图16.95

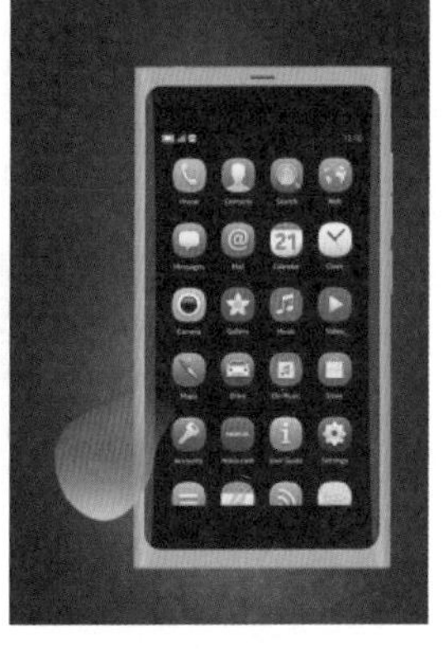

图16.96

> 提示：在“渐变填充”对话框中，渐变类型的各色标颜色值从左至右分别为15d3f2、0169db和15d3f2。

03 复制“渐变填充1”得到“渐变填充1拷贝”，按Ctrl+T组合键调出自由变换控制框，向外拖动控制句柄以放大图像及移动位置，按Enter键确认操作。得到的效果如图16.97所示。

04 单击“添加图层蒙版”按钮为“渐变填充1拷贝”添加蒙版，设置前景色为黑色，选择“画笔工具”，在其工具选项栏中设置适当的画笔大小及不透明度，在图层蒙版中进行涂抹，以将下方部分图像隐藏起来，直至得到图16.98所示的效果。

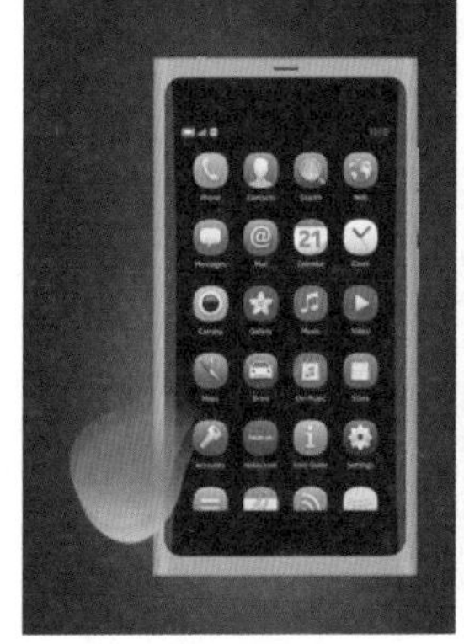

图16.97

图16.98

05 按照步骤2的操作方法，结合路径及“渐变填充”图层的功能，制作手机右侧的红色渐变效果，如图16.99所示。同时得到“渐变填充2”。设置当前图层的混合模式为“滤色”，以混合图像，得到的效果如图16.100所示。

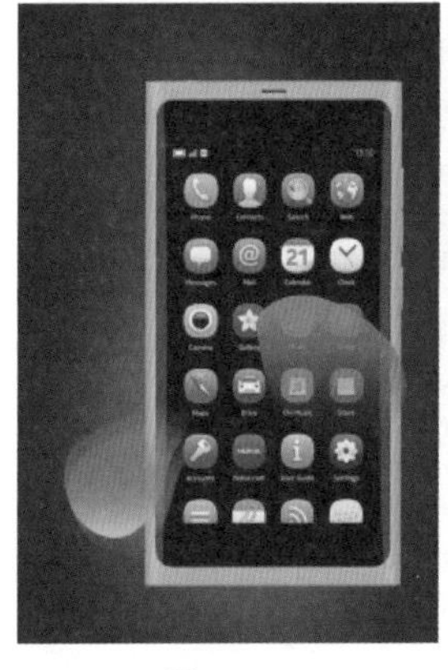

图16.99

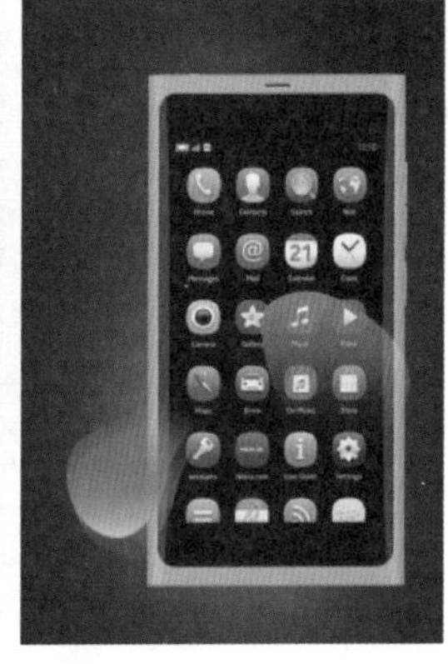

图16.100

> 提示：本步中关于“渐变填充”对话框中的参数设置请参考最终效果源文件。在后面的操作中，会多次应用到渐变填充图层的功能，不再做相关的提示。

06 单击“添加图层样式”按钮，在弹出的菜单中选择“外发光”命令，设置弹出的对话框如图16.101所示，然后在“图层样式”对话框中继续选择“内发光”“混合选项”选项，

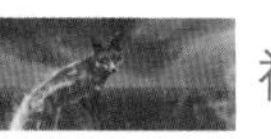

设置它们的对话框如图 16.102、图 16.103 所示，得到图 16.104 所示的效果。

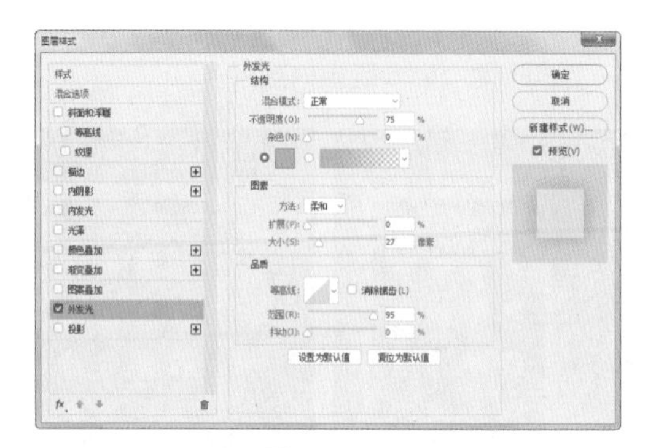

图 16.101

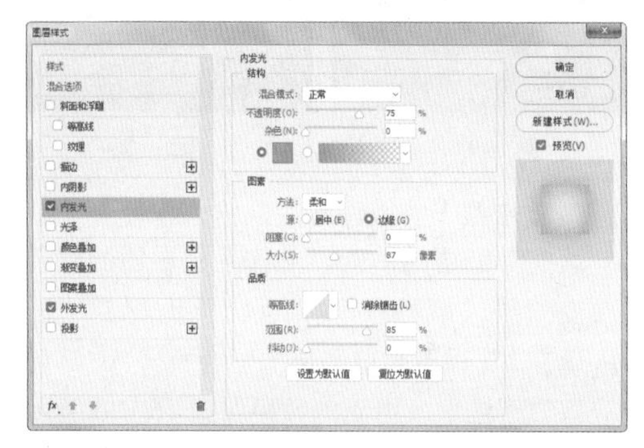

图 16.102

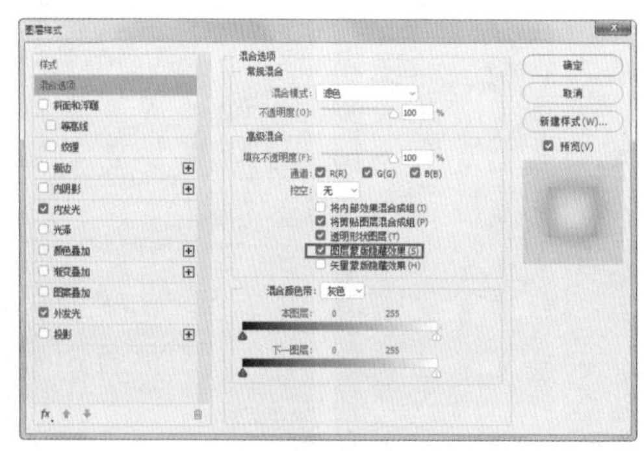

图 16.103

图 16.104

> 提示：在“外发光”对话框中，颜色块的颜色值为02bbff；在“内发光”对话框中，颜色块的颜色值为1ba4f5。

> 提示：在设置“混合选项（自定）”对话框时，选中“图层蒙版隐藏效果”是为了在后面操作时可以将图层样式产生的效果使用蒙版隐藏。

07 按照步骤 4 的操作方法为“渐变填充 2”添加蒙版，应用“画笔工具” 在蒙版中进行涂抹，以将左侧及下方的图像隐藏起来，得到的效果如图 16.105 所示。

08 根据前面所讲解的操作方法，结合路径、填充图层、图层样式、图层蒙版、图层属性及复制图层等功能，制作其他光斑效果，如图 16.106 所示。

图 16.105

图 16.106

> 提示：本步中为了方便图层的管理，在此将制作手机前方的光斑的图层选中，按Ctrl+G组合键执行“图层编组”操作得到“组1”，并将其重命名为“大光斑点”。在下面的操作中，笔者也对各部分进行了编组操作，在步骤中不再叙述。

> 提示：本步中关于图层属性、图像的颜色值，以及图层样式的设置，请参考最终效果源文件。以后若有类似操作，不再做相关的提示。下面制作手机后面的元素。

09 选择“背景”图层作为当前的工作层，新建“图层 1”，设置前景色为 e33152，打开随书所附光盘中的文件“第 16 章\16.4\素材 2.abr”，选择“画笔工具”，在画布中单击鼠标右键，在弹出的画笔显示框中选择刚刚打开的画笔，在手机周围进行涂抹，得到的效果如图 16.107 所示。图 16.108 所示为隐藏组“大光斑点”后的图像状态。

图 16.107

图 16.108

10 根据前面所讲解的操作方法，结合路径、填充图层、图层样式、图层蒙版及图层属性的功能，制作手机顶部及底部的渐变元素，如图 16.109 所示。图 16.110 所示为单独显示上一步至本步的图像状态。“图层”面板如图 16.111 所示。

图 16.109

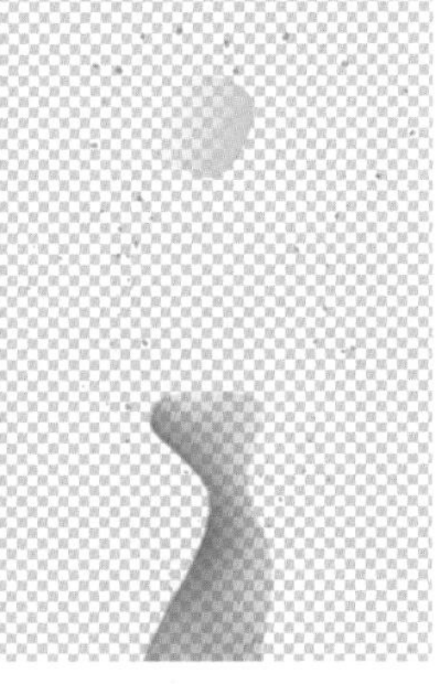

图 16.110

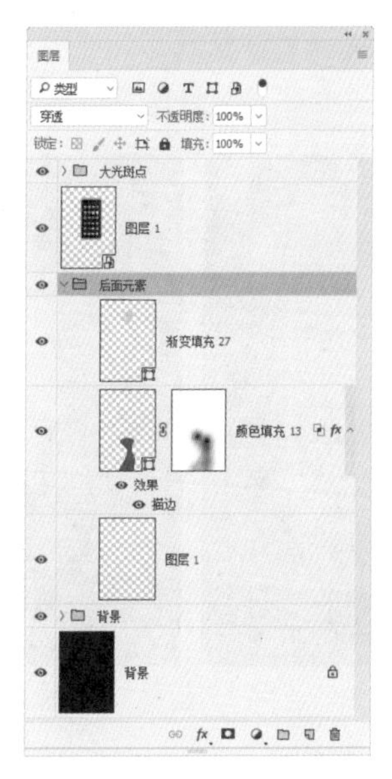

图 16.111

至此，手机后面的元素已制作完成。下面制作手机前方的小光斑效果。

11 选择组“大光斑点”，新建“图层 2”，设置前景色为 30ceff，选择“画笔工具”，并在其工具选项栏中设置适当的画笔大小及不透明度，在手机表壳上进行涂抹，得到的效果如图 16.112 所示。

12 设置“图层 2”的混合模式为“变亮”，以混合图像，得到的效果如图 16.113 所示。

图 16.112

图 16.113

13 根据前面所讲解的操作方法，结合“素材 2.abr”画笔、“画笔工具”及复制图层的功能，制作手机附近的小光斑效果，如图 16.114 所示。图 16.115 所示为单独显示第

11 步至本步的图像状态，“图层”面板如图 16.116 所示。

图 16.114

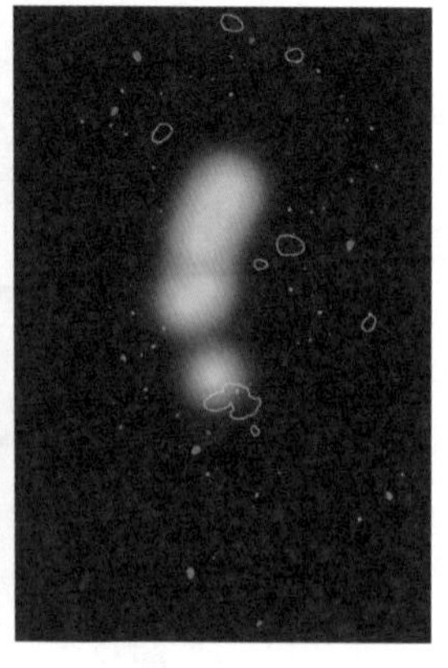
图 16.115

至此，多彩效果的手机已基本制作完成。下面对整体效果的美化进行适当调整。

14 按 Ctrl+Alt+Shift+E 组合键执行“盖印”操作，从而将当前所有可见的图像合并至一个新图层中，得到“图层 3”。选择“滤镜”|“模糊”|“高斯模糊”命令，在弹出的对话框中设置“半径”数值为 2，得到图 16.117 所示的效果。

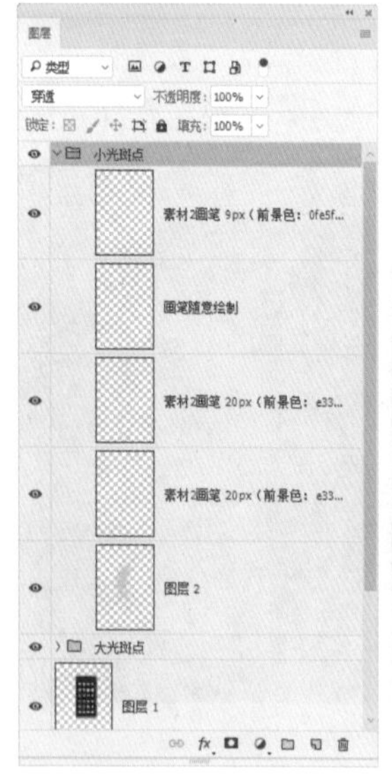

图 16.116

图 16.117

15 设置“图层 3”的混合模式为“滤色”，不透明度为 28%，以混合图像，得到的效果如图 16.118 所示。复制“图层 3”得到“图层 3 拷贝”，更改拷贝图层的混合模式为“柔光”，得到的效果如图 16.119 所示。

图 16.118

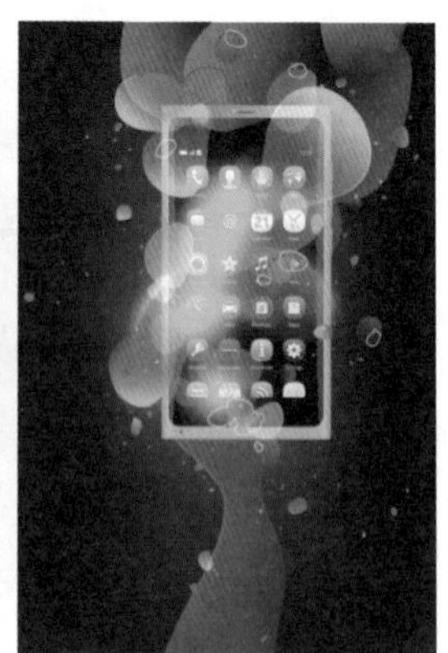
图 16.119

16 按 Ctrl+Alt+Shift+E 组合键执行“盖印”操作，从而将当前所有可见的图像合并至一个新图层中，得到“图层 4”。选择“滤镜”|“锐化”|“USM 锐化”命令，设置弹出的对话框如图 16.120 所示，图 16.121 所示为应用“USM 锐化”前后对比效果。

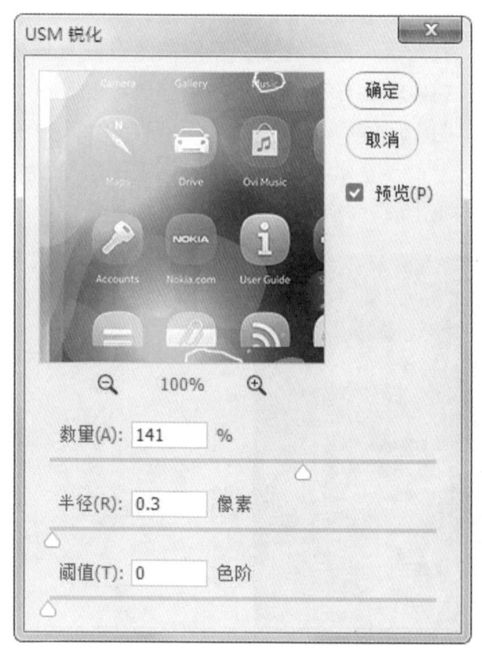

图 16.120

图 16.121

17 至此，完成本例的操作，最终整体效果如图 16.122 所示。“图层”面板如图 16.123 所示。

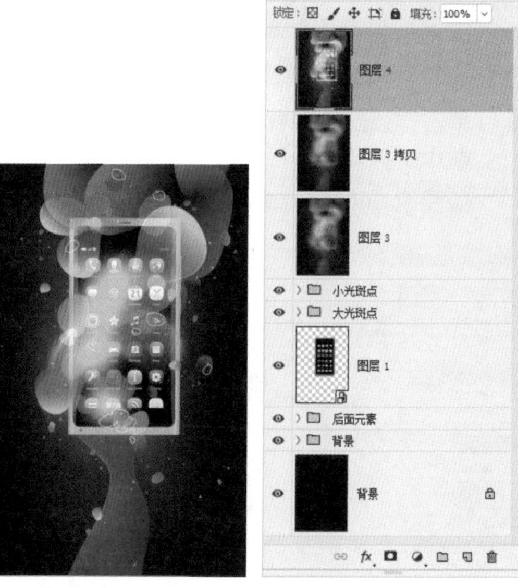

图 16.122　　图 16.123

16.5 “飞翔”主题视觉艺术设计

本例是以“飞翔”为题而设计一款视觉艺术表现类作品，在制作过程中，以大量的矢量图形及剪影为主，构建主体图像的基本轮廓，然后使用丰富的素材图像并结合图层混合模式、图层样式、图层蒙版以及绘图等功能，为轮廓叠加炫酷的纹理。

01 打开随书所附光盘中的文件“第 16 章\16.5\素材 1.psd”，如图 16.124 所示。在本例中，将在此背景素材的基础上进行视觉艺术设计。设置前景色的颜色值为 f03e3e，选择自定形状工具，在其工具选项栏上选择“形状”选项，并在画布中单击鼠标右键，在弹出的形状选择框中选择心形形状，如图 16.125 所示。

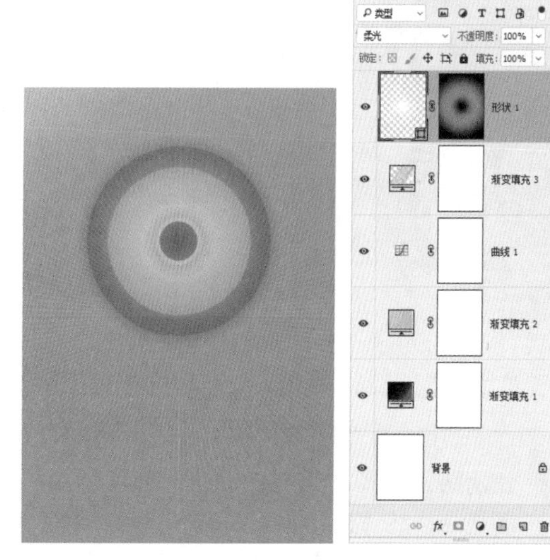

图 16.124

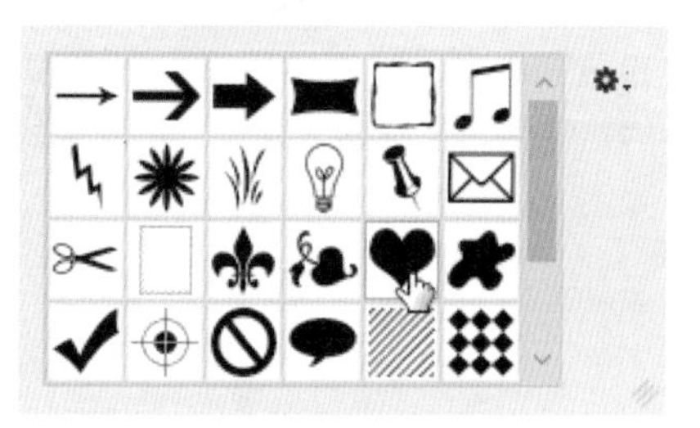

图 16.125

02 使用自定形状工具及上一步选择的图形，在画布中心偏上的位置绘制一个心形，如图 16.126 所示，同时得到对应的图层“形状 2”。

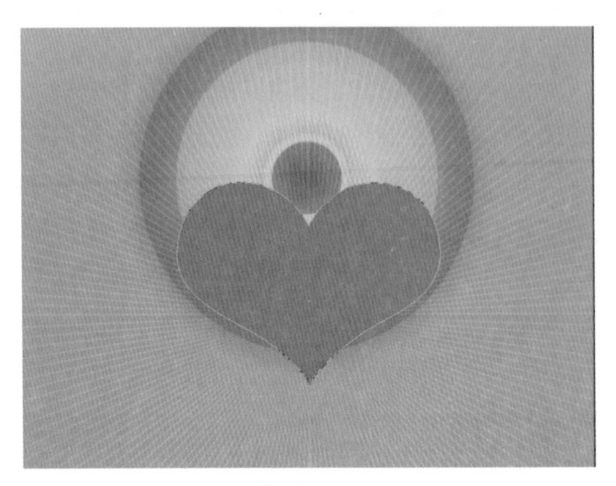

图 16.126

03 选择上一步绘制的形状图层的矢量蒙版，选择钢笔工具，并在其工具选项栏上单击“合并形状”选项，然后在心形的左侧绘制图 16.127 所示的翅膀图形。

图 16.127

04 使用路径选择工具选择上一步绘制的翅膀路径，然后按 Ctrl + Alt + T 组合键调出自由变换并复制控制框，在控制框内部单击鼠标右键，在弹出的快捷菜单中选择“水平翻转”命令，然后按住 Shift 键将复制得到的路径向右侧移动，置于心形图像的右侧，如图 16.128 所示，按 Enter 键确认变换操作。

图 16.128

05 选择椭圆工具，选择“形状 2”的矢量蒙版，并在其工具选项栏上选择“合并形状”选项，然后按住 Shift 键在心形底部绘制多个大小不一的正圆，如图 16.129 所示。

图 16.129

06 单击“添加图层样式”按钮，在弹出的菜单中选择“描边”命令，设置弹出的对话框如图 16.130 所示，得到图 16.131 所示的效果。

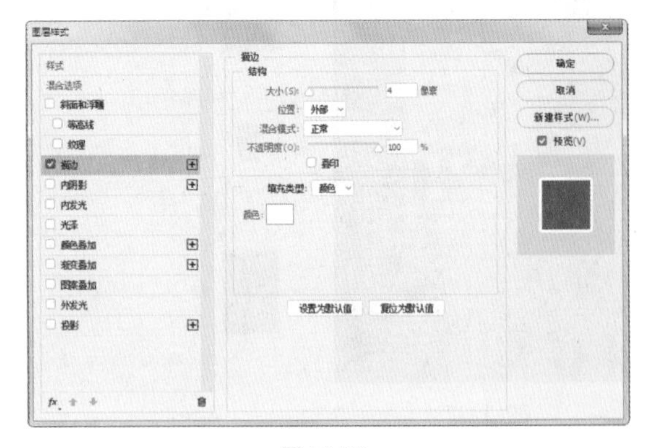

图 16.130

图 16.131

至此，已经完成了中心图像的制作，下面将结合一些三维图像来制作心形的不规则边缘。

07 打开随书所附光盘中的文件“第16章\16.5\素材2.psd”，如图16.132所示，使用移动工具将其拖至本例操作的文件中，得到“图层1”。

图 16.132

08 按Ctrl + T组合键调出自由变换控制框，按住Shift键缩小图像，并将其置于心形图像上，如图16.133所示，按Enter键确认变换操作。

图 16.133

09 设置前景色的颜色值为f03e3e（即与心形图像相同的颜色），然后按Alt+Shift+Delete组合键为当前图层中的不透明区域填充颜色，得到图16.134所示的效果。

图 16.134

10 复制“图层1”得到“图层1拷贝”，结合自由变换控制框，将图像再次缩小并旋转，然后置于心形的左下方位置，如图16.135所示，按Enter键确认变换操作。

图 16.135

11 打开随书所附光盘中的文件“第16章\16.5\素材3.psd”和“素材4.psd”，使用移动工具将它们拖至本例操作的文件中，将三维图像缩放至图像的左侧，复制人物图像并结合变换功能，分别将其置于心形的左上方和右上方，并为它们填充红色后得到图16.136所示的效果。此时的“图层”面板如图16.137所示。

图 16.136

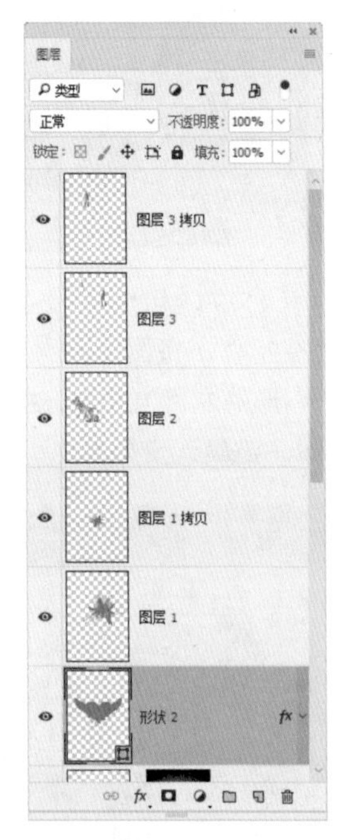

图 16.137

12 选择“形状 2”，然后按住 Shift 键选择“图层 3 拷贝”，从而将两者之间的图层选中，然后按 Ctrl + G 组合键执行“图层编组”操作，得到“组 1”， 选择该组，并按 Ctrl + Alt + Shift + E 组合键执行“盖印”操作，从而将当前所选组中的图像合并至新图层中，并将该图层重命名为“图层 4”。

此时，中心图像已经拼合完毕，下面来对“图层4”中的图像进行调色处理，使其变为该实例中所需要的青色。

13 隐藏“组 1”并选择“图层 4”，单击“创建新的填充或调整图层”按钮 ，在弹出的菜单中选择“色相 / 饱和度”命令，得到“色相 / 饱和度 1”，按 Ctrl + Alt + G 组合键创建剪贴蒙版，设置面板如图 16.138 所示，得到图 16.139 所示的效果。

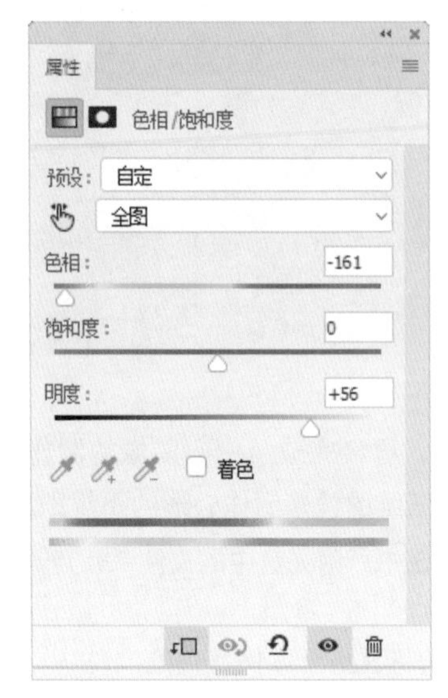

图 16.138

图 16.139

> 提示：虽然此处主要针对几乎是单色的图像进行操作，但为了保留心形图像外部的白色描边，在此不能采用直接填充颜色的方法来改变图像的颜色。下面将为中心图像叠加炫光纹理。

14 打开随书所附光盘中的文件“第 16 章\16.5\素材 5.psd”，如图 16.140 所示，使用移动工具 将其拖至本例操作的文件中，得到“图层 5”，并确认该图层位于“色相 / 饱和度 1”上方，然后按 Ctrl + Alt + G 组合键创建剪贴蒙版，再使用移动工具 调整图像的位置，直至得到图 16.141 所示的效果。

图 16.140

图 16.141

15 设置“图层 5”的混合模式为“叠加”，得到图 16.142 所示的效果。复制“图层 5”得到“图层 5 拷贝”，以增强混合效果，并确认该拷贝图层仍然与下面的图层存在剪贴关系，得到图 16.143 所示的效果。

图 16.142

图 16.143

16 此时，炫光图像中的蓝色显得太重了一些，所以需要将其隐藏。单击“添加图层蒙版”按钮 为“图层 5 拷贝”添加蒙版，设置前景色为黑色，选择画笔工具 ，并设置适当大小的柔边画笔，然后在蓝色比较重的图像上涂抹以将其隐藏，得到图 16.144 所示的效果。此时蒙版中的状态如图 16.145 所示。

图 16.144

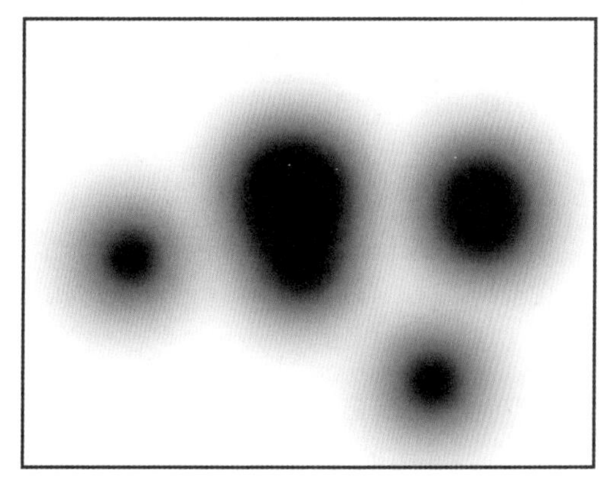

图 16.145

17 打开随书所附光盘中的文件“第 16 章\16.5\素材 6.psd”，如图 16.146 所示（该素材的背景为透明状态，但为了便于观看，暂时将其转换成为黑色背景），使用移动工具 将其拖至本例操作的文件中，得到“图层 6”，并将其拖至“图层 4”的下方。利用变换控制框对图像进行缩放及旋转操作，将其置于主体图像的下方作为装饰，如图 16.147 所示。

图 16.146

图 16.147

至此，已经基本完成了主体图像的处理，下面将在其底部制作一些炫光图像，在制作过程中主要是结合烟雾素材及变形功能进行处理。

18 打开随书所附光盘中的文件“第 16 章\16.5\素材 7.psd”，使用移动工具 将其拖至本例操作的文件中，得到“组 2”，并将其置于图层“形状 1”的上方，并设置其混合模式为叠加，得到图 16.148 所示的效果，对应的“图层”面板如图 149 所示。

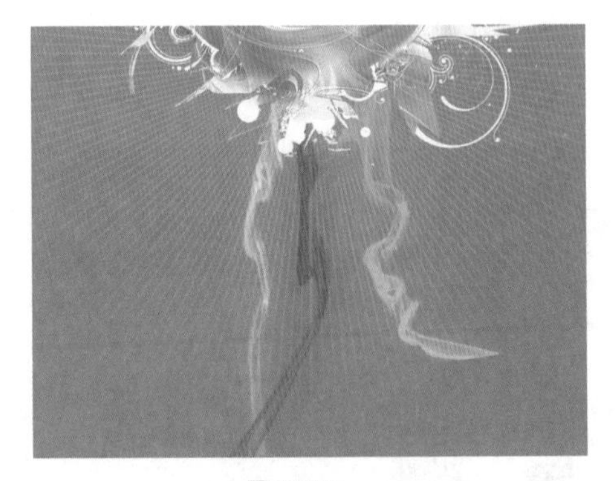

图 16.148

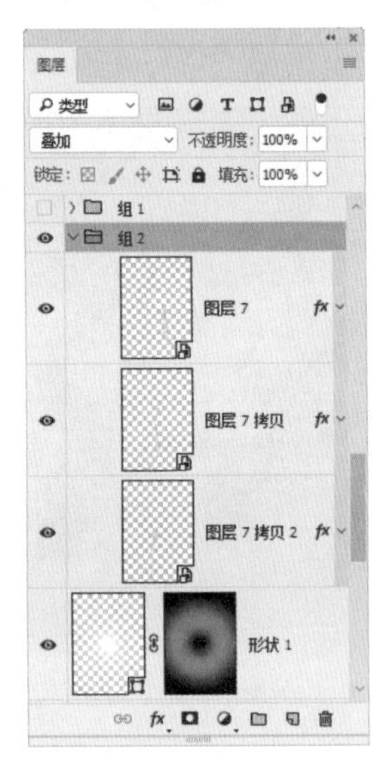

图 16.149

19 最后可以打开随书所附光盘中的文件“第 16 章\16.5\素材 8.psd”和“素材 9.abr”，通过变换、混合模式及图层蒙版等功能对其进行融合，结合画笔工具 在其中绘制光点与光晕，制作得到图 16.150 所示的最终效果，对应的“图层”面板如图 16.151 所示。

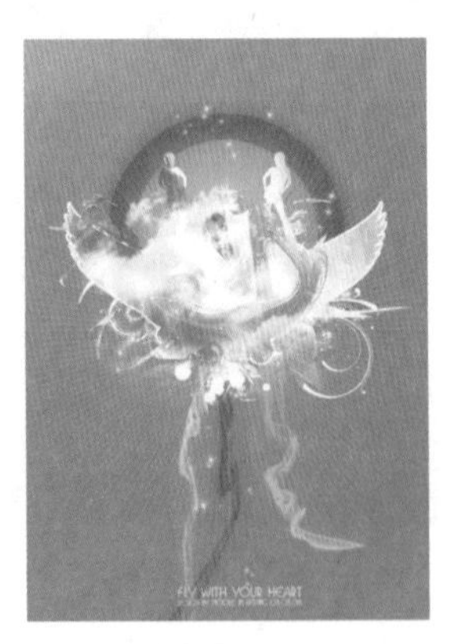

图 16.150

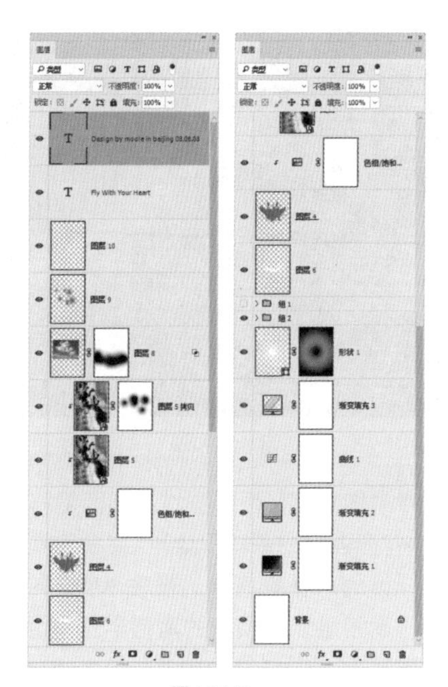

图 16.151

16.6 超酷炫光人像

在本例中，将以一幅人像照片为基础，制作出完全由炫光组成的人物效果。在制作过程中，首先要使用滤镜提炼出人物的基本轮廓，并初步确定照片的基本色调，然后在此基础上，结合大量的火焰、烟雾等素材图像，通过对其进行变形处理，以强化人物的各部分轮廓，使之具有炫光效果。在制作过程中，要特别注意对炫光线条粗细、大小及形态的把握，应尽可能使其与人物的形态贴合，从而让最终的效果更为逼真、自然。

16.6.1 制作头发炫光图像

01 打开随书所附光盘中的文件“第16章\16.6\素材1.psd”，如图16.152所示。在本例中，将以此图像为基础，制作炫光特效人物图像。

首先将利用滤镜功能来制作人物的基本轮廓。

02 选择“滤镜”|“风格化”|“照亮边缘”命令，设置弹出的对话框如图16.153所示，得到的图像效果可以查看左侧的预览区域，单击“确定”按钮退出对话框。

图 16.152

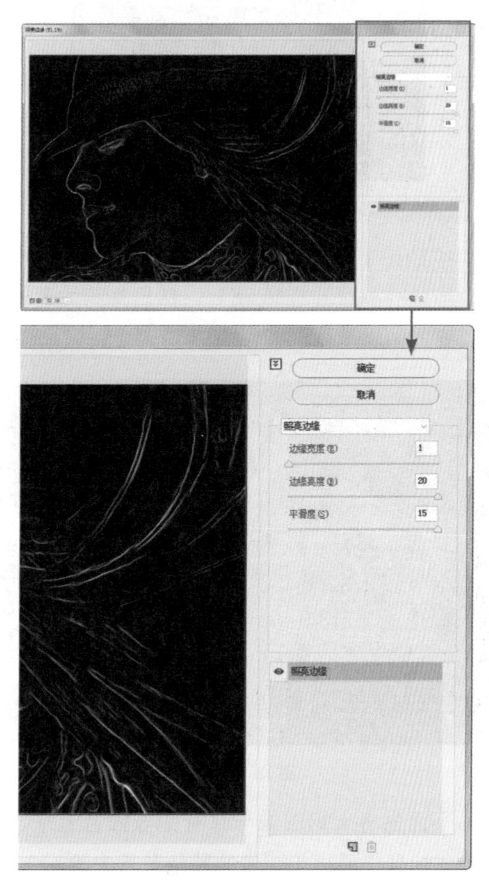

图 16.153

下面将结合火焰图像，来制作人物头发处的炫光。

03 打开随书所附光盘中的文件“第16章\16.6\素材2.psd”，如图16.154所示，使用移动工具将其拖至本例操作的文件中，得到“图层1”，在此图层名称上单击鼠标右键，在弹出的快捷菜单中选择“转换为智能对象”命令，从而将其转换为智能对象。由于后面将对该图层中的图像进行变形操作，而智能对象图层则可以记录下所有的变形参数，以便于进行反复的调整。

图 16.154

04 按 Ctrl+T 组合键调出自由变换控制框，缩小图像的高度并旋转 38°，然后将图像置于人物的头发位置，如图 16.155 所示。

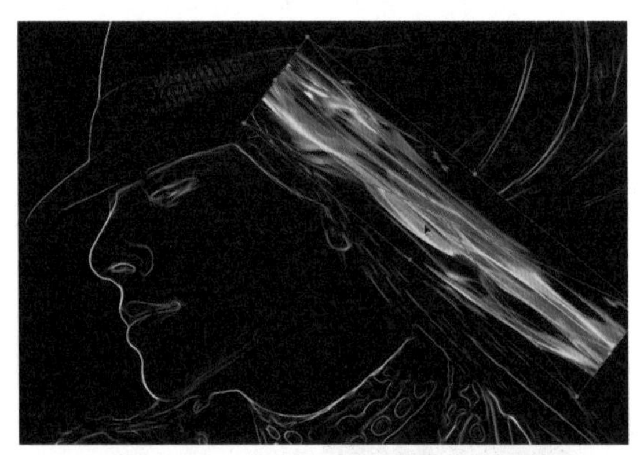
图 16.155

下面先将火焰图像与背景图像融合起来，主要操作就是将原火焰图像的黑色背景去除。

05 设置“图层 1”的混合模式为“线性减淡（添加）”，得到图 16.156 所示的效果。此时图像中的火焰仍然显得很多，不适合制作较细的头发图像，所以下面将使用图层高级混合选项对火焰进行进一步的处理。

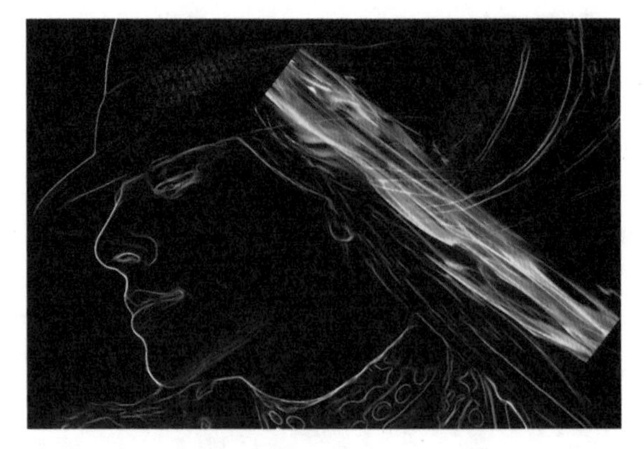
图 16.156

06 选择“图层 1”并单击“添加图层样式”按钮 fx，在弹出的菜单中选择“混合选项”命令，在弹出的对话框底部，按住 Alt 键向右侧拖动“本图层”选项中的黑色半三角滑块，直至到图 16.157 所示的状态，单击“确定”按钮退出对话框，得到图 16.158 所示的效果。

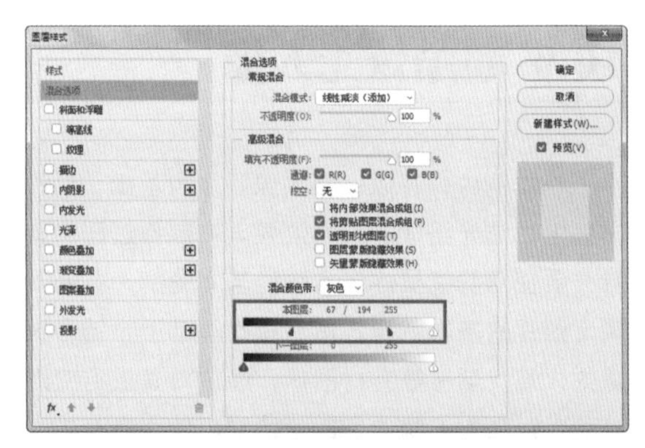

图 16.157

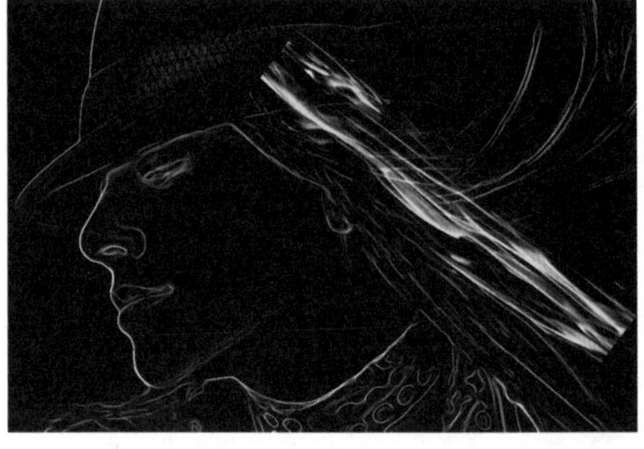
图 16.158

此时，图像的状态已经基本符合制作头发的需要，下面就来对图像进行变形处理，使其符合头发的形态。

07 选择“编辑”|“变换”|“变形”命令，以调出变形控制框，然后分别拖动各个控制句柄，对图像进行变形处理，如图16.159所示。继续拖动各个控制句柄，直至得到图16.160所示的带有弧度的头发图像状态，按Enter键确认变换操作。

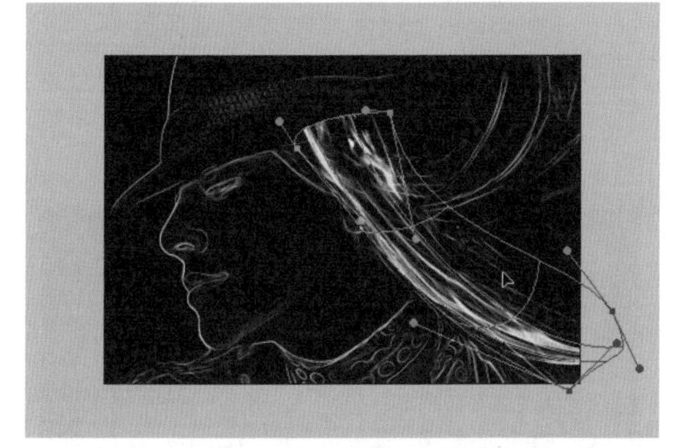

图16.159

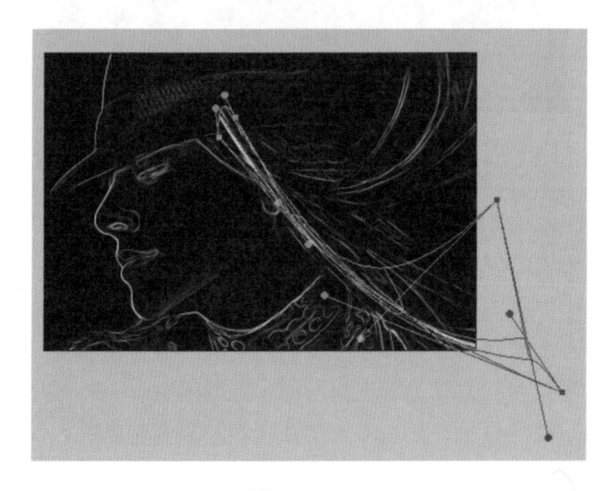

图16.160

08 单击“添加图层蒙版”按钮为“图层1”添加蒙版，设置前景色为黑色，选择画笔工具并设置适当的画笔大小，然后将炫光超过头发（与帽子图像重合）的区域进行涂抹以将其隐藏，得到图16.161所示的效果。此时蒙版中的状态如图16.162所示。

图16.161

图16.162

> 提示：在图16.162所示的蒙版中，使用硬边画笔用于隐藏与帽子重合的炫光图像，而较淡的柔边画笔涂抹痕迹，则主要是为了使炫光与帽子相接触的位置产生一定的过渡效果，而不至于表现得太过生硬，这样的蒙版编辑手法在后面的操作中会经常用到，将不再一一说明。

> 提示：此时已经完成了一束炫光的制作，所以已经可以为整体确定色调了，这样在后面调整过程中，可以随时预览到添加炫光后的效果，以便于随时设置不同的参数，使整体更加协调。

09 单击“创建新的填充或调整图层”按钮，在弹出的菜单中选择“渐变映射”命令，设置弹出的面板如图16.163所示，得到如图16.164所示的效果，同时得到“渐变映射1”。

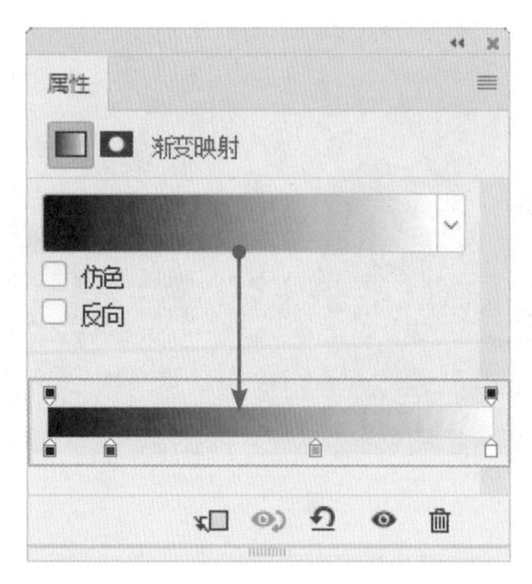

图 16.163

图 16.164

提示：在“渐变编辑器”对话框中，所使用的渐变颜色从左至右依次为黑色、002244、10b4d7和白色。在下面的操作中，所有的图层都将位于此“渐变映射”调整图层的下方，界时将不再予以说明。下面来继续制作其他的炫光图像。

10 复制“图层 1”得到“图层 1 拷贝”，并在该拷贝图层的蒙版缩览图上单击鼠标右键，在弹出的快捷菜单中选择“删除图层蒙版”命令。

11 选择“编辑”|“变换”|“变形”命令，以调出变形控制框，此时变形控制框将保持上一次变形时的状态，在此基础上可以继续进行变形编辑，得到图 16.165 所示的状态，按 Enter 键确认变换操作，此时图像的状态如图 16.166 所示。

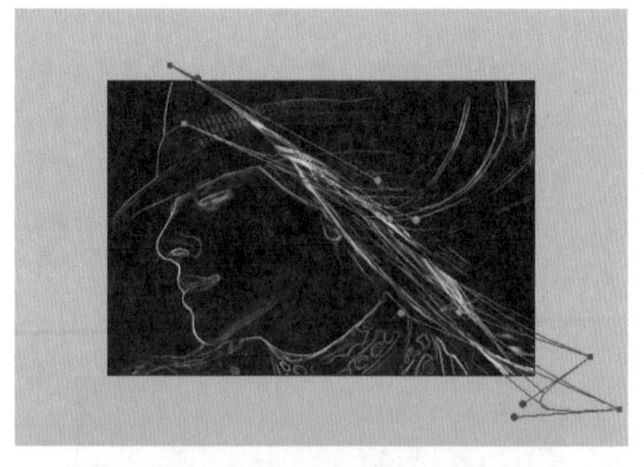

图 16.165

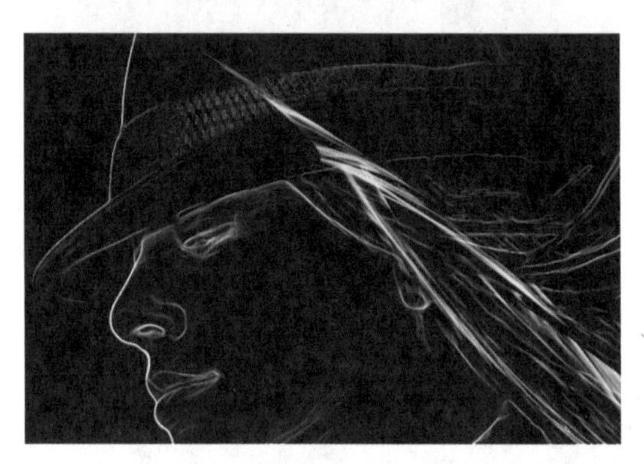

图 16.166

提示：实际上，在变形图像时并没有特别的规则，只需要清楚地知道，现在制作的头发图像，是为了使变形后的图像看起来符合头发的特质即可，至于对炫光的具体形态并没有太多的要求，但在变形时一定要注意改变每一个图像状态，切不可使炫光看起来有重复感，这样会大大降低图像的美观程度。

12 为“图层 1 拷贝”添加蒙版，并结合画笔工具 进行涂抹，隐藏超出头发范围的炫光图像，如图 16.167 所示。

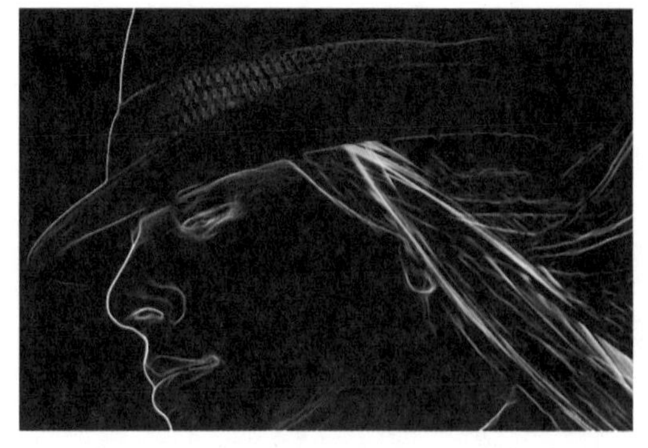

图 16.167

13 再复制“图层 1”两次得到“图层 1 拷贝 2”和“图层 1 拷贝 3”，并分别编辑其中的变形内容，直至得到图 16.168 所示的头发效果。此时的“图层”面板如图 16.169 所示。

图 16.168

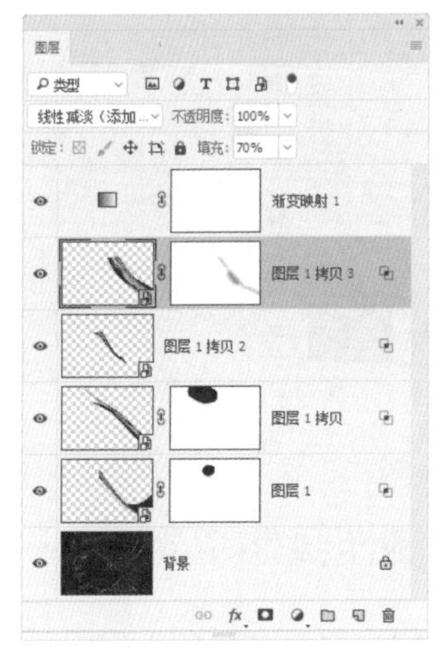

图 16.169

提示：到此为止，已经将本例中用到的技术基本讲解完毕，在后面的操作过程中，几乎就是反复利用上述的变形、用蒙版隐藏图像等技术对图像进行处理，只不过在不同的区域使用不同的素材图像而已。

14 下面来制作飞扬而起的头发图像。复制“图层 1 拷贝 3”得到“图层 1 拷贝 4”，然后选择“编辑”|“变换”|“变形”命令，以调出变形控制框，在其工具选项栏上将“变形”设置成为“无”，如 变形：无 所示，从而将图像恢复为变形前的状态。

15 按 Ctrl + T 组合键调出自由变换控制框，将图像缩小并旋转，然后置于头发图像上，如图 16.170 所示（为便于观看图像，暂时隐藏了“图层 1”至“图层 1 拷贝 3”）。

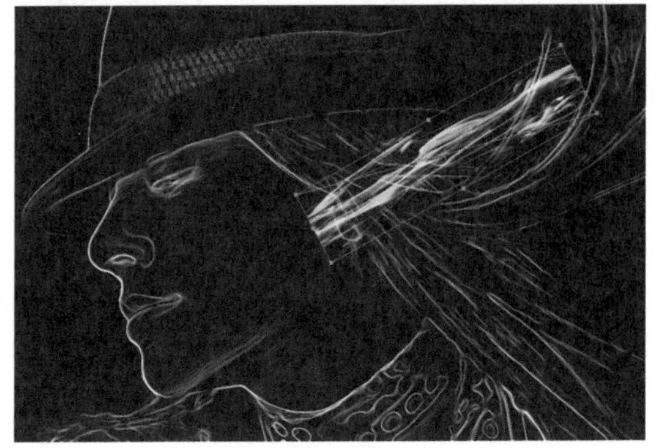

图 16.170

提示：要制作飞扬的头发图像，就需要制作出带有较大弧度的变形效果，所以在此先制作得到带有弧度的图像，然后再进一步编辑。

16 保持上一步的自由变换控制框不变，在控制框内单击鼠标右键，在弹出的快捷菜单中选择“变形”命令，然后在其工具选项栏上设置“变形”为“扇形”，再按照上一步的操作方法设置其他的参数。此时图像的状态如图 16.171 所示。

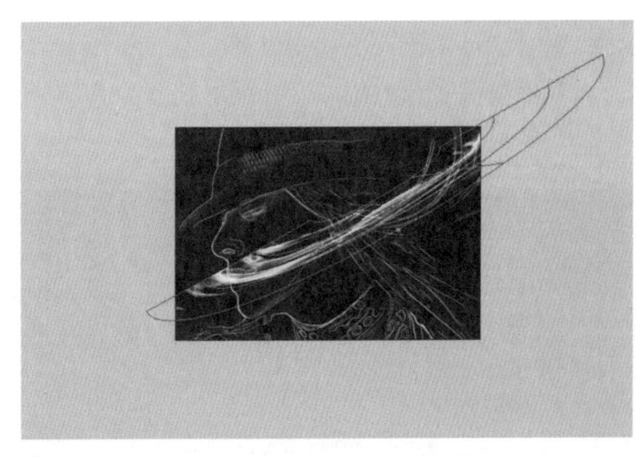

图 16.171

17 在工具选项栏上的“变形”下拉列表中选择“自定”选项，将当前应用的预设变形方案转换成为可编辑的自定义状态，然后按照前面讲解的方法编辑变形图像，直至得到图 16.172 所示的效果。

图 16.172

18 单击“添加图层蒙版”按钮 为“图层 1 拷贝 4”添加蒙版，设置前景色为黑色，选择画笔工具 并设置适当的画笔大小，然后在高光过于强烈的炫光图像上进行涂抹以将其隐藏，得到图 16.173 所示的效果。

图 16.173

19 再复制两个图层并编辑其变形状态，然后用蒙版隐藏多余的图像，直至得到图 16.174 所示的效果。

图 16.174

20 至此已经基本完成了头发的炫光图像，下面将相关的图层进行编组以便于管理。选择“图层 1”，并按住 Shift 键选择“图层 1 拷贝 6”，从而将两者之间的图层选中，按 Ctrl + G 组合键将选中的图层编组，并将得到的组重命名为“头发炫光”。此时的“图层”面板如图 16.175 所示。

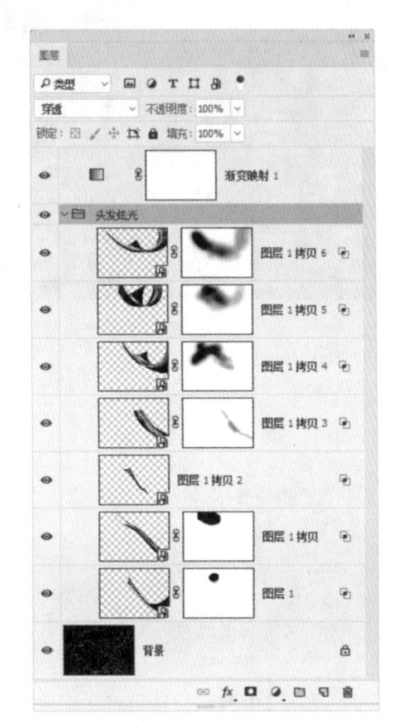

图 16.175

16.6.2 制作其他炫光

下面来制作人物面部的炫光图像，在制作过程中将利用前面制作好的头发炫光图像，以降低操作难度。

01 选择组“头发炫光”，按 Ctrl + Alt + E 组合键执行“盖印”操作，从而将当前所选组中的图像合并至新图层中，并将该图层重命名为“图层 2”。

02 选择“滤镜”|“扭曲”|“极坐标”命令，在弹出的对话框中选择“平面坐标到极坐标”选项，单击“确定”按钮退出对话框。

03 将“图层 2”转换成为智能对象，然后按照前面讲解的方法，分别在人物面部、脖子及衣领位置添加炫光图像，得到图 16.176 所示的效果。

图 16.176

04 打开随书所附光盘中的文件“第 16 章 \16.6\ 素材 3.psd”，使用移动工具 将其拖至本例操作的文件中，得到“图层 3”，结合前面使用的变形及图层蒙版功能，在面部位置增加一些炫光图像，使其看起来更加丰富，如图 16.177 所示。

05 将“图层 3”“图层 2”及其拷贝图层编组，将得到的组重命名为“面部炫光”。此时的“图层”面板如图 16.178 所示。

图 16.177　　图 16.178

06 在下面的讲解中，读者可结合随书所附光盘中的文件“第 16 章 \16.6\ 素材 4.psd”至“素材 15.psd”，按照前面的方法进行变形处理，并配合混合模式与图层蒙版进行融合处理，得到图 16.179 所示的效果，对应的“图层”面板如图 16.180 所示。具体的参数设置请读者参考本例的最终效果文件。

图 16.179

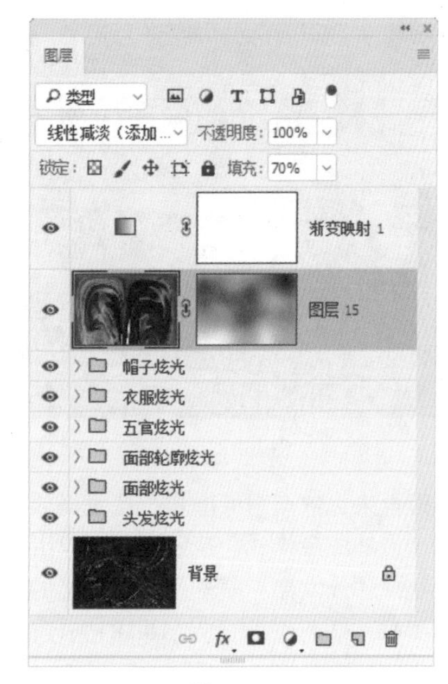

图 16.180

16.6.3 整体美化处理

01 选择画笔工具 ，按 F5 键显示“画笔”面板，然后打开随书所附光盘中的文件“第 16 章 \16.6\ 素材 16.abr”，以将其载入进来。

02 新建一个图层得到“图层 16”，选择上一步载入的画笔，设置前景色为白色，使用画笔工具 沿人物的轮廓涂抹一些散点图像，直至得到图 16.181 所示的效果，图 16.182 所示是以黑色为背景，同时显示“渐变填充 1”调整图层和显示所绘制的散点图像时的状态。

图 16.181

图 16.182

03 下面再来为散点图像增加一些发光效果。单击“添加图层样式”按钮 fx，在弹出的菜单中选择“外发光”命令，设置弹出的对话框如图 16.183 所示，得到图 16.184 所示的效果。

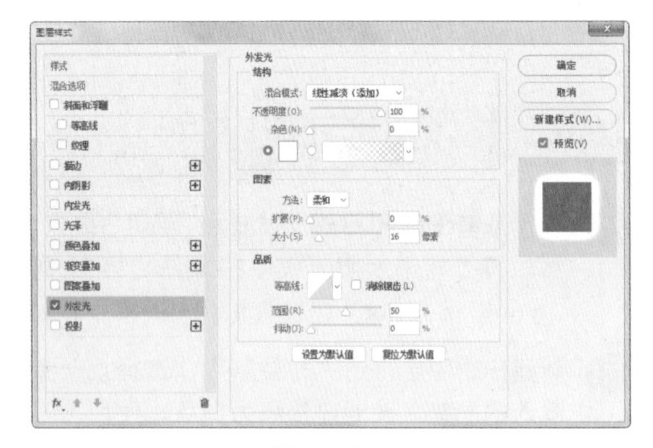

图 16.183

图 16.184

最后再来对整体的高光进行调整，使高光看起来更加强烈，同时也符合本例所要表现的炫光特效。

04 切换至“通道”面板，按 Ctrl 键单击“RGB”通道缩览图以载入当前图像中高光区域的选区，然后切换回“图层”面板，新建一个图层得到“图层 17”，设置前景色为白色，按 Alt+Delete 组合键填充选区，按 Ctrl+D 组合键取消选区，得到图 16.185 所示的效果。

图 16.185

05 按住 Alt 键，将“图层 16”中的“外发光”图层样式拖至“图层 17”中以复制图层样式，并设置“图层 17”的不透明度为 50%，得到图 16.186 所示的效果。

图 16.186

观察图像不难看出，添加了外发光效果的高光区域图像看起来显得过于强烈，所以下面将利用蒙版隐藏部分发光效果。

06 为“图层 17”添加蒙版，使用画笔工具 并设置适当的画笔大小及不透明度，在蒙版中用黑色涂抹，以隐藏部分发光图像，得到的最终效果如图 16.187 所示，对应的“图层”面板如图 16.188 所示。

图 16.187

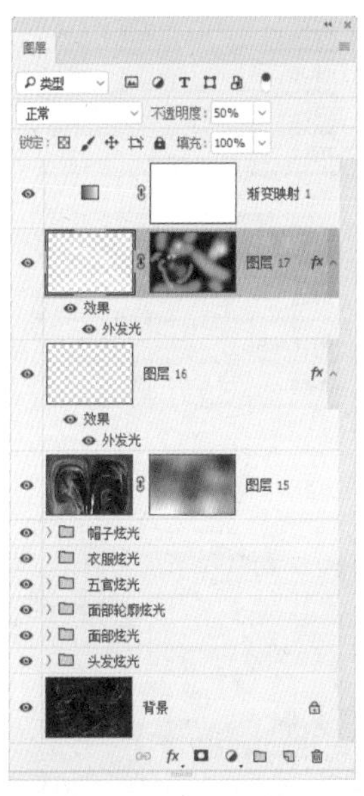

图 16.188

16.7 风景照片包围曝光合成润饰处理

日出前后是拍摄风光照片最佳的时机，但在拍摄悬崖时，可能会由于景物之间的相互遮挡，导致画面的曝光不佳，尤其是太阳刚刚升起时，环境的光照非常不均匀，光比非常大，在以太阳为准进行曝光时，其他区域可能会出现严重曝光不足的问题。此时可以尝试以不同的曝光拍摄多张照片，分别以太阳和悬崖作为曝光依据，然后通过后期处理将它们融合在一起，形成完美的照片结果。在处理此类照片时，首先要对照片拍摄有一定的规划，最基本的做法是需要两张照片，即分别以太阳和悬崖为依据进行曝光的照片。在本例中，是采用了3幅照片，分别取其悬崖、云彩及太阳光3部分进行合成。确定了上述思路后，就可以分别对3幅照片进行基本的美化处理，将需要的部分美化到位，然后进行最终的合成即可。

16.7.1 在CameraRaw中处理照片

01 打开随书所附光盘中的文件“第 16 章\16.7\素材 1.nef”，如图 16.189 所示，以启动 Camera Raw 软件。

图 16.189

> 提示：在对照片进行其他调整前，我们先根据照片的类型选择一个合适的相机校准，从而让后面的调整工作能够达到事半功倍的效果。在后面调整另外两幅照片时，也会对其做类似的设置。

02 在“相机校准”选项卡的“名称”下拉列表中，选择“Camera Flat”选项，如图 16.190 所示，以针对当前的风景照片进行优化处理，如图 16.191 所示。

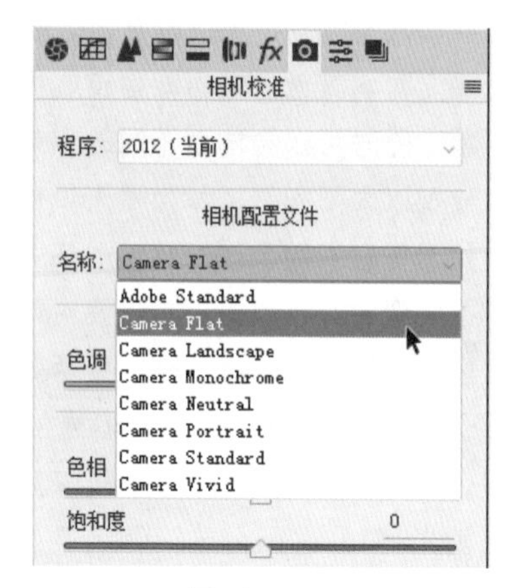

图 16.190

图 16.191

通过上一步的调整后，画面变得有些偏灰，除了对比度不足外，画面上还蒙了一层薄雾似的，下面就通过调整，使画面变得更加通透。

03 在“效果”选项卡中，向右侧拖动“去除薄雾”滑块，如图 16.192 所示，直至得到满意的效果为止，如图 16.193 所示。

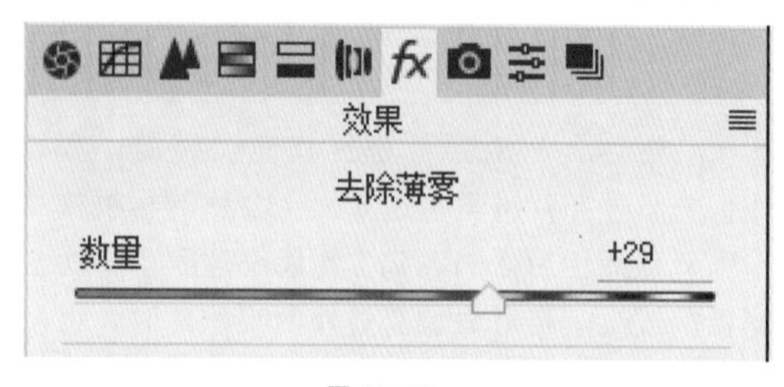

图 16.192

图 16.193

04 在“基本”选项卡中，分别调整其中的“对比度”“阴影”及“清晰度”滑块，如图 16.194 所示，以继续优化照片的对比度及立体感，如图 16.195 所示。

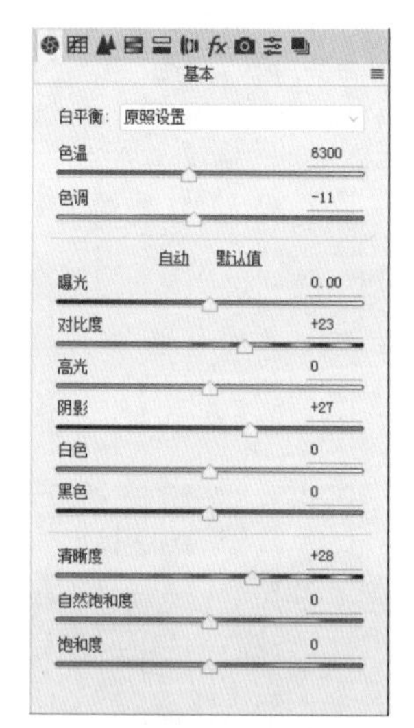

图 16.194

图 16.195

05 下面再选择“HSL/ 灰度”选项卡，在其中分别选择“饱和度”和“明亮度”子选项卡，并拖动其中的“黄色”滑块，如图 16.196 所示，从而针对照片中悬崖及草地的颜色，如图 16.197 所示。

图 16.196

图 16.197

通过上面的调整，太阳光位置会变得更加强烈，没有关系，此处主要是针对悬崖及草地进行调整，后面会对此处进行专门的处理。至此，我们已经基本完成了对悬崖和草地等地面元素的优化处理，下面来对天空进行调整。

06 使用渐变滤镜工具◨按住 Shift 键从顶部向下方中间处绘制渐变，并在右侧设置适当的参数，如图 16.198 所示，以恢复出天空的细节，如图 16.199 所示。

图 16.198

图 16.199

通过上面的操作，我们已经基本显示出天空的细节，但太阳区域仍然存在严重的曝光过度问题，因此下面来使用径向渐变工具〇对其进行校正调整。

07 使用径向渐变工具〇以太阳中心为准，绘制一个径向渐变，此时将按照之前使用渐变滤镜工具◨时的参数进行设置，此时的效果如图 16.200 所示。

图 16.200

08 绘制径向渐变后，修改右侧的参数，如图 16.201 所示，直至调整好该区域的曝光及色彩，如图 16.202 所示。

图 16.201

图 16.202

通过前面的调整，照片已经基本具有较好的曝光效果，但左侧的悬崖则显得有些偏灰，下面就来解决此问题。

09 选择调整画笔工具，并在右侧设置画笔大小等参数，如图 16.203 所示。

10 使用调整画笔工具在左侧的悬崖上涂抹，以将其选中，然后在右侧设置适当的参数，如图 16.204 所示，直至得到满意的调整结果，如图 16.205 所示。

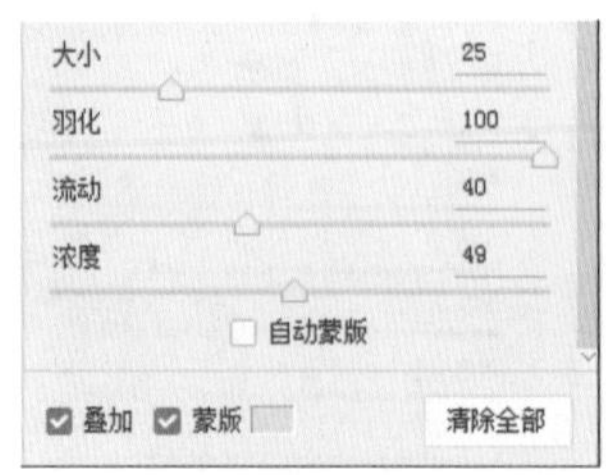

图 16.203　　图 16.204

图 16.205

> 提示：本例最终是要在Photoshop中将3幅照片合成在一起，并进行适当的润饰，因此在Camera Raw中进行调整后，需要将其导出为JPG格式的照片，以便于在Photoshop中继续进行处理。

11 单击 Camera Raw 软件左下角的“存储图像”按钮，在弹出的对话框中适当设置输出参数，如图 16.206 所示。

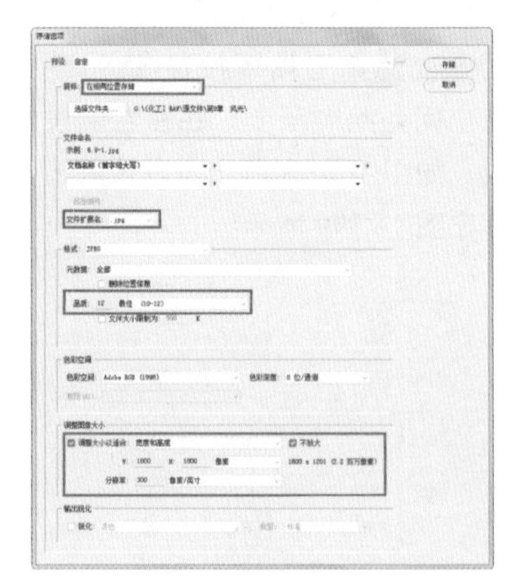

图 16.206

12 设置完成后，单击“存储”按钮即可在当前 RAW 照片相同的文件夹下生成一个同名的 JPG 格式照片。

16.7.2 处理其他照片

01 打开随书所附光盘中的文件“第 16 章\16.7\素材 2.nef”，如图 16.207 所示。

图 16.207

> 提示：通过上面的调整，已经完成了对素材1主体照片进行处理的工作，下面将按照类似的方法对另外两个素材照片进行处理，其调整方法与思路与素材1基本相同，故下面仅简述其操作步骤。在本步处理的照片中，是要处理好其天空部分，以用于最终的合成。

02 在“相机校准”选项卡的“名称”下拉列表中，选择“Camera Flat”选项，如图 16.208 所示，以针对当前的风景照片进行优化处理，如图 16.209 所示。

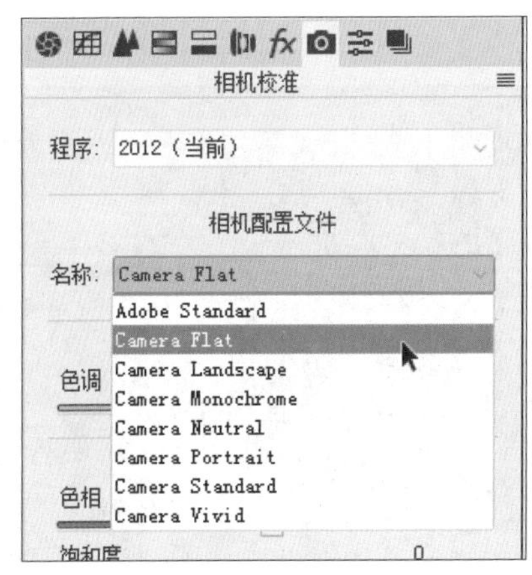

图 16.208

图 16.209

03 在“效果”选项卡中，向右侧拖动“去除薄雾”滑块，如图 16.210 所示，直至得到满意的效果为止，如图 16.211 所示。

图 16.210

图 16.211

04 在“基本”选项卡中，调整其中的“曝光”参数，如图 16.212 所示，以改善照片的曝光，如图 16.213 所示。

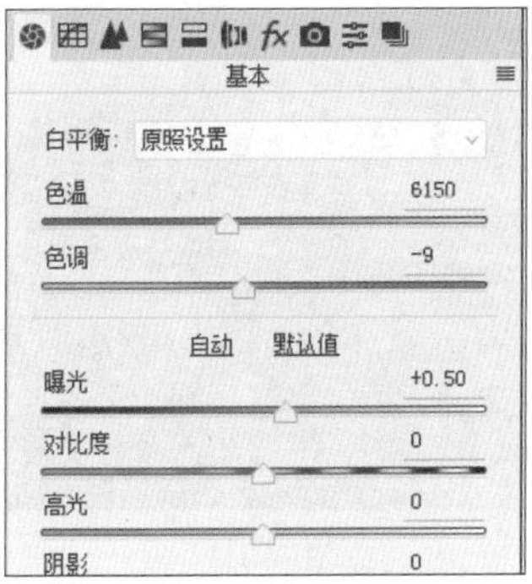

基本
白平衡: 原照设置
色温 6150
色调 -9
自动 默认值
曝光 +0.50
对比度 0
高光 0
阴影 0

图 16.212

图 16.213

下面再利用渐变滤镜工具■调整左上方天空的曝光及色彩。

05 使用渐变滤镜工具■从照片的左上方向右下方绘制渐变，并在右侧设置适当的参数，如图 16.214 所示，以恢复出天空的细节，如图 16.215 所示。

图 16.214

图 16.215

06 调整得到满意的结果后，按照本例第 5 步的方法，将其导出为 JPG 格式的照片即可。

07 打开随书所附光盘中的文件“第 16 章\16.7\素材 3.nef”，如图 16.216 所示。

图 16.216

下面将按照第6步的方法，再对素材3的照片进行调整，对于此照片，我们是要调整好其中太阳的位置，以用于最终的合成。

08 在“相机校准”选项卡的“名称”下拉列表中，选择“Camera Flat”选项，如图 16.217 所示，以针对当前的风景照片进行优化处理，如图 16.218 所示。

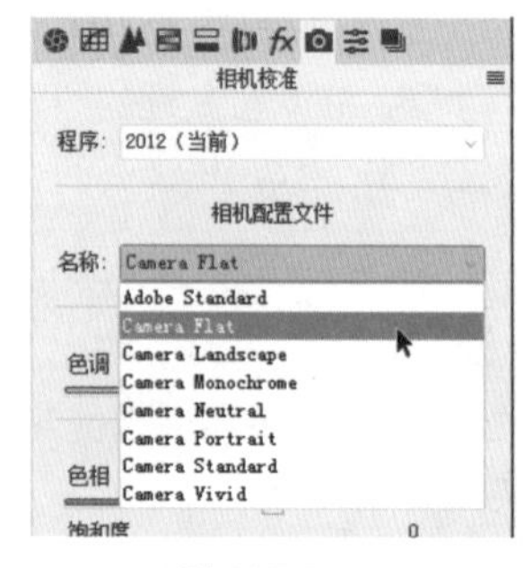

图 16.217

图 16.218

09 在“基本”选项卡中，调整其中的参数，如图16.219所示，以改善照片的曝光，如图16.220所示。

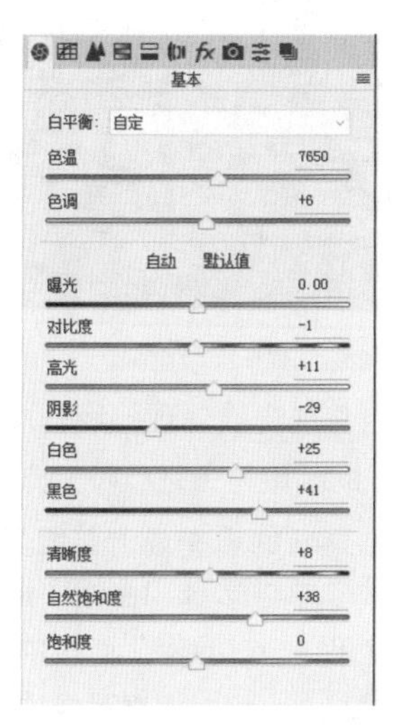

图16.219

图16.220

10 调整得到满意的结果后，按照本例第一部分第12~13步的方法，将其导出为JPG格式的照片即可。

16.7.3 在Photoshop中合成照片

通过前面的处理，我们已经将3幅要合成在一起的照片处理完毕，下面就通过Photoshop将其合成起来。

01 打开前面处理完成的素材1（为便于说明，笔者将其重命名为效果1.jpg）和处理完成的素材2（对应的JPG文件重命名为效果2.jpg）后，导出的JPG照片，使用移动工具将效果2.jpg中的照片拖至效果1.jpg中，得到“图层1”。

02 单击“添加图层蒙版”按钮为“图层1”添加图层蒙版，设置前景色为黑色，选择画笔工具并设置适当的画笔大小及不透明度，在天空以下的图像上涂抹以将其隐藏，如图16.221所示。按住Alt键单击“图层1”的图层蒙版，可以查看其中的状态，如图16.222所示。

图16.221

图16.222

合成后的天空与其下方的照片相比，曝光有些不足，下面就来对其进行调整。

03 单击“创建新的填充或调整图层”按钮，在弹出的菜单中选择“曲线”命令，得到图层“曲线1”，按Ctrl + Alt + G键创建剪贴蒙版，从而将调整范围限制到下面的图层中，然后在“属性”面板中设置其参数，如图16.223所示，以调整图像的颜色及亮度，如图16.224所示。

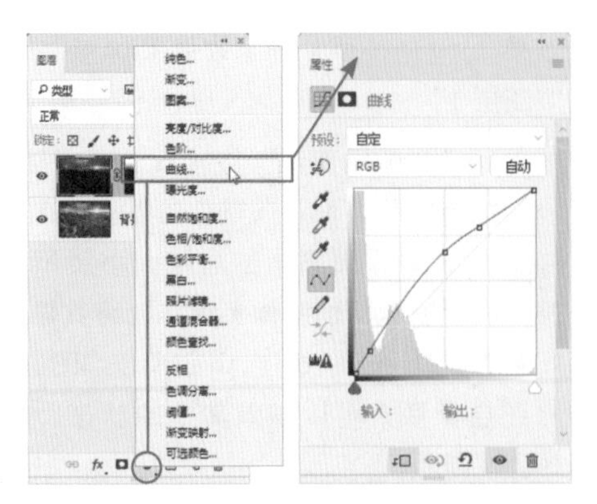

图 16.223

图 16.224

下面将按照类似上一步的方法，再将处理后的素材3照片（笔者将其重命名为效果3.jpg）合成至最终效果中。

04 使用移动工具 将效果 3.jpg 中的照片拖至效果 1.jpg 中，得到“图层 2”，按照类似上一步的方法，为其添加图层蒙版，并隐藏太阳以外的区域，如图 16.225 所示。按住 Alt 键单击“图层 2”的图层蒙版，可以查看其中的状态，如图 16.226 所示。

图 16.225

图 16.226

至此，照片的合成处理已经基本完成，下面来对天空以下的区域为主进行曝光方面的处理。

05 单击“创建新的填充或调整图层”按钮 ，在弹出的菜单中选择“曲线”命令，得到图层“曲线 2”，在“属性”面板中设置其参数，如图 16.227 所示，以调整图像的颜色及亮度，如图 16.228 所示。

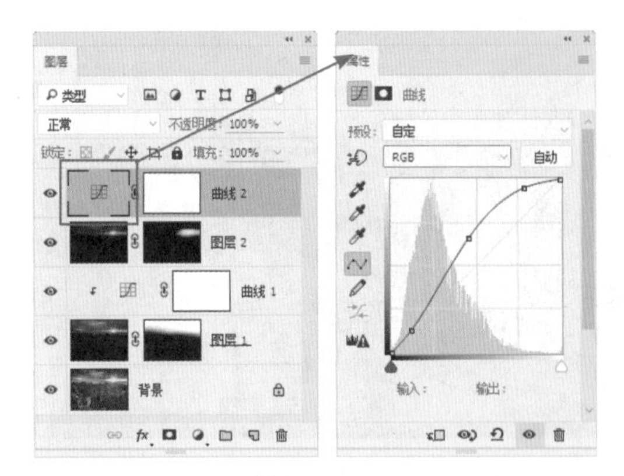

图 16.227

图 16.228

通过上面的处理，照片的局部及天空部分都显得曝光过度，下面就来利用图层蒙版对其进行处理。

06 选择“曲线 2”的图层蒙版，设置前景色为黑色，选择画笔工具 ，并设置适当的画笔大小及不透明度，在天空及部分高光图像上涂抹以将其隐藏，如图 16.229 所示。按住 Alt 键单击“曲线 2”的图层蒙版，可以查看其中的状态，如图 16.230 所示。

图 16.229

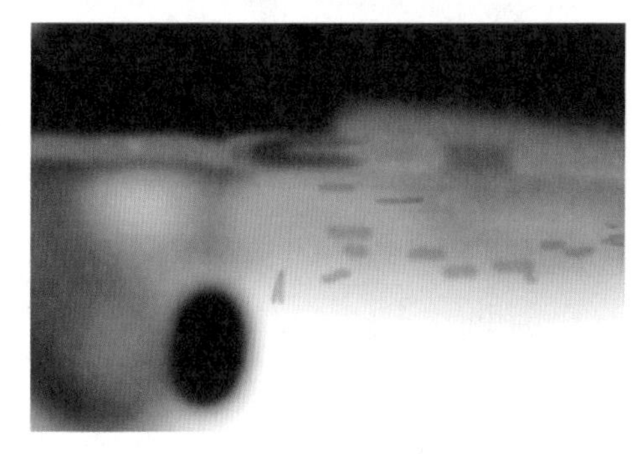

图 16.230

至此，照片的效果已经基本调整完成，但太阳处理的色彩显得不太好，下面来手动为其添加一些金黄色的光泽效果。

07 在所有图层的上方新建得到“图层 3”，设置前景色的颜色值为 ffe400，然后使用画笔工具 并设置适当的画笔大小等参数，然后在太阳处进行涂抹，如图 16.231 所示。

图 16.231

08 设置“图层 3”的混合模式为“叠加”，不透明度为 67%，使涂抹的颜色与照片融合在一起，如图 16.232 所示，此时的“图层”面板如图 16.233 所示。

图 16.232

图 16.233

下面再来稍稍提高一些照片整体的亮度与对比度，使之在曝光和对比方面达到最佳的视觉效果。

09 单击“创建新的填充或调整图层”按钮 ，在弹出的菜单中选择“亮度 / 对比度”命令，得到图层“亮度 / 对比度 1”，在“属性”面板中设置其参数，如图 16.234 所示，以调整图像的亮度及对比度，如图 16.235 所示。

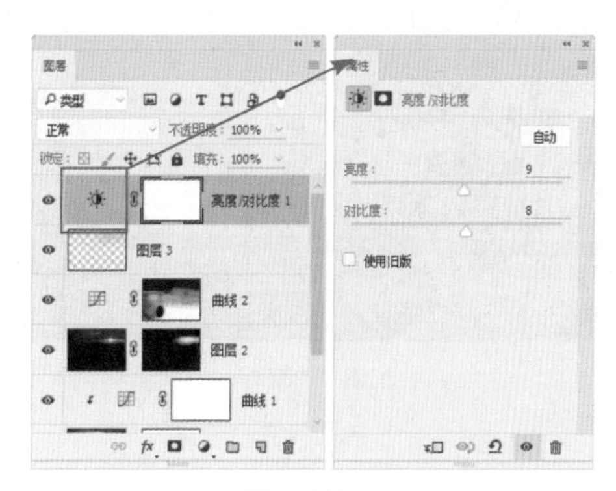

图 16.234

图 16.235

至此，照片的润饰处理已经全部完成，但部分位还存在一些多余的元素，使画面变得略显混乱，因此下面来将其修除，使照片变得干净、整洁。

10 在所有图层上方新建得到“图层 4”，选择仿制图章工具，并在其工具选项栏上设置适当的参数，如图 16.236 所示。

图 16.236

11 使用仿制图章工具，按住 Alt 键在要修除的元素旁边单击以定义源图像，然后在要修除的元素上涂抹，直至将其修除，如图 16.237 所示。

图 16.237

12 按住 Alt 键单击“图层 4”的眼睛图标，可单独显示该图层中的图像，如图 16.238 所示，此时的“图层”面板如图 16.239 所示。

图 16.238

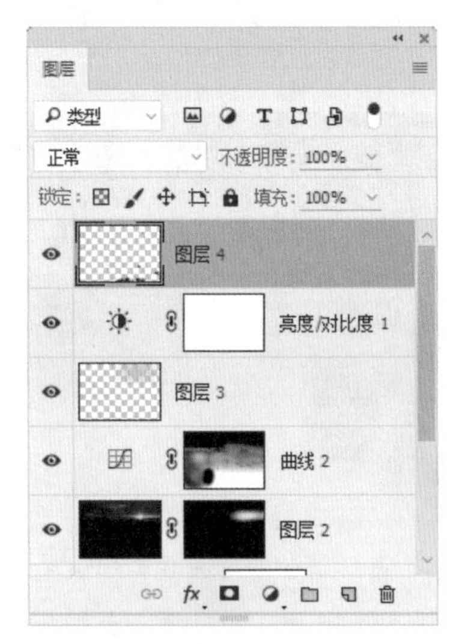

图 16.239